Flash CS6
动画制作项目教程

孙军辉　刘　琛　主　编
陈继娟　安　辉　副主编

電子工業出版社
Publishing House of Electronics Industry
北京 • BEIJING

内 容 简 介

本书通过真实情境的项目活动方式，全面介绍 Flash 动画设计的基本方法和技巧。全书包括电子贺卡、MV Flash、游戏开发、Flash 广告设计、Flash 网站设计、微视频制作 6 个项目情境，任务中包括绘图工具、文字工具、元件、库、滤镜、逐帧动画、补间动作动画、补间形状动画、遮罩动画、ActionScript 2.0 脚本语言和组件的基础知识及使用方法，涵盖了 Flash 目前流行的网站、MV、游戏、电子贺卡等典型的应用领域。每个任务按照“任务背景”“任务分析”“任务实施”“归纳提高”“任务拓展”“任务总结”的流程，以应用为中心，详细讲解 Flash 动画设计制作的原理及技能，生动有趣，寓教于乐，学生在实现一个个任务的过程中，不仅能充分感受到设计、创作的满足感和成就感，同时又能逐步掌握二维动画操作的技巧，并加深对 Action Script 的理解，做到举一反三，融会贯通。

本书结构编排合理，图文并茂，主要针对应用型中职学生编写，适用于相关专业动画制作类课程教材，也可作为高职高专动画专业的教材。

图书在版编目（CIP）数据

Flash CS6 动画制作项目教程 / 孙军辉，刘琛主编. —北京：电子工业出版社，2019.7

ISBN 978-7-121-24859-7

Ⅰ. ①F… Ⅱ. ①孙… ②刘… Ⅲ. ①动画制作软件—中等专业学校—教材 Ⅳ. ①TP391.41

中国版本图书馆 CIP 数据核字（2014）第 276093 号

责任编辑：裴　杰
印　　刷：涿州市京南印刷厂
装　　订：涿州市京南印刷厂
出版发行：电子工业出版社
　　　　　北京市海淀区万寿路 173 信箱　邮编　100036
开　　本：787×1 092　1/16　印张：14.75　字数：377.6 千字
版　　次：2019 年 7 月第 1 版
印　　次：2024 年 1 月第 8 次印刷
定　　价：35.00 元

凡所购买电子工业出版社图书有缺损问题，请向购买书店调换。若书店售缺，请与本社发行部联系，联系及邮购电话：（010）88254888，88258888。

质量投诉请发邮件至 zlts@phei.com.cn，盗版侵权举报请发邮件至 dbqq@phei.com.cn。

本书咨询联系方式：（010）88254617，luomn@phei.com.cn。

前　　言

Flash 是一款优秀的矢量动画制作和多媒体设计软件，具有高品质、跨平台，可嵌入声音、视频等，有强大的交互功能，广泛应用于网站广告、游戏设计、MTV 制作、电子贺卡等领域。它功能强大、易学易用，同时由于文件体积小、播放效果清晰，因此深受广大用户的青睐。

本书从初学者的角度出发，以 Flash 最新版本——Flash CS6 为蓝本，根据教学大纲的要求，按照“以服务为宗旨，以就业为导向”的职业教育办学思想，以社会发展对人才的需求为依据，以“面向学生，面向市场，面向实践”为理念，由多位具有多年教学和实践经验的一线教师和行业企业专家合作共同编写。

本书的编写从二维动画制作技能培训的实际出发，采用工学结合模式，着眼于学生综合素质的培养和提高，打破传统的学科界限，将基础学科知识、编程及美术知识、专业技能进行有机融合，具有以下特点：

1．图文并茂，简洁易懂。书中相关任务可操作性强，并以图文并茂的方式呈现，操作步骤清晰，每一步又分若干小步讲解，操作步骤与图例一一对应，便于学生自学与操作练习。

2．层次清晰，知识点集中。本书全部以项目形式编写，每个项目包含若干任务，每个任务又涵盖若干知识点。在任务安排和重要知识点的处理上，充分考虑到了教学需求，由易到难、由简单到复杂，帮助学生快速理解和掌握本书的各个知识点及各项操作技能。

3．结构新颖，超值实用。本书摒弃较长篇幅的理论讲解，解决了学生不喜欢过多理论讲解的问题，同时方便教师在上课时做到讲练结合。本书的作者均为一线教师，对中职学生的学习情况非常了解，在重难点把握上相得益彰，任务设计上贴近生活，易激发学生学习的积极性。

4．资源丰富，使用方便。本教程配有教学资源，包含精品课程网站、动漫梦工厂、网络微课视频、边玩边学教学软件、技能书包等资源包，请读者登录华信教育资源网（www.hxedu.com.cn）下载使用。

使用建议

本书建议用 72～80 学时（含实践学时），建议教师在教学过程中采用任务驱动的教学模式，鼓励小组合作学习，做到“做中学，学中做”。每个项目之后都有任务拓展，一方面可以检验学生对本项目的学习情况，另一方面也利于拓展和巩固所学的知识。除了完成书中的项目任务，教师还应结合学生及专业特点，精心设计拓展项目任务，为学生提供更多的实践机会。

本教程由孙军辉、刘琛担任主编，陈继娟、安辉担任副主编，参与编写的人员还有刘森先、曹洪锋、王新花。本书得到许多企业专家的指点，提出不少专业意见，在此一并表示感谢。

为进一步提高本书质量，欢迎广大学生和专家对本书提出宝贵的意见和建议。

编者

目　　录

电子贺卡

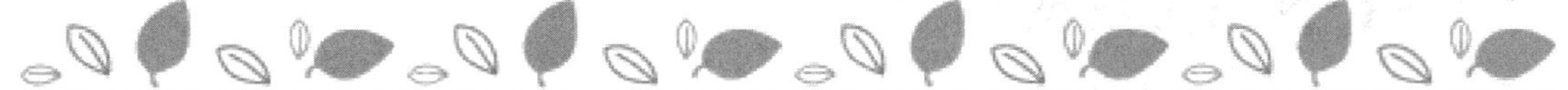

情境背景描述

动画作为一种老少皆宜的艺术形式，具有悠久的历史，如民间的走马灯和皮影戏等就是一种古老的动画形式。当然，真正意义的动画是在摄影机出现以后才发展起来的，并且随着科学技术的不断发展，又注入了许多新的活力。

Flash 动画是一种交互式动画格式，它也是目前网络上最流行的动画形式之一。

通过本情境的制作，将学习到以下内容。

- 动画概述。
- 基础工具的使用。
- 认识帧的类型、图层、场景及不同形式动画的类型。

灵活运用基础工具进行绘画，为后面章节的学习打好基础。

活动任务 1 基础入门

任务背景

如今，计算机的加入使动画的制作变简单了，人们常通过较流行的 Flash 软件来制作一些短小的动画。为了让用户能够了解动画制作的过程，这里先讲述一下动画的基础知识。

任务分析

本任务将在如下方面介绍 Flash 动画：

- 位图与矢量图。

- 动画的含义、特点、应用范围。
- 时间轴。
- 帧。
- 图层。
- 元件。

任务实施

1. 位图与矢量图

1）位图

① 概念。

位图图像是由像素构成的。像素的多少将决定位图图像的显示质量和文件大小。位图图像的分辨率越高，显示越清晰，文件所占的空间也就越大。

② 放大效果。

位图图像放大了 8 倍前后的效果对比如图 1-1-1 所示。

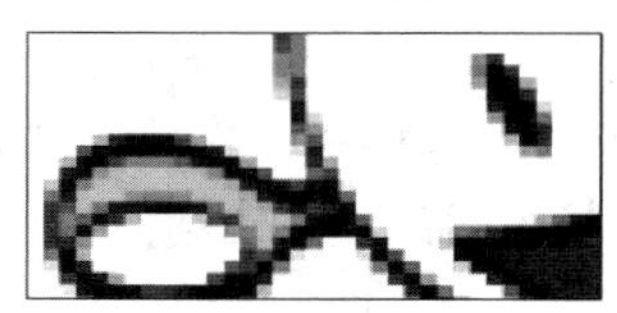

图 1-1-1　位图图像放大 8 倍前后的效果对比

2）矢量图

① 概念。

矢量图实际上是用数学方法来描述一幅图，由许多的数学表达式组成，再编程后，用计算机语言来表达。Flash 动画是矢量图的一种典型应用。

矢量图的清晰度与分辨率的大小无关。对矢量图进行缩放时，图形仍保持原有的清晰度和光滑度，不会发生任何偏差。

② 放大效果。

矢量图放大 8 倍前后的效果对比如图 1-1-2 所示。

图 1-1-2　矢量图放大 8 倍前后的效果对比

2. Flash 动画概述

1）什么是动画

动画是利用人的“视觉暂留”特性，连续播放一系列画面，给视觉造成连续变化的图画，如图 1-1-3 所示。它的基本原理与电影、电视一样，都是视觉原理。

图 1-1-3　连续画面

其中，“视觉暂留”特性是人的眼睛看到一幅画或一个物体后，在 1/24s 内不会消失。利用这一原理，在一幅画还没有消失前播放出下一幅画，就会使人产生一种流畅的视觉变化效果。

2）Flash 动画及特点

Flash 以控制技术和矢量技术等为代表，能够将矢量图、位图、音频、动画和深一层交互动作有机地、灵活地结合在一起，从而制作出美观、新奇、交互性更强的动画效果。

较传统动画而言，Flash 提供的物体变形和透明技术，使得创建动画更加容易，并为动画设计者的丰富想象提供了实现手段；其交互设计让用户可以随心所欲地控制动画，赋予用户更多的主动权。因此，Flash 动画具有以下特点。

① **动画短小**：Flash 动画受网络资源的制约一般比较短小，但绘制的画面是矢量格式，无论把它放大多少倍都不会失真。

② **交互性强**：Flash 动画具有交互性优势，可以通过单击、选择等动作决定动画的运行过程和结果，是传统动画所无法比拟的。

③ **具有广泛传播性**：Flash 动画由于文件小、传输速度快、播放采用流式技术的特点，可以在网上供人欣赏和下载，具有较好的广泛传播性。

提示

由于人类眼睛的“视觉暂留”特性，电影采用了每秒 24 帧画面的速度拍摄播放；电视采用了每秒 25 帧（PAL 制，中央电视台的动画就是 PAL 制）或 30 帧（NSTC 制）画面的速度拍摄播放。如果以每秒低于 24 帧画面的速度拍摄播放，就会出现停顿现象。

④ **轻便与灵巧**：Flash 动画有崭新的视觉效果，成为一种新时代的艺术表现形式。Flash 动画比传统的动画更加轻便与灵巧。

⑤ **人力少，成本低**：Flash 动画制作的成本非常低，使用 Flash 制作的动画能够大大减小人力、物力资源的消耗。同时，在制作时间上也会大大减少。

3）Flash 动画应用范围

随着网络热潮的不断掀起，Flash 动画软件版本也开始逐渐升级。强大的动画编辑功能及操作平台深受用户的喜爱，从而使得 Flash 动画的应用范围越来越广泛，其主要体现在以下几个方面。

① 网络广告。

网络广告主要体现在宣传网站、企业和商品等方面。用 Flash 制作出来的广告，主题色调鲜明、文字简洁，较美观的广告能够增添网站的可看性，并且容易引起客户的注意力而不影响其需求。

② 网站建设。

Flash 网站的优势在于其良好的交互性，能给用户带来全新的互动体验和视觉享受。通常，很多网站都会引入 Flash 元素，以增加页面的美观性来提高网站的宣传效果，如网站中的导航菜单、Banner、产品展示、引导页等。有时也会通过 Flash 来制作整个网站。

Flash 导航菜单在网站中的应用是十分广泛的，通过它可以展现导航的活泼性，从而使得网站更加灵活。当网站栏目较少时，可以制作简单且美观的菜单；当网站栏目较多时，又可以制作活跃的二级菜单情境。

③ 交互游戏。

Flash 交互游戏，其本身的内容允许浏览者进行直接参与，并提供互动的条件。Flash 游戏多种多样，主要包括棋牌类、冒险类、策略类和益智类等多种类型，其主要体现在鼠标和键盘上的操控。

制作用鼠标操控的互动游戏，主要通过鼠标单击事件来实现；制作用键盘操控的互动游戏，可以通过设置键盘的任意键来操作游戏。

④ 动画短片。

MTV 是动画短片的一种典型应用，用最好的歌曲配以最精美的画面，将其变为视觉和听觉相结合的一种崭新的艺术形式。制作 Flash MTV，要求开发人员有一定的绘画技巧，以及丰富的想象力，如图 1-1-4 所示。

图 1-1-4 Flash MTV

⑤ 教学课件。

教学课件是在计算机上运行的教学辅助软件，是集图、文、声为一体，通过直观生动的形象来提高课堂教学效率的一种辅助手段。而 Flash 恰恰满足了制作教学课件的需求。

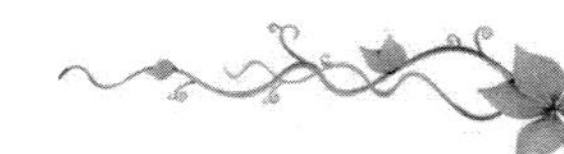

图 1-1-5 展示了一个几何体的视图 Flash 课件，通过单击“上一步”和“下一步”按钮来控制课件的播放过程。

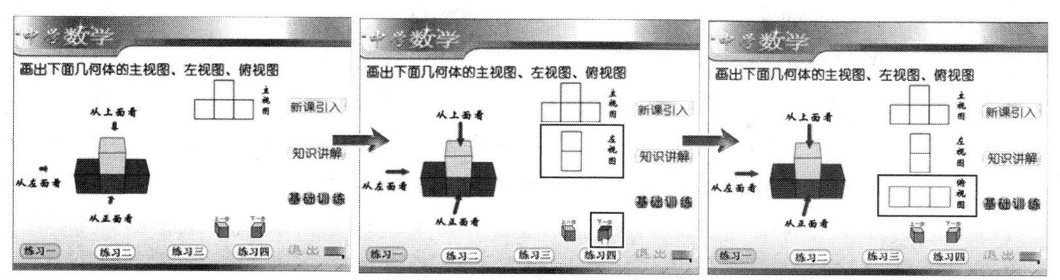

图 1-1-5　Flash 教学课件

3. 时间轴

时间轴是 Flash 的一大特点，位于舞台的上方。通过对时间轴上的关键帧的制作，Flash 会自动生成运动中的动画帧，节省了制作人员的大部分时间，也提高了效率。在时间轴的上面有一个红色的线，那是播放的定位磁头，拖动磁头可以实现对动画的观察，这在制作当中是很重要的步骤。

1）时间轴

在 Flash 中，采用“时间轴”与“帧”的设计方式来进行动画的制作。

时间轴是一个以时间为基础的线性进度安排表，让设计者很容易以时间的进度为基础，顺序地安排每一个动作。

在“时间轴”面板中可以对图层和帧进行添加和删除等操作，来控制图层和播放帧的位置、属性等，如图 1-1-6 所示。

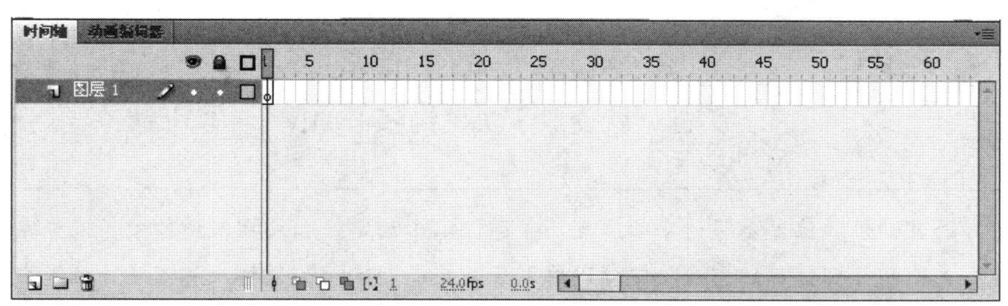

图 1-1-6　时间轴

2）时间轴辅助工具

在时间轴面板中除了常用的一些工具，还有一些制作动画需要的辅助工具，如图 1-1-7 所示。

图 1-1-7　时间轴辅助工具

帧居中按钮：单击该按钮可以使播放头在时间轴的中间显示。

绘图纸外观按钮：在制作连续的动画时，如果前后两帧的画面内容没有完全对齐就会出现抖动的现象。这时可以使用“绘图纸外观”等功能来协助操作。它不但可以用半透明方式显示指定序列画面的内容，而且可以提供同时编辑多个画面的功能。

绘图纸外观轮廓按钮：绘图纸外观轮廓模式与绘图纸外观模式的显示内容类似，但绘图纸外观轮廓模式显示的是对象的轮廓线，这样可以更清楚地观察对象的变化过程。

编辑多个帧按钮：使用编辑多个帧模式不会显示动画中的补间部分，而只显示关键帧中的内容，它可以对舞台中显示的所有内容进行大小、位置、颜色等属性的调整。

修改绘图纸标记按钮：单击修改绘图纸标记按钮将弹出菜单列表。

4. 帧

在时间轴中，使用帧来组织和控制文档的内容。不同的帧对应不同的时刻，画面随着时间的推移逐个出现，于是形成了动画。

帧是制作动画的核心，它们控制着动画的时间和动画中各种动作的发生。动画中帧的数量及播放速度决定了动画的长度。其中，最常用的帧类型有以下几种。

1）关键帧

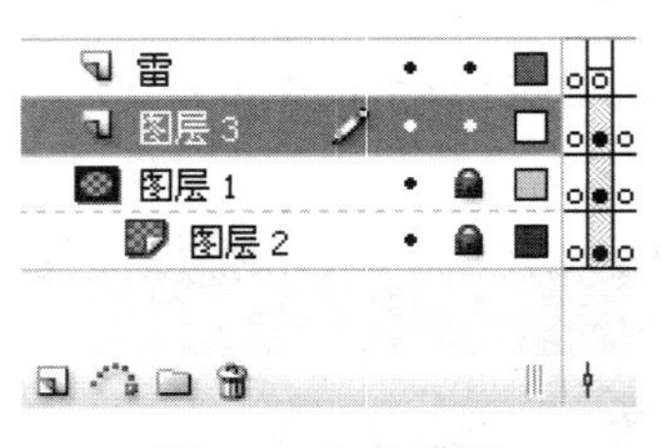

图 1-1-8　关键帧

制作动画过程中，在某一时刻需要定义对象的某种新状态，这个时刻所对应的帧称为关键帧。关键帧是变化的关键点，如补间动画的起点和终点，以及逐帧动画的每一帧，都是关键帧。关键帧数目越多，文件体积就越大。所以，同样内容的动画，逐帧动画的体积比补间动画大得多。

实心圆点是有内容的关键帧，即实关键帧。无内容的关键帧，即空白关键帧，用空心圆点表示。每层的第 1 帧被默认为空白关键帧，可以在上面创建内容，一旦创建了内容，空白关键帧就变成了实关键帧，如图 1-1-8 所示。

提示

插入的关键帧的位置是否为实心圆点，需遵循以下约定：如果插入关键帧的位置左边最近的帧是空白关键帧，则插入的空白关键帧同样显示为空心圆点；如果插入关键帧的位置左边最近的帧是以实心圆点显示的实关键帧，则插入的关键帧以实心圆点显示，插入的空白关键帧显示为空心圆点。以上操作均在插入的帧和其左边最近的帧之间插入普通帧，如果在这些普通帧对应的舞台上添加了对象，则左边最近的空白关键帧转换为实关键帧。

2）普通帧

普通帧也称为静态帧，在时间轴中显示为一个个矩形单元格。无内容的普通帧显示为空白单元格，有内容的普通帧显示出一定的颜色。例如，静止关键帧后面的普通帧显示为灰色。

关键帧后面的普通帧将继承该关键帧的内容。例如，制作动画背景，就是将一个含有背景图案的关键帧的内容沿用到后面的帧上。如图 1-1-9 所示，风车的支杆可以通过普通帧来延续，一直显示到结束。

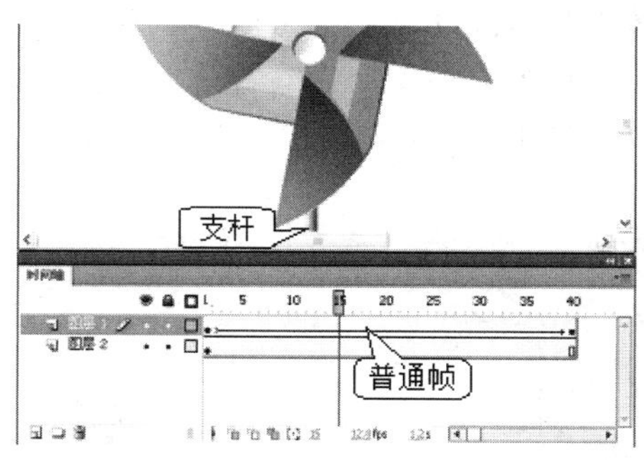

图 1-1-9　添加普通帧

3）过渡帧

过渡帧实际上也是普通帧。过渡帧中包括了许多帧，但其中至少要有两个帧：起始关键帧和结束关键帧。起始关键帧用于决定动画主体在起始位置的状态，而结束关键帧则决定动画主体在终点位置的状态。

在 Flash 中，利用过渡帧可以制作两类过渡动画，即运动过渡和形状过渡。不同颜色代表不同类型的动画，此外，还有一些箭头、符号和文字等信息，用于识别各种帧的类别，通过表 1-1-1 列选的方式可以区分时间轴上的动画类型。

表 1-1-1　过渡帧类型

过渡帧形式	说　　明
	补间动画用起始关键帧处的一个黑色圆点指示；中间的补间帧为浅蓝色背景
	传统补间动画用起始关键帧处的一个黑色圆点指示；中间的补间帧有一个浅紫色背景的黑色箭头
	补间形状用起始关键帧处的一个黑色圆点指示；中间的帧有一个浅绿色背景的黑色箭头
	虚线表示传统补间是断开的或者是不完整的，如丢失结束关键帧
	单个关键帧用一个黑色圆点表示。单个关键帧后面的浅灰色帧包含无变化的相同内容，没有任何变化，在整个范围的最后一帧还有一个空心矩形
a	出现一个小 a 表明此帧已使用“动作”面板分配了一个帧动作
hykjk	红色标记表明该帧包含一个标签或者注释
hykjk	金色的锚记表明该帧是一个命名锚记

5．图层

图层是 Flash 中一个非常重要的概念，灵活运用图层，可以帮助用户制作出更多精彩效果的动画。

图层类似于一张透明的薄纸，每张纸上绘制着一些图形或文字，而一幅作品就是由许多张这样的薄纸叠合在一起形成的。它可以帮助用户组织文档中的插图，可以在图层上绘制和编辑对象，而不会影响其他图层上的对象。

图层具有独立性，当改变其中的任意一个图层的对象时，其他两个图层的对象保持不变。在操作过程中，不仅可以加入多个图层，而且可以通过图层文件夹来更好地组织和管理这些图层。如图 1-1-10 所示，可以根据每个层的具体内容，双击图层名称重新命名图层。

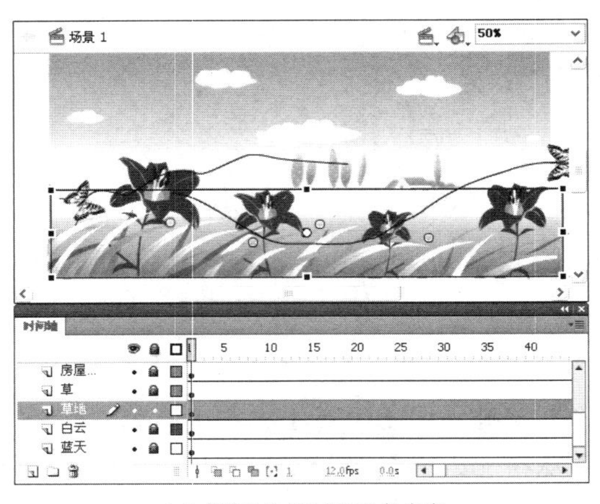

（a）“草地”图层及对象内容

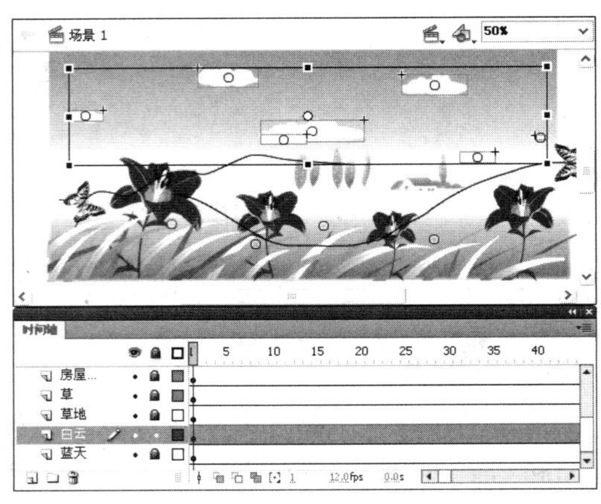

（b）“白云”图层及对象内容

图 1-1-10 层命名

在创建动画时，图层的数目仅受计算机内存的限制，增加图层不会增加最终输出动画文件的大小。另外，创建的图层越多越便于管理及控制动画。Flash 包括两种特殊的图层，分别是引导层与遮罩层。

6. Flash 元件

元件是 Flash 中一种比较独特的、可重复使用的对象。在创建动画时，利用元件可以使复杂的交互创建变得更加容易。在 Flash 中，元件分为 3 种形态：图形、影片剪辑和按钮。

1）图形元件

图形元件可用于静态图像，并可用来创建连接到主时间轴的可重用动画片段。图形元件与主时间轴同步运行。与影片剪辑和按钮元件不同，用户不能为图形元件提供实例名称，也不能在动作脚本中引用图形元件。

图形元件的对象可以是导入的位图图像、矢量图像、文本对象及用 Flash 工具创建的线条、色块等。例如，用户可以执行“创建新元件”命令，弹出“创建新元件”对话框。在“名称”文本框中输入元件名称，在“类型”区域中选中“图形”单选按钮，单击“确定”按钮。然后，进入绘图环境用工具箱中的工具来创建图形，如图 1-1-11 所示。

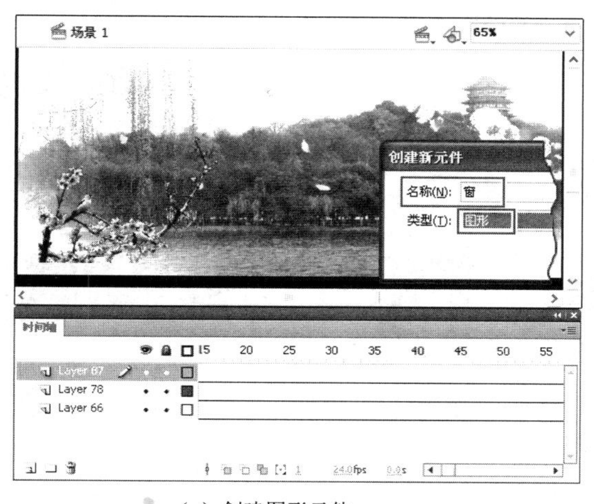

（a）创建图形元件

（b）添加并在“属性”面板显示元件

图 1-1-11　添加图形元件

2）影片剪辑元件

影片剪辑元件就是大家平时常说的 MC（Movie Clip），是一种可重用的动画片段，拥有各自独立于主时间轴的多帧时间轴。用户可以把场景上任何看得到的对象，甚至整个时间轴内容创建为一个 MC，而且可以将这个 MC 放置到另一个 MC 中，用户还可以将一段动画（如逐帧动画）转换成影片剪辑元件。

例如，每看到时钟时，其秒针、分针和时针一直围绕中心点，按一定间隔旋转。因此，在制作时钟时，应将这些指针创建为影片剪辑元件，如图 1-1-12 所示。

图 1-1-12　时钟指针旋转

在 Flash 中，创建影片剪辑元件的方法同创建图形元件的方法相似，只需在“创建新元件”对话框中选择“影片剪辑”类型。然后，将绘制好的影片剪辑元件拖至舞台中即可。

当然，用户也可以将所创建的图形等元件，直接转换成影片剪辑元件。双击影片剪辑元件，可以查看该影片剪辑内包含的对象，如图 1-1-13 所示。

用户可以将多帧时间轴看做嵌套在主时间轴内，它们可以包含交互式控件、声音，甚至其他影片剪辑实例。也可以将影片剪辑实例放在按钮元件的时间轴内，以创建动画按钮。此外，可以使用 ActionScript 对影片剪辑进行改编。

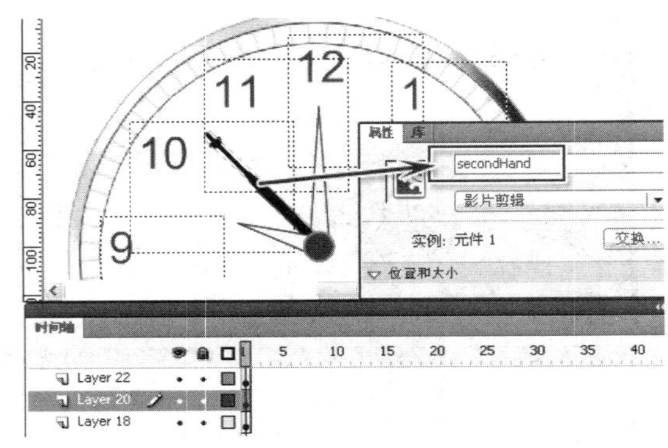

(a) 秒针为影片剪辑元件

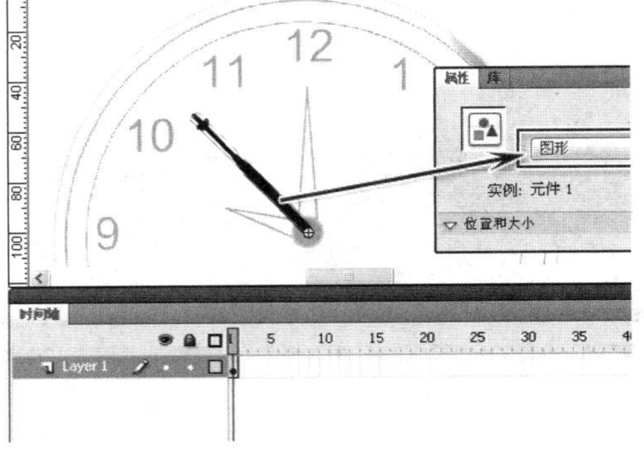

(b) 查看秒针影片剪辑中包含的图形元件

图 1-1-13 影片剪辑元件

3）按钮元件

使用按钮元件可以创建用于响应鼠标单击、滑过或其他动作的交互式按钮。可以定义与各种按钮状态关联的图形，然后将动作指定给按钮实例。

按钮实际上是 4 帧的交互影片剪辑。当为元件选择按钮行为时，Flash 会创建一个包含 4 帧的时间轴。前 3 帧显示按钮的 3 种可能状态，第 4 帧定义按钮的活动区域。时间轴实际上并不播放，它只是对指针运动和动作做出反应，跳转到相应的帧，如图 1-1-14 所示。

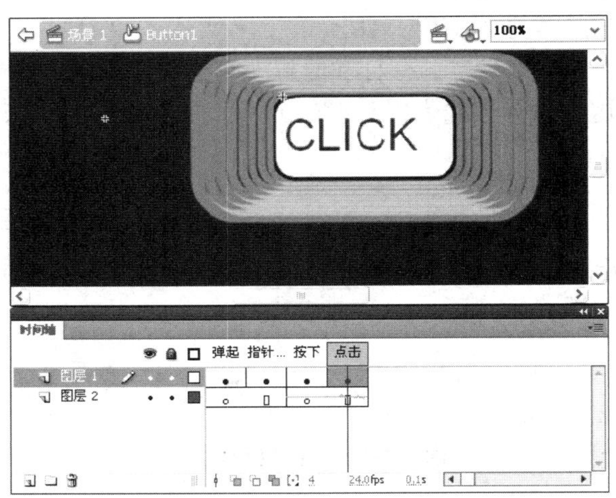

图 1-1-14 按钮时间轴

要制作一个交互式按钮，可把该按钮元件的一个实例放在舞台上，然后给该实例指定动作。必须将动作分配给文档中按钮的实例，而不是分配给按钮时间轴中的帧，如图 1-1-15 所示。

按钮元件的时间轴上的每一帧都有一个特定的功能。

第 1 帧是弹起状态，代表指针没有经过按钮时该按钮的状态。

第 2 帧是指针经过状态，代表指针滑过按钮时该按钮的外观。

第 3 帧是按下状态，代表单击按钮时该按钮的外观。

第 4 帧是单击状态，定义响应鼠标单击的区域。此区域在 SWF 文件中是不可见的。

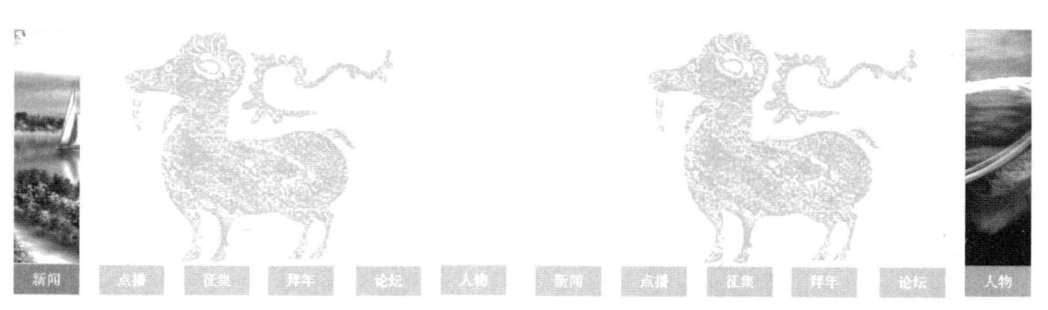

（a）鼠标经过第一个按钮　　（b）鼠标经过最后一个按钮

图 1-1-15　按钮效果

用户可以使用影片剪辑元件或按钮组件创建一个按钮。其中，使用影片剪辑元件创建按钮时，可以添加更多的帧到按钮，也可添加更复杂的动画，但是，影片剪辑按钮的文件大小要大于按钮元件。使用按钮组件允许将按钮绑定到其他组件上，在应用程序中共享和显示数据。

提 示

使用字体元件可以导出字体并在其他 Flash 文档中使用该字体。Flash 提供了各种内置组件（带有已定义参数的影片剪辑），可以使用这些组件将用户界面元素（如按钮、复选框或滚动条）添加到文档中。

7. Flash 动画类型

任何随着时间而发生的位置或者形象上的改变都可以称为动画。Flash 动画的类型主要有逐帧动画、补间动画、引导层动画、遮罩动画。在下一章将会详细讲解。

任务小结

通过这个任务，学习了动画制作的基础知识，包括帧的类型、帧的编辑方法和时间轴的有关概念，并以实例的形式介绍了几种最基本的动画类型的制作方法与技巧。

Flash 动画是通过更改连续帧的内容创建的。帧是理解动画制作的关键。

通过将不同元素放在不同的层（也叫图层）上，用户很容易做到对各层中的元素进行修改、编辑，而不影响到其他层中的对象。

活动任务 2　基础工具的使用

任务背景

Flash 是当之无愧的动画制作软件中的佼佼者。它简单、直观，只要掌握了各种绘画工具的使用方法和技巧，操作者可以较轻松的制作出漂亮的动画角色效果。

Flash 提供了丰富易用的绘图工具和强大便捷的动画制作系统，可以帮助用户制作出丰富多彩的 Flash 动画。“工欲善其事，必先利其器”，要想真正制作出好的动画，必须对 Flash 中的各种工具有充分的认识，并能熟练使用。

任务分析

通过本任务，你将学习到以下内容。

- 了解位图与矢量图的特点和区别，学会合理选用图片素材。
- 掌握各种绘图工具的使用方法。
  - ◇ 绘制线条与修改
  - ◇ 椭圆工具和矩形工具
  - ◇ 任意变形工具
  - ◇ 填充变形工具
  - ◇ 铅笔工具
  - ◇ 套索工具
  - ◇ 刷子工具
  - ◇ 橡皮擦工具
  - ◇ 钢笔工具和部分选取工具

灵活运用绘图工具绘制较为复杂的图形，为后面的学习打好基础。

任务实施

1. 绘图工具

1）线条的绘制与修改

① 绘制线条。

➢ 单击“工具”面板中的“线条工具”。

➢ 移动光标到舞台上，接着按住鼠标并拖动，最后松开鼠标，绘制完成。

② 修改线条的属性。

打开“属性”面板，可以定义直线的颜色、粗细和样式，如图 1-2-1 所示。

图 1-2-1 线条的属性

选择线条工具时，如果按住 Shift 键的同时拖动鼠标，可以在 45° 或 45° 的倍数方向绘制直线。

2）滴管与墨水瓶工具

➢ 用"滴管工具"单击直线，在"属性"面板中即显示是该直线的属性。此时所选工具自动变成了"墨水瓶工具"。

➢ 使用"墨水瓶工具"单击其他样式的线条，所单击线条的属性都变成了当前在"属性"面板中所设置的属性。

"滴管工具"和"墨水瓶工具"可以很快地将一条直线的颜色样式套用到其他线条上。

3）选择工具

➢ 用"选择工具"可以选择、移动或改变对象的形状。

➢ 选择"选择工具"，然后移动鼠标到直线的端点处，指针右下角变成直角状时，拖动鼠标就可以改变线条的方向和长短，如图 1-2-2 所示。

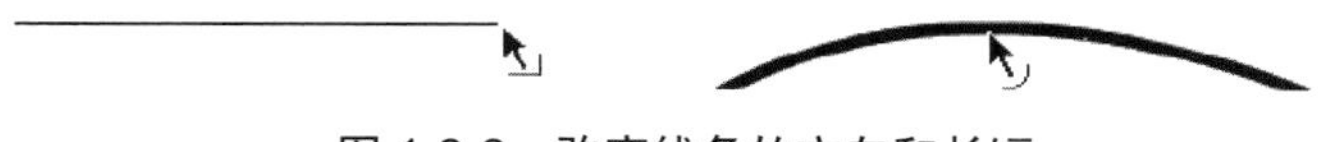

图 1-2-2　改变线条的方向和长短

➢ 将鼠标指针移动到线条上，指针右下角会变成弧线状。

➢ 拖动鼠标，可以将直线变成曲线。

4）任意变形工具

① 用途。

使用"任意变形工具"可以实现缩放、旋转、压缩、伸展、倾斜等功能。

② 操作方法。

➢ 首先确认当前只有一个对象处于被选中状态，否则将不能进行任意变形操作。

➢ 选中对象后，单击"任意变形工具"，选中的对象将出现一个带有 8 个端点和 1 个中心点的控制点，如图 1-2-3 所示。

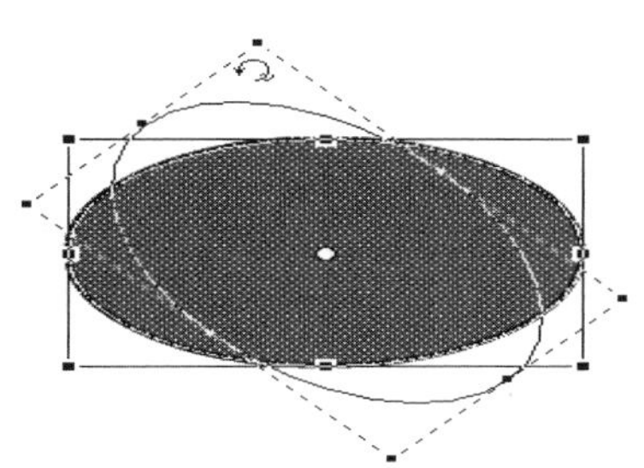

图 1-2-3　变形效果图

③ 各种选项。

工具面板中的 5 个选项。

—————— 贴紧至对象

—————— 旋转与倾斜

—————— 缩放

—————— 扭曲

—————— 封套

提 示

➢ 可以应用扭曲和封套选项的对象：图形，利用钢笔、铅笔、线条、刷子工具绘制的对象和分解组件后的文字。

➢ 不可以应用扭曲和封套选项的对象：群组、元件、位图、影片对象、文本、声音。

5）铅笔工具

① 用途。

“铅笔工具”的颜色、粗细、样式定义和“线条工具”一样。

它的附属选项里有 3 种模式。

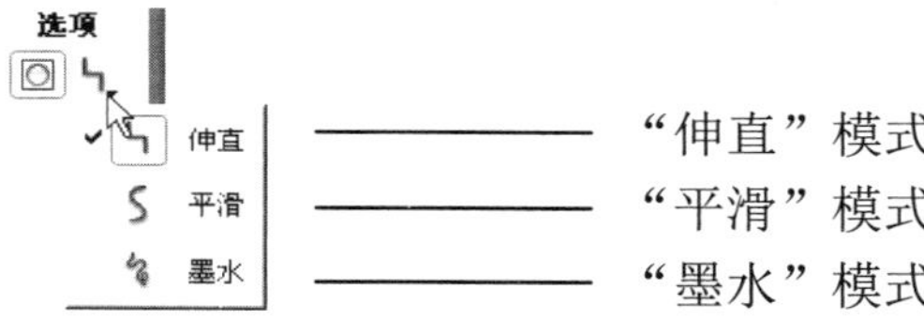

② 绘制效果。

三种模式所绘制的不同的线条效果，如图 1-2-4 所示。

图 1-2-4　三种线条效果

6）刷子工具

① 用途。

“刷子工具”可以绘制出像毛笔的效果，也常被用于给对象着色。“刷子工具”绘制出的是填充区域，它不具有边线，而具有封闭线条的区域则可以使用“颜料桶工具”着色。

② 相关选项。

单击“刷子工具”后，工具箱下边就会显示出它的相关选项：

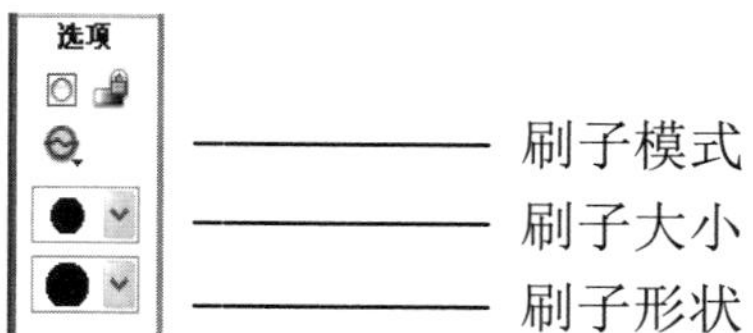

③ 刷子模式。

单击“刷子模式”按钮后，共有 5 个选项。

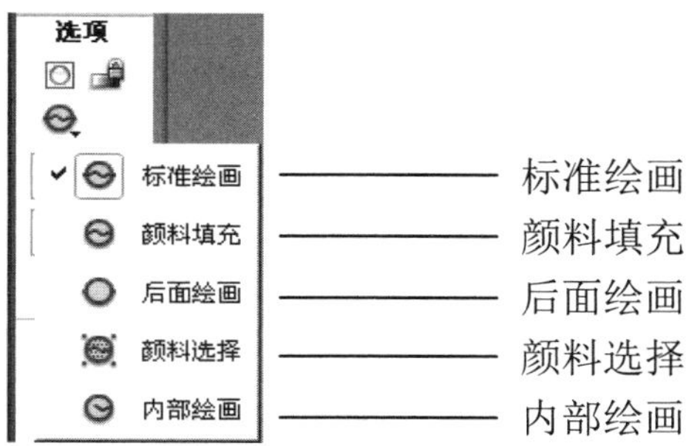

④ 锁定填充。

锁定填充只对渐变填充或位图填充起作用。

当使用滴管工具从场景中获得填充物或渐变色时，笔刷的锁定功能会自动启用。

提 示

> 选定锁定功能，工作区是一个完整的渐变。
> 未选定锁定功能，使用刷子工具绘制的图形的填充效果和选择的渐变填充样式相对应。

7）钢笔工具和部分选取工具

① 钢笔工具如图 1-2-5 所示。

“钢笔工具” 。

绘制直线的方法：用鼠标单击起点位置，然后依次单击鼠标。如果要绘制开放路径，双击鼠标；也可绘制封闭图形，鼠标指针回到起点，指针变为绘制封闭图形。

创建曲线的方法：用鼠标单击起点位置，此时出现第一个锚点，然后按住鼠标不放进行拖动操作，出现一条曲线，依次绘制。如图 1-2-6 所示。

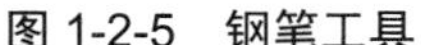

图 1-2-5 钢笔工具

图 1-2-6 开放路径、封闭路径和曲线

② 部分选取工具。

注 意

> 选择钢笔工具时，可以按住 Ctrl 键，切换到“部分选取工具”，对锚点进行编辑，包括移动和删除，还可以对锚点的两个方向进行调节。

> 选择“钢笔工具”时，可以按住 Alt 键，切换到“转换锚点工具”，对锚点进行转换，还可以对锚点的一个方向进行单独调节。

如果绘制的曲线效果不满意，可以使用“部分选取工具”来修改，如图 1-2-7 所示。

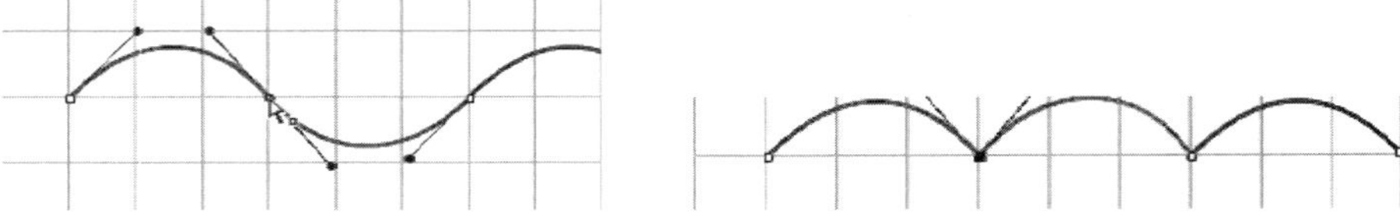

图 1-2-7 选取节点和调节曲线形状

8）椭圆工具和矩形工具

在工具箱中选择“椭圆工具”，将鼠标移动到场景中，拖动鼠标可绘制出椭圆或圆形。

选择“矩形工具”，在场景中拖动鼠标可绘制出方角或圆角的矩形。

在“属性”面板中可以设定填充的颜色及外框笔触的颜色、粗细和样式。

使用“椭圆工具”和“矩形工具”绘制的图形如图 1-2-8 所示。

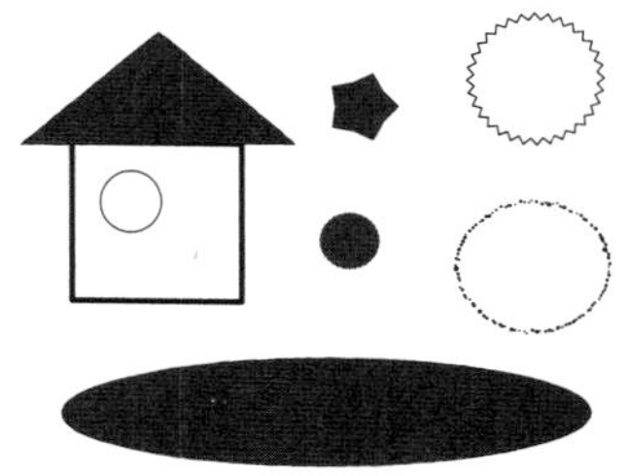

图 1-2-8 绘制的椭圆和矩形图形

注意

- 选择椭圆工具时，如果按住 Shift 键的同时拖动鼠标，可以绘制正圆。
- 如果按住 Alt 键的同时拖动鼠标，可以绘制以起始点为中心的圆形。

9）填充变形工具

“填充变形工具”用于应用渐变效果。

渐变是由某种颜色过渡到另外一种颜色的变化过程。

它分为三种，如图 1-2-9 所示。

- 线性填充，指颜色的变化是按照直线进行的。
- 放射状填充，颜色是以圆形的方式，从圆心向周围进行的变化。
- 位图填充，颜色是以导入的图像方式填充。

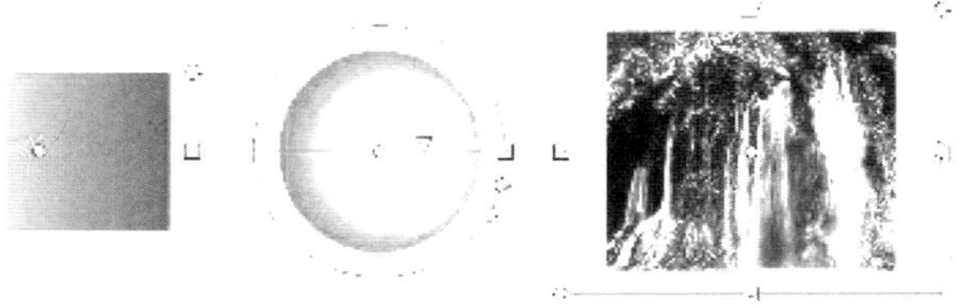

图 1-2-9 线性填充、放射状填充、位图填充

10）套索工具

“套索工具”用于选择图形中不规则形状区域，用于选择特殊形状的图形对象。其选择模式包括不规则选择模式和直边选择模式两种，如图 1-2-10 所示。

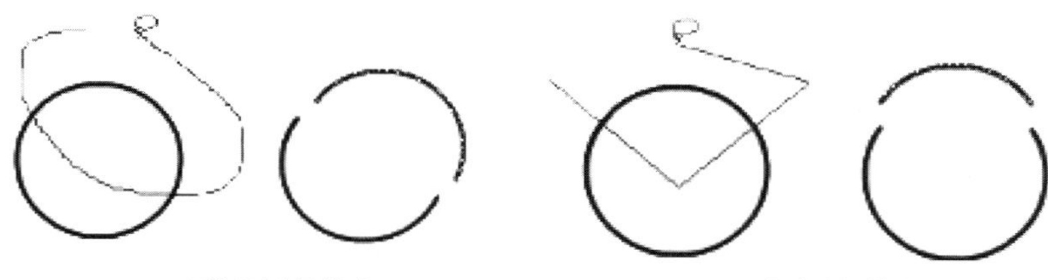

（a）不规则选择模式　　（b）直边选择模式

图 1-2-10　选择模式

被选定的区域可以作为一个单独的对象进行移动、旋转或变形。

选择“套索工具”后，在“选项”菜单中出现“魔术棒”、“魔术棒属性”和“多边形模式”三种模式。

11）橡皮擦工具

① 用途。

使用“橡皮擦工具”擦除指定位置的线条和填充。

选择“橡皮擦工具”后，在工作区的选项区显示橡皮擦的选项：擦除模式、橡皮擦形状、水龙头。

② 各种相关选项。

选择“橡皮擦工具”，单击擦除模式按钮，在弹出的菜单中有 5 个选项，如图 1-2-11 所示。

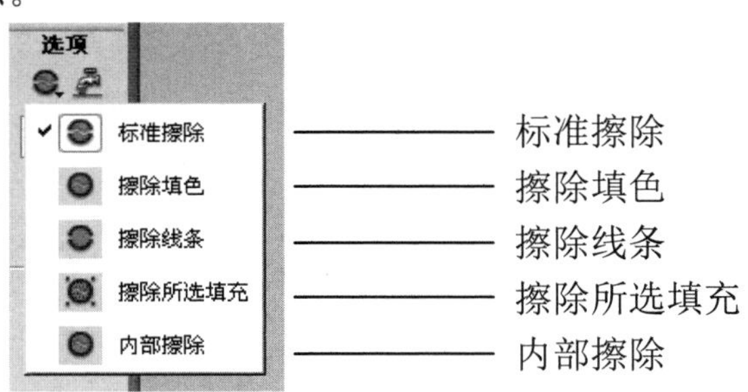

图 1-2-11　标准擦除、擦除填色、擦除线条、擦除所选填充、内部擦除

练习：实例制作

绘制小屋

（1）选择“矩形工具”，设置“笔触颜色”为黑色，设置填充色为无。绘制出两个矩形，上面的矩形为房顶，下面的矩形为房身，如图 1-2-12 所示。

（2）使用“任意变形工具”，将矩形的上边修改成平行四边形，如图 1-2-13 所示。

（3）使用“线条工具”将两个图形连接起来，如图 1-2-14 所示。

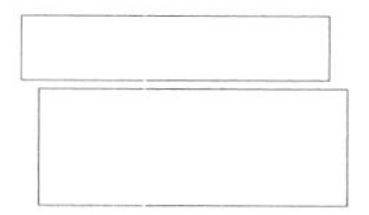

图 1-2-12　绘制房顶和房身

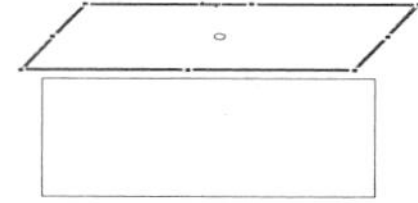

图 1-2-13　修改房顶

图 1-2-14　连接房顶和房身

（4）使用“线条工具”绘制屋顶的侧面，如图 1-2-15 所示。

注意

按住 Shift 键拖动可以将线条限制在 45° 的倍数方向。

（5）绘制出门的形状，如图 1-2-16 所示。

（6）绘制窗户，如图 1-2-17 所示。

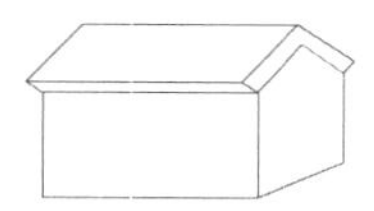

图 1-2-15　绘制屋顶侧面

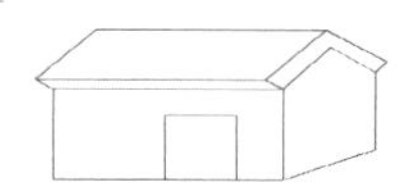

图 1-2-16　绘制门

图 1-2-17　绘制窗户

画一圆形，删除靠下的大半个圆，然后在弧形线下画一长方形。可以使用“缩放工具”将画面放大。

（7）增加直线，形成窗格。选中窗户，在“属性”面板中将颜色改为浅蓝色，并加粗，窗户效果图如图 1-2-18 所示。

将画好的房子填充颜色，并去除多余的轮廓线，房子效果图如图 1-2-19 所示。

图 1-2-18　窗户效果图

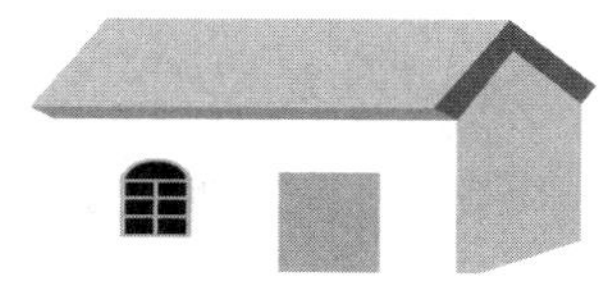

图 1-2-19　房子效果图

归纳提高

编辑锚点是用钢笔工具绘图时的重要操作，归纳为如下操作方法。

① 选择锚点：使用“部分选取工具”，在对象的轮廓上单击，再单击其中的某一个锚点，可选择该锚点，选中的锚点以实心显示。

② 移动锚点：选择锚点后，拖动鼠标到目标位置。

③ 删除锚点：选择锚点后，按 Delete 键。

④ 调节锚点：选择锚点后，拖动锚点，调节方向线来调节线条的轮廓。

任务拓展——绘制盆景

（1）绘制仿古的木质花盆。

新建一个名为“花盆外侧”的图形元件。绘制一个矩形并修改矩形的形状，如图 1-2-20 所示。

图 1-2-20　矩形变形

填充颜色绘制木板的接缝处，使用“刷子工具”制作一些纹路，如图 1-2-21 所示。

新建一个名为“花盆内侧”的图形元件，绘制形状，并填充颜色，调节“花盆内侧”和“花盆外侧”元件的相对位置及大小，如图 1-2-22 所示。

图 1-2-21　制作花盆纹路

图 1-2-22　填充颜色

（2）绘制花。

新建一个名为“花”的图形元件，绘制花的轮廓，填充颜色，如图 1-2-23 所示。

（3）绘制泥土。

新建一个图层，将花放入该图层，调节好花的位置和图层上下关系，绘制泥土，调节各元件之间的相对位置，擦除遮挡花梗部分的泥土，如图 1-2-24 所示。

图 1-2-23　填充颜色

图 1-2-24　最后效果图

活动任务 3　我形我画

任务背景

同学们已经初步学习到各种绘画工具制作图形的方法，但 Flash 绘图的要求不是简单

的图形绘制，需要同学们通过各种绘画工具的组合使用，灵活创造各种变形图形，以塑造完美的动漫形象。

任务分析

本任务将通过如下实例，巩固所学绘图工具的应用。

- 绘制星形。
- 绘制弯月。
- 绘制金字塔。
- 绘制波浪线。
- 绘制机器人。
- 绘制水滴。
- 绘制圆环图案。
- 绘制小花。
- 绘制立体五角星。
- 绘制心形。
- 绘制水泡。
- 绘制五角风铃。
- 绘制适合舞台尺寸的矩形。

任务实施

1. 绘制星形

利用多角星形工具创建基本图形、利用选择工具调整形状。

（1）选择“多角星形工具”，在“属性”面板中单击“选项”按钮，弹出“工具设置”对话框，设置“样式”为“星形”，“边数”为“4”，顶点大小为“0.10”（值越大，星形尖角就越宽，值越小，其尖角越尖），如图 1-3-1 所示。

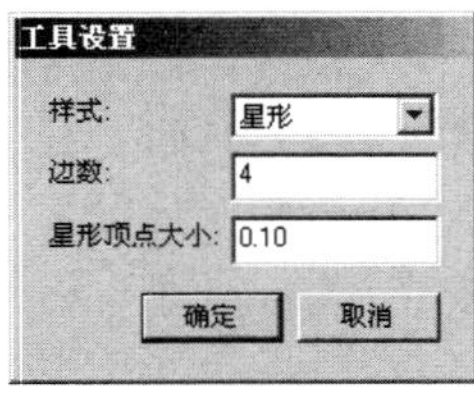

图 1-3-1　工具设置

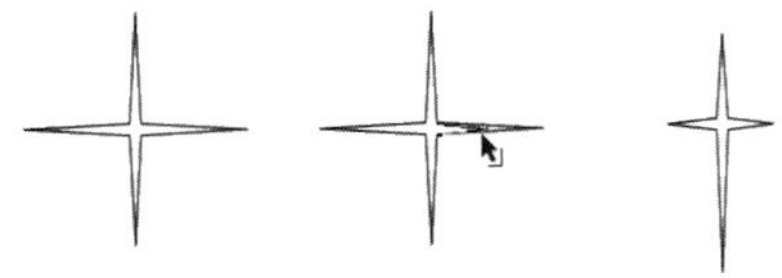

图 1-3-2　绘制星星

（2）在舞台上拖动鼠标绘制星形，完成后使用“选择工具”继续调整星形的外观：把左右两侧的尖角向中间推，上方的尖角拉短，下方的尖角拉长，形成“星星”的形状，如图 1-3-2 所示。

2. 绘制弯月

利用椭圆工具绘制基本图形并有序组合，利用线条切割性质获取所需图形。

（1）画两个圆形，一大一小，使两个圆相交，如图 1-3-3 所示。

（2）利用线条切割的性质，删除多余部分，获得弯月的形状，如图 1-3-4 所示。

（3）填充合适的颜色，如图 1-3-5 所示。

利用前面的星形，与弯月可组合成星空的场景，如图 1-3-6 所示。

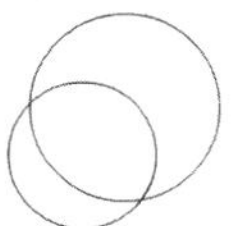
图 1-3-3　两圆相交

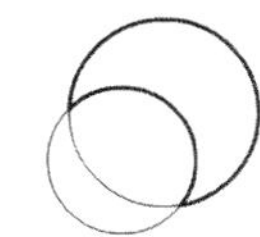
图 1-3-4　切割成弯月

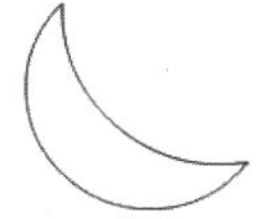
图 1-3-5　填充颜色后的弯月

图 1-3-6　星空

3. 绘制金字塔

利用矩形工具、选择工具调整形状，使用部分选择工具删除锚点。

（1）绘制一个矩形，使用“选择工具”把它调整为不规则四边形，如图 1-3-7 所示。

（2）使用“部分选取工具”，选中左上角的锚点，按 Delete 键删除，得到三角形，如图 1-3-8 所示。

（3）画一条直线将三角形分为两部分，拖曳两者相交的底部，可以产生一个角，形成金字塔的基本形状，如图 1-3-9 所示。

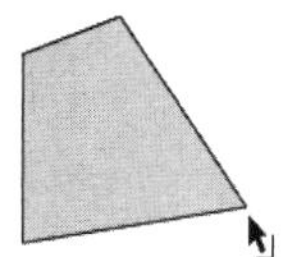
图 1-3-7　调整矩形为不规则四边形

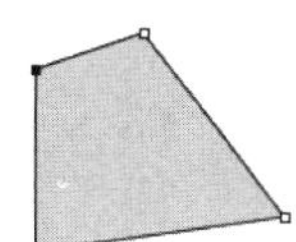
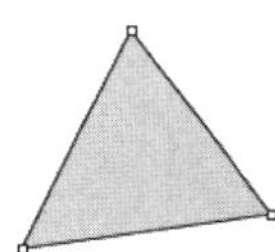
图 1-3-8　调整为三角形

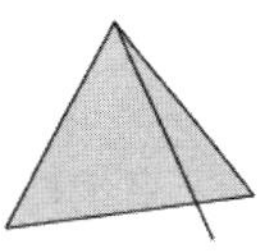
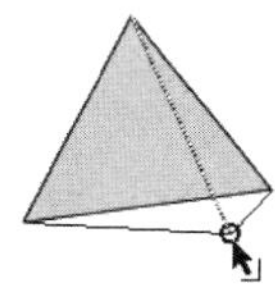
图 1-3-9　调整为金字塔

（4）给金字塔正面填充较深的金黄色（#FF9900），侧面填充较浅的金黄色（#FFCC00），并删除边框，如图 1-3-10 所示。

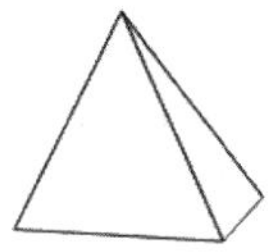
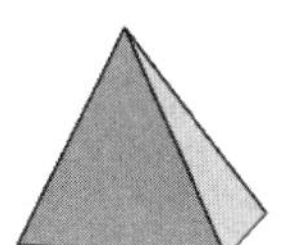
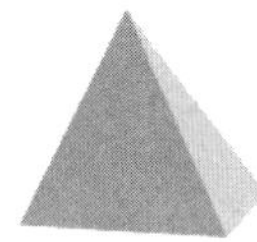
图 1-3-10　填充颜色并删除边框

4. 绘制波浪线

使用线条工具并灵活使用贴紧功能绘制图形，使用选择工具调整形状。

（1）使用“线条工具”绘制一条直线，然后使用“选择工具”指向直线，当鼠标指针变成 形状时，向上拖动鼠标把直线变成曲线，如图 1-3-11 所示。

（2）执行“贴紧至对象”命令，从曲线的一端开始，再画一条直线，这样可以保证两条线的端点严格贴紧，如图 1-3-12 所示。

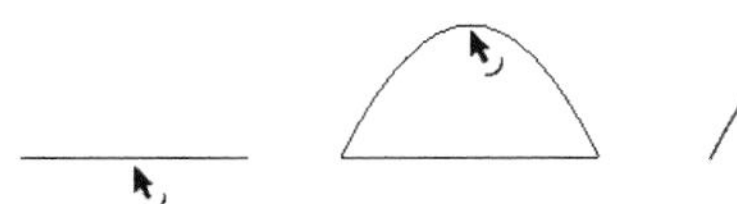
图 1-3-11　直线变曲线

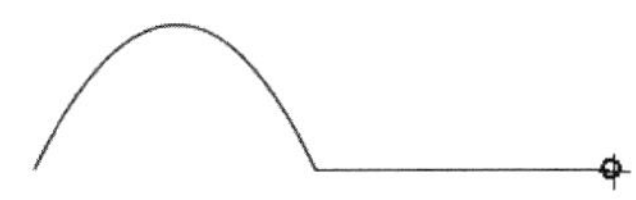
图 1-3-12　再画直线

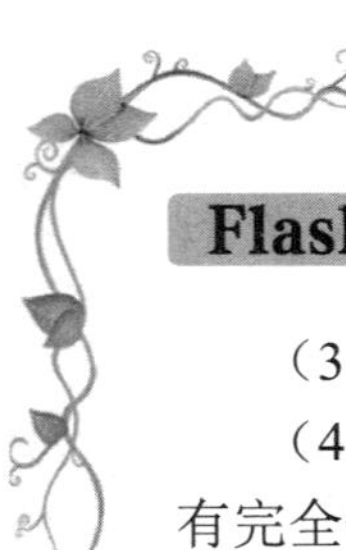

（3）以同样的方法，将第二段直线向下拖动调整为曲线，如图 1-3-13 所示。

（4）使用“选择工具”指向两条线的交接处，鼠标指针变成形状时，表示连接处没有完全平滑过渡。拖动鼠标，出现变大的圆圈时松开鼠标，可使端点平滑连接，如图 1-3-14 所示。

用类似的方法，可以绘制人物的眼睛的外形轮廓，如图 1-3-15 所示。

图 1-3-13　调整为曲线　　图 1-3-14　连接端点　　图 1-3-15　眼睛外形轮廓

5. 绘制机器人

（1）使用“矩形工具”绘制若干矩形，并组合、调整成机器人的躯干，如图 1-3-16 所示。

（2）使用“线条工具”绘制机器人的天线、手臂等部件，如图 1-3-17 所示。

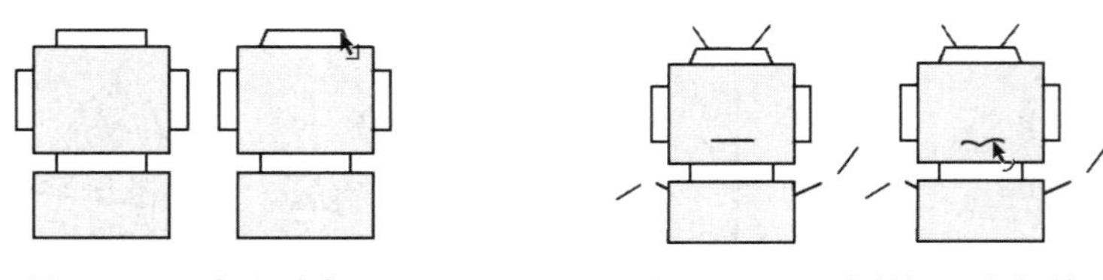

图 1-3-16　机器人躯干　　图 1-3-17　绘制机器人部件

（3）使用“椭圆工具”绘制机器人的眼睛以及各关节，绘制的机器人效果如图 1-3-18 所示。

图 1-3-18　机器人效果图

6. 绘制水滴

利用椭圆工具、选择工具调整形状进行渐变色的编辑和渐变填充的调整。

（1）绘制一个椭圆，使用“选择工具”，按住 Ctrl 键在椭圆上端拉出尖角，并进一步调整，形成水滴的外形，如图 1-3-19 所示。

（2）编辑从白色到蓝色的放射状渐变，使用填充变形工具调整渐变的圆度，使它适合水滴外形，如图 1-3-20 所示。

（3）删除边框，并将水滴缩小至所需大小，如图 1-3-21 所示。

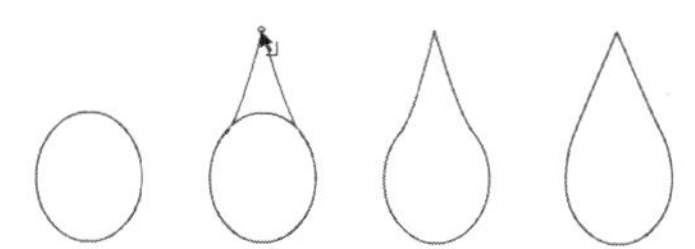

图 1-3-19 绘制水滴

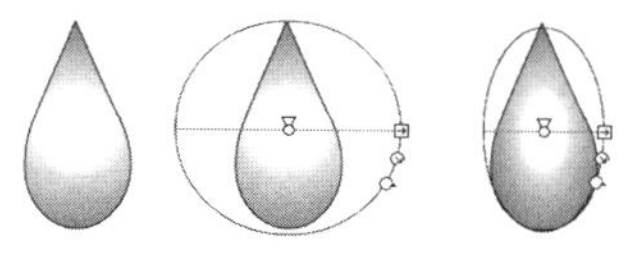

图 1-3-20 制作渐变

图 1-3-21 修整

7. 绘制圆环图案

利用椭圆工具绘制基本图形，利用任意变形工具移动变形点，学会灵活使用“变形”面板调整图形的形状。

（1）绘制一个圆形，通过“任意变形工具”将圆形的变形点移动到正下方，如图 1-3-22 所示。

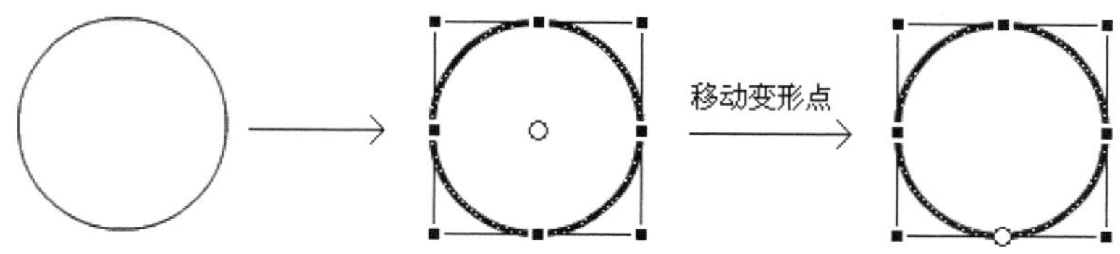

图 1-3-22 移动变形点

（2）在“变形”面板中的“旋转”栏中输入“20 度”，然后重复单击“复制并应用变形”按钮，如图 1-3-23 所示。

（3）得到的圆环图案如图 1-3-24 所示。

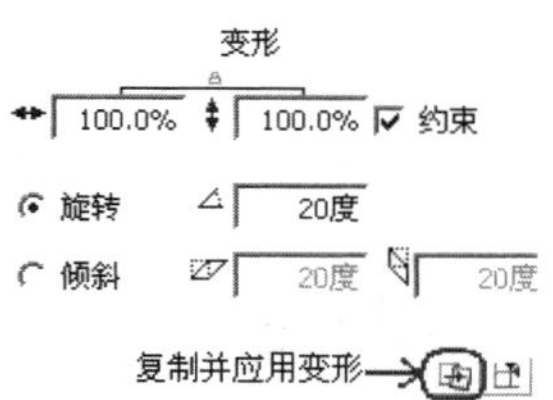

图 1-3-23 设置数值

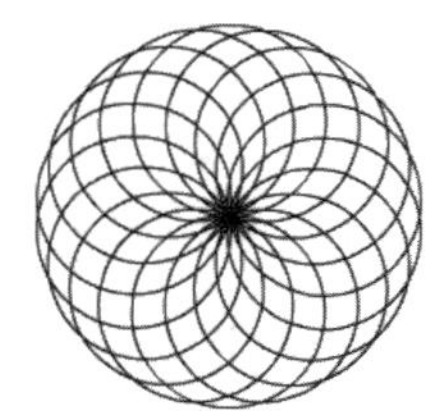

图 1-3-24 圆环图案

8. 绘制小花

（1）打开标尺，创建两条相交的辅助线。编辑白色到玫瑰红色（#FF6699）的放射状渐变，用该渐变色画一椭圆，放置在图示位置。将渐变中心移动到椭圆正下方，如图 1-3-25 所示。

（2）使用“任意变形工具”，将椭圆的变形点移动到辅助线的交叉点，如图 1-3-26 所示。

（3）不要去掉选择，打开“变形”面板，在“旋转”栏中输入“36 度”，连续单击 9 次“复制并应用变形”按钮，得到花瓣图形。选择合适的颜色，添加花蕊。执行“视图→

辅助线→清除辅助线”命令，将辅助线清除，如图 1-3-27 所示。

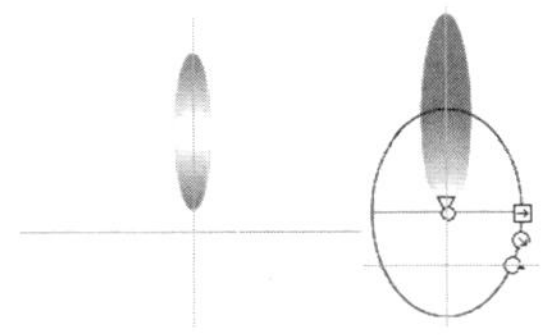
图 1-3-25　绘制花瓣

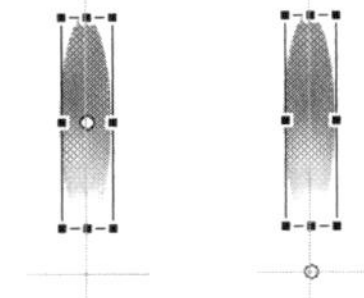
图 1-3-26　移动变形点

图 1-3-27　效果图

9. 绘制五角星

（1）画一宽为 1px 的垂直线，打开“变形”面板，在“旋转”栏中输入“36 度”，连续单击四次“复制并应用变形”按钮，得到的最终形状，如图 1-3-28 所示。

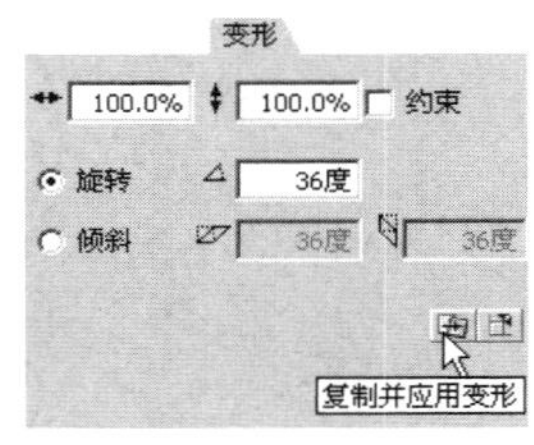

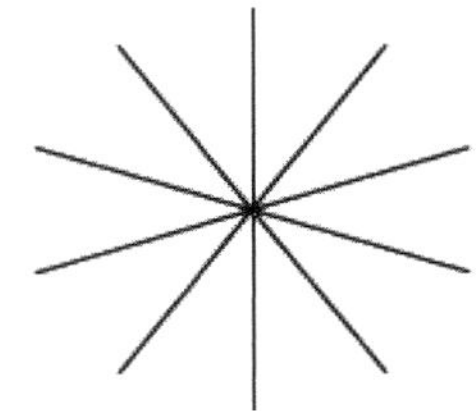
图 1-3-28　复制并应用变换效果图

（2）通过删除多余线段、连接相关端点形成五角星，如图 1-3-29 所示。

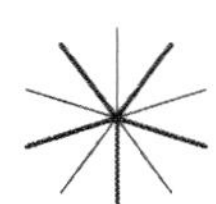
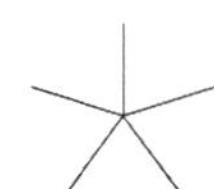

图 1-3-29　绘制五角星

（3）再次删除多余线条，并将各个内顶点和中心连接，如图 1-3-30 所示。

图 1-3-30　修整五角星

（4）使用白到红、红到黑两种放射状渐变，相间隔地填充五角星中的三角形，产生立体效果，如图 1-3-31 所示。

（5）删除原有的笔触，最后的五角星效果图如图 1-3-32 所示。

图 1-3-31　设置渐变色

图 1-3-32　五角星效果图

10. 绘制心形

（1）选择“钢笔工具”，在图 1-3-33 所示的第 1 个锚点处单击，然后在第 2 个锚点位置处单击并向左下方拖动鼠标，拖出方向线，如图 1-3-33 所示。

（2）锚点 3 在锚点 1 的正下方，使用“钢笔工具”单击锚点 3。

（3）锚点 4 与锚点 2 相对于锚点 1 对称，在该位置处单击并向左上方拖动鼠标，拖出方向线，如图 1-3-34 所示。

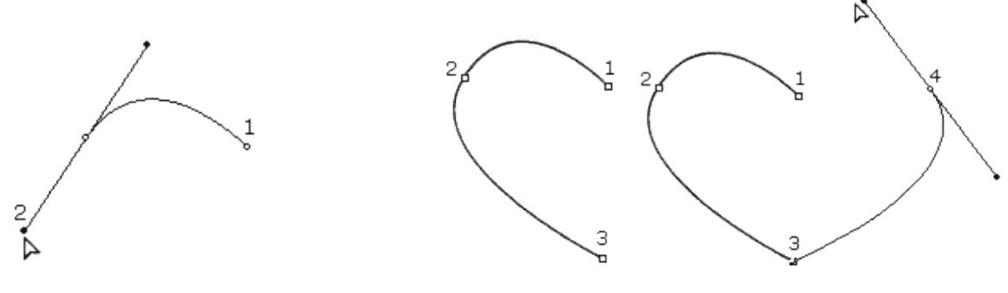

图 1-3-33　绘制方向线　　图 1-3-34　绘制心形

（4）当鼠标指向第 1 个锚点时，钢笔工具形状的指针下方会出现小圆圈，此时单击，可使路径封闭，如图 1-3-35 所示。

（5）使用“部分选择工具”进一步调整单个锚点，使整体形状达到满意为止。

（6）填充合适的渐变色，如图 1-3-36 所示。

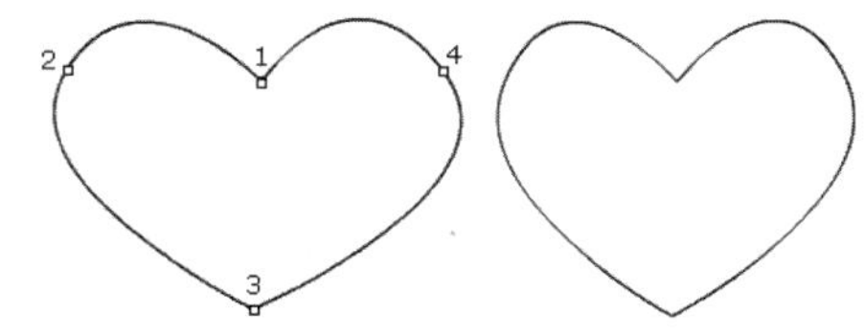

图 1-3-35　闭合路径

图 1-3-36　填充合适的渐变色

11. 绘制水泡

灵活使用椭圆工具，进行渐变色编辑、渐变填充的调整和不透明度设置。

（1）将舞台背景设置为蓝色（#0099CC）。

（2）打开“混色器”面板，编辑图示放射状渐变，如图 1-3-37 所示。

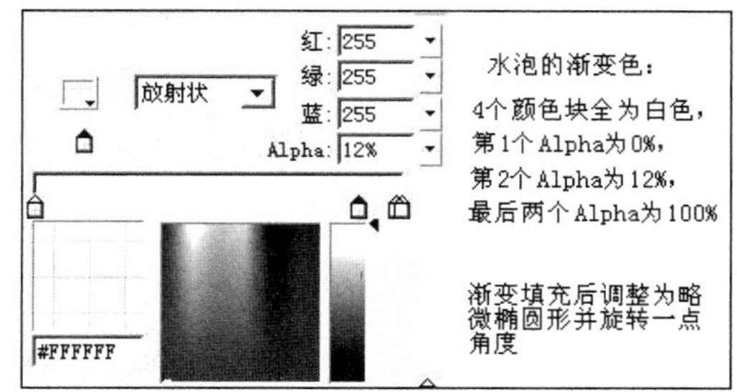

图 1-3-37　编辑放射状渐变

（3）绘制一个圆形，填充渐变并调整形状，如图 1-3-38 所示。

 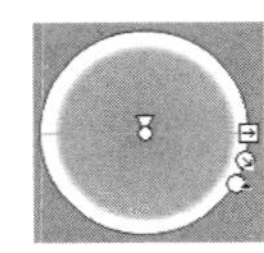 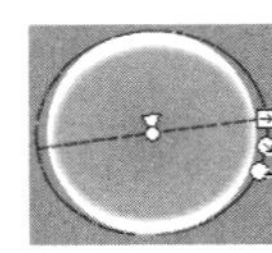

图 1-3-38　填充渐变并调整圆形

（4）新建一个图层，设置适当线宽，画一曲线。再选择合适大小，使用“刷子工具”绘制一个圆点，作为水泡的高光部分。选中 “图层 2”上的图形，剪切，选中 “图层 1”，执行“编辑→粘贴到位置”命令，进行原位粘贴，并删除 “图层 2”，如图 1-3-39 所示。

（5）将图形组合，复制多个，形成水泡图案，如图 1-3-40 所示。

图 1-3-39　绘制水泡

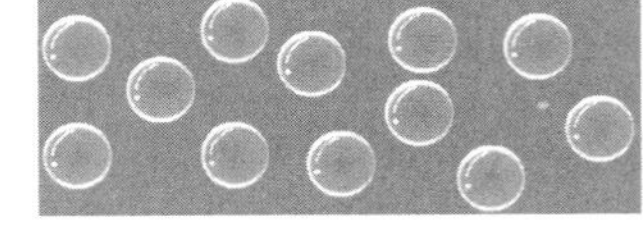

图 1-3-40　水泡图案

注 意

如果水泡要缩小，则高光部分的线条要相应调整线宽。

12. 绘制五角风铃

利用多角星形工具绘制图形进行渐变色和不透明度设置，利用部分选择工具转换锚点类型。

（1）选择“多角星形工具”，设置其选项，画一个五角星，如图 1-3-41 所示。

（2）使用“部分选取工具”，选中锚点后，按住 Alt 键拖动锚点，将 5 个顶点转换为曲线锚点，由尖角变为圆角，如图 1-3-42 所示。

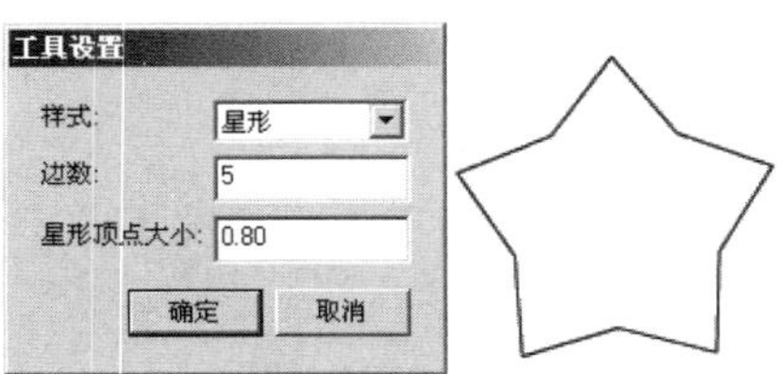

图 1-3-41　画五角星

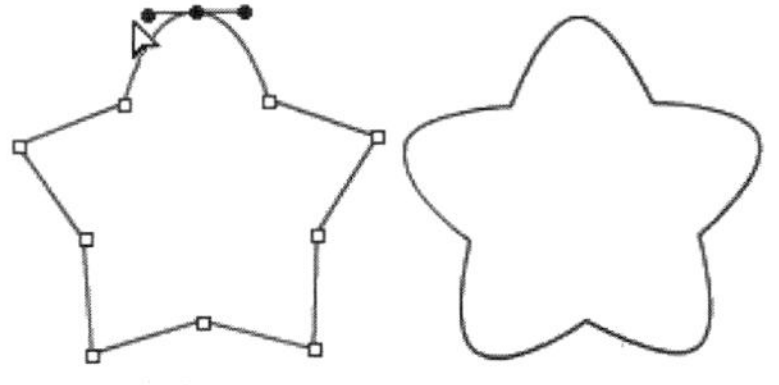

图 1-3-42　顶点转换为曲线锚点

（3）选择一种白色到亮色的放射状渐变，填充五角星。将其边框线设置为适当宽度（如 3pt），并设置为相似颜色。绘制一些白色、不透明度为 80%的曲线，突出高光部分，并添加拴风铃的细线，如图 1-3-43 所示。

（4）将画好的风铃复制多个，改变渐变的色彩，形成组合风铃图案，如图 1-3-44 所示。

图 1-3-43　风铃

图 1-3-44　风铃图案

归纳提高

任务拓展——绘制适合舞台尺寸的矩形

绘制一个刚好覆盖舞台的无边框矩形，自下而上填充白色到蓝色的线性渐变。

（1）在“混色器”面板中编辑白色到蓝色的线性渐变，去掉边框色，绘制一个矩形，如图 1-3-45 所示。

（2）使用“填充变形工具”调整渐变色的方向，如图 1-3-46 所示。

（3）选中矩形，打开对齐面板，启用“相对于舞台”功能，单击“匹配宽和高”按钮，如图 1-3-47 所示。

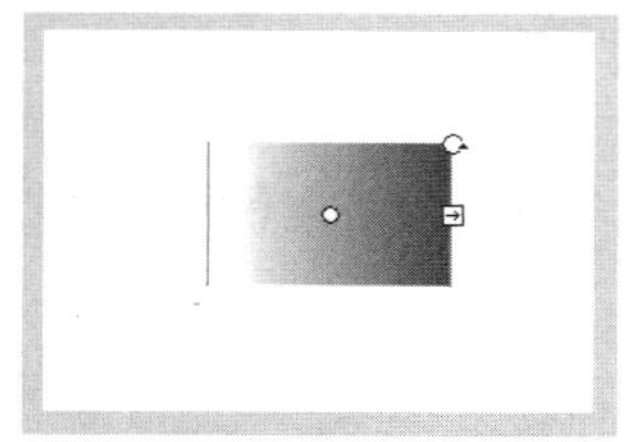

图 1-3-45　绘制矩形

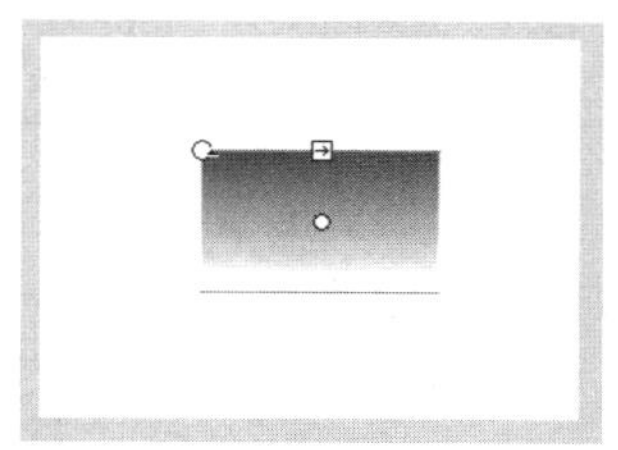

图 1-3-46　调整渐变色

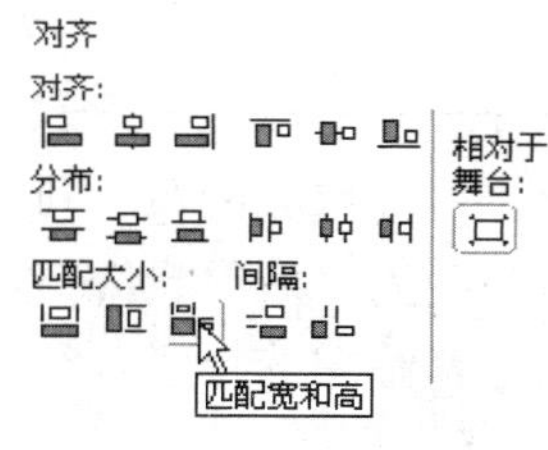

图 1-3-47　匹配宽和高

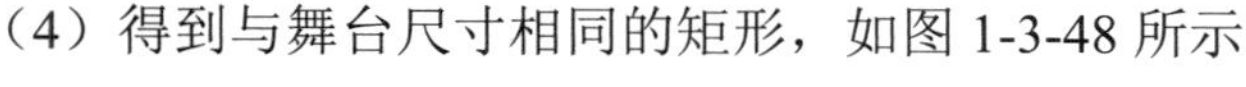

（4）得到与舞台尺寸相同的矩形，如图 1-3-48 所示。

图 1-3-48　与舞台尺寸相同的矩形

（5）使用对齐功能，使矩形与舞台左对齐和上对齐。

使用类似方法，可制作如图 1-3-49 所示的两个圆环图案。

图 1-3-49　圆环图案

任务拓展——绘制花朵

绘制一朵具有颜色渐变效果的花朵。

（1）新建影片文档，使用默认文档属性。保存影片文件，取名为“综合练习”。

（2）新建“花瓣”图形元件，执行“插入→新建元件”命令，弹出“创建新元件”对话框，输入元件“名称”为“花瓣”，设置“行为”为“图形”，单击“确定”按钮，如图 1-3-50 所示。

（3）画花瓣，在“花瓣”图形元件的编辑场景中，选择“椭圆工具”，设置“笔触颜色”为红色，填充颜色为无，如图 1-3-51 所示。在场景中绘制出一个圆形，用“选择工具”将圆形调整成花瓣形状，如图 1-3-52 所示。

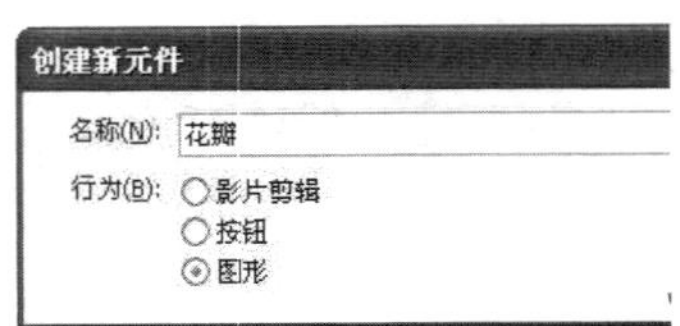

图 1-3-50 “创建新元件”对话框

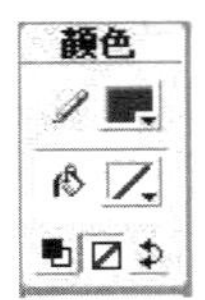

图 1-3-51 填充颜色

图 1-3-52 将圆形调整为花瓣形状

注 意

要让图形下端靠近场景中心的“十”字符号。因为下一步要做的旋转将以“十”字符号为中心。

（4）花瓣填充颜色，执行“窗口→设计面板→混色器”命令，在“混色器”面板中选择填充类型为“放射状”，设定颜色为由大红到浅红的渐变，如图 1-3-53 所示。

在工具箱中选择“颜料桶工具”，给场景中的花瓣图像填充颜色，然后删除外框线条，如图 1-3-54 所示。

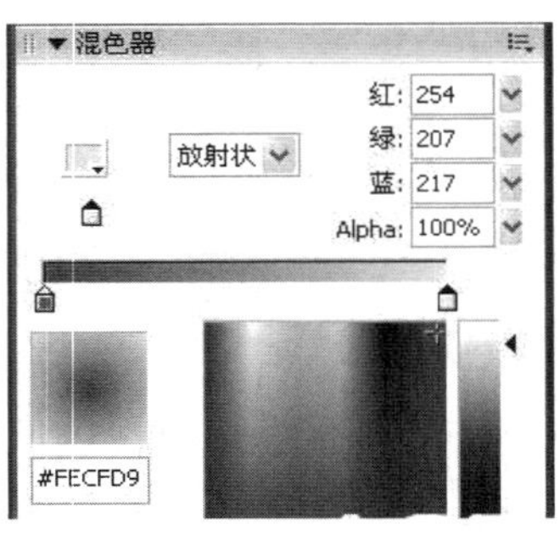

图 1-3-53 “混色器”面板

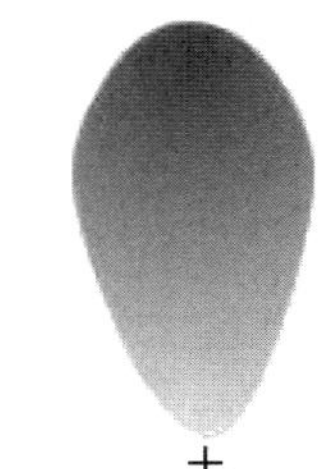

图 1-3-54 设置填充颜色

（5）新建图形元件，元件名称为“花朵”。在这个元件的编辑场景中，将刚刚绘制好的“花瓣”元件从“库”面板中拖动到场景中，然后用“任意变形工具”将这个图形实例的中心点移动到花瓣图形的下端，如图 1-3-55 所示。

保持场景中的“花瓣”实例处于被选中状态，执行“窗口→设计面板→变形”命令，打开“变形”面板，如图 1-3-56 所示。

在“变形”面板中，设置“旋转”为 72 度，单击“复制并应用变形”按钮。这时会发现原来的花瓣旁边出现了一个同样的花瓣图形，再单击“复制并应用变形”按钮 3 次后，一朵花就画好了，如图 1-3-57 所示。

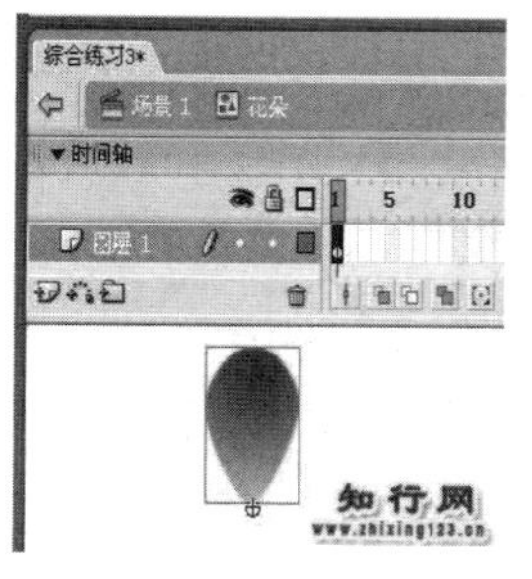

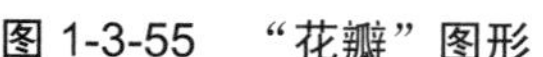
图 1-3-55 “花瓣”图形

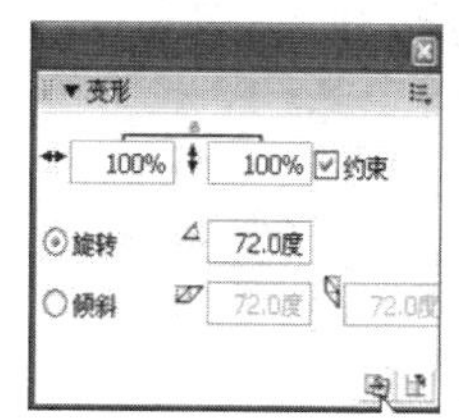

图 1-3-56 “变形”面板

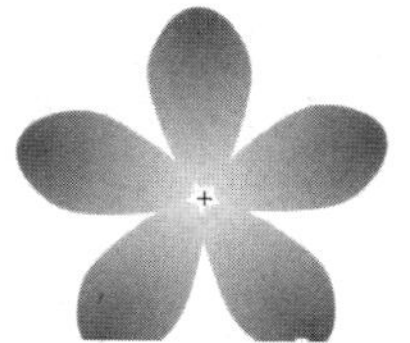
图 1-3-57 花朵

注意

如果觉得花瓣形状不太满意，可以随时打开“花瓣”元件进行调整，花朵形状会随之而发生变化。

活动任务 4 新春贺卡：娃娃放鞭炮

任务背景

一提到春节，那种鞭炮声声、烟火飞舞的场景肯定还历历在目。过年对于每一个小孩子来说，都是盼了又盼的。因为那时他们可以穿漂亮的衣服，放烟火，吃好吃的糖果。设想一个顽皮的小女孩放烟火的场景，并用 Flash 来绘制一个这样的场景。

任务分析

本任务可划分为如下几个部分：

- 人物绘制。
- 烟火绘制。
- 背景装饰。

任务实施

1. 新建文件

（1）首先新建一个大小为 800×600（像素）的文件，中国人总喜欢用红色来表示一种喜庆的气氛，所以在这里将画布颜色自定义为红色，得到如图 1-4-1 所示的图像。

图 1-4-1　设置画布颜色为红色

（2）接下来就开始绘制小女孩。首先是小女孩圆圆的脑袋，使用线条工具绘制大概的脸型，再配合选择工具进行调整，绘制闭合的图形，使用染料桶工具填充，颜色为#FFDDBF，笔触大小为 4，颜色设置为#FAD8BC，如图 1-4-2 所示。

图 1-4-2　绘制小女孩的脑袋

提示

绘画功底差的同学，可以将样图导入舞台，在“属性”面板中将其调整到舞台相同大小，新建图层，对比样图勾勒轮廓线条，如下图所示。

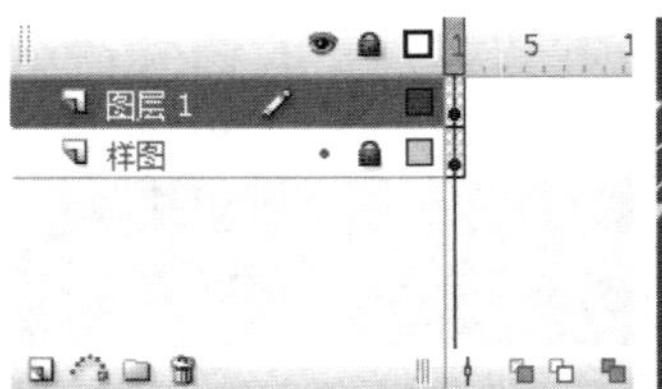

（3）新建图层，用来给小女孩添加头发，为了使其调皮可爱，可以给她绘制两个可爱的冲天辫。注意头发上的高光效果，如图 1-4-3 所示。

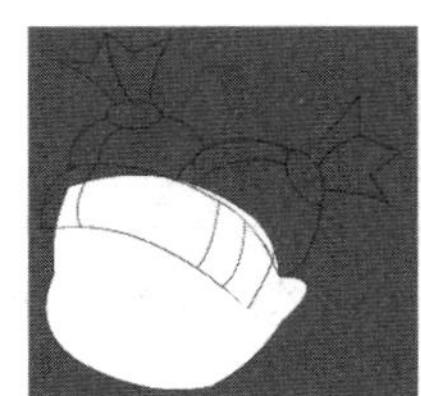  

图 1-4-3　小女孩添加头发

（4）接下来给小女孩添加粉粉的小脸、弯弯的眼睛和嘴巴。画两个椭圆，用颜色#FC9599 填充，再画一些直线，用选择工具进行形状上的调整，绘制成笑得很开心的样子，如图 1-4-4 所示。

图 1-4-4　为小女孩添加甜美的笑容

提 示

为了方便修改，以及确保形状图形之间互不影响，要把不同的部分分别在不同的图层绘制出来，另外，可以通过单击图层右边的“锁定”按钮将不用的图层暂时锁定，以防止操作错误。也可以单击某个图层的眼睛图标使图层暂时不显示，方便调整绘制，如下所示。

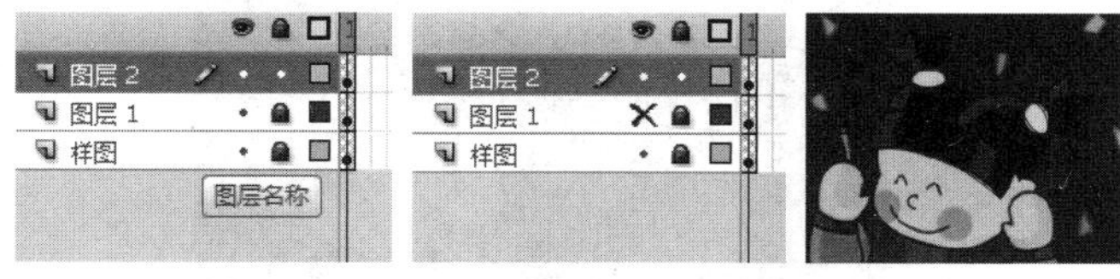

（5）在新建图层上绘制一个椭圆，用选择工具调整形状，并且用红色填充即可得到小女孩的身子图像，将图层移到最下面，如图 1-4-5 所示。

图 1-4-5　绘制小女孩的身子

（6）为了让小女孩的衣服在烟火的照耀下显得更加漂亮，需要给它添加不同的颜色，绘制两条线，将衣服分成三部分填充不同颜色，并选中多余的线段按 Delete 键删除，如图 1-4-6 所示。

图 1-4-6　给衣服添加颜色

（7）使用同样的方法，为小女孩添加胳膊和小手，再在小手里添加一根香，对于很细小的东西，可以将画面放大来绘制，得到如图 1-4-7 所示的图像。

图 1-4-7　添加小女孩的胳膊和小手

（8）使用同样的方法，绘制小女孩的腿，得到如图 1-4-8 所示的效果。

图 1-4-8　绘制小腿

（9）有了小腿以后，是不是还觉得缺少了点什么呀？这里再添加一双可爱的小鞋，图像就会栩栩如生了，如图 1-4-9 所示。

图 1-4-9　为小女孩添加小鞋

（10）现在是不是还缺少了一只胳膊和一只小手啊？这时可以将另外一只小手放在耳朵边上，使小女孩看起来有点害怕的样子。这里有一个非常简单的方法，可以把先前画好的另外的一只手臂的各个部分组合起来，复制一份，粘贴到新的图层上，然后用任意变形工具水平翻转，放在合适的位置即可，如图 1-4-10 所示。

图 1-4-10　添加小女孩的另外一只手臂

（11）这样一个可爱的小女孩就全部绘制好了，小女孩的手里拿了一支香，一定是要点燃一个漂亮的烟花，接下来绘制烟花。首先绘制装烟花的盒子，绘制一个矩形和一个椭圆即可，如图 1-4-11 所示。

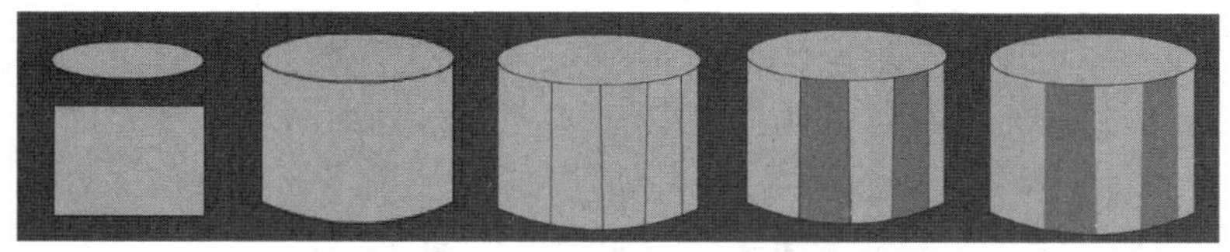

图 1-4-11　绘制烟花的盒子

（12）为了增加一点春节的气氛，可以在烟花的盒子上贴一个喜气洋洋的“春”字。首先绘制一个矩形，进行方向旋转，填充颜色为红色，在红色的帖子上用隶书写一个“春”字。在过节的时候，我们通常喜欢将字倒着贴，表示春节到了的意思，在这里可以用任意变形工具将文字倒过来。将“春”字的颜色设为金黄色，如图 1-4-12 所示。

图 1-4-12　“春”字

（13）接下来绘制五颜六色的烟花。火花向外不规则地喷溅。新建图层，使用刷子工具随意绘制五颜六色的火光，如图 1-4-13 所示。

图 1-4-13　烟花效果

（14）在“烟火”图层第 2 帧处右击，在弹出的快捷菜单中执行“插入关键帧”命令，生成关键帧，如图 1-4-14 所示。选择任意变形工具，按住 Alt 键将烟花水平翻转。

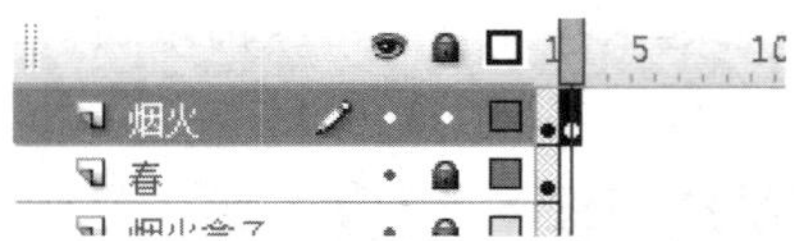

图 1-4-14　在第二帧处插入关键帧

（15）在其他图层的第 2 帧处插入普通帧以延续画面播放时间，如图 1-4-15 所示。

图 1-4-15　在所有图层第 2 帧处插入普通帧

（16）按“Enter+Ctrl”组合键测试影片，可看到烟花怒放的效果。

（17）接下来添加祝福的话语“新春快乐，万事如意！”，字体选用隶书，黄色，如图 1-4-16 所示。

图 1-4-16　添加祝福语

（18）红色的背景虽然让人感觉喜气洋洋，但是却缺少了一点金碧辉煌的感觉，这时可以在背景上随意点缀一些不规则形状的金片，富丽堂皇的感觉立刻就可以跃然纸上了。可以将第 2 帧变成关键帧，移动其位置和大小，造成闪动效果，如图 1-4-17 所示。

图 1-4-17　金片

归纳提高

随着互联网的发展，传统的祝福方式也悄悄发生了改变，网络贺卡也随之孕育而生，越来越多的人选择在逢年过节时给远方的亲朋好友寄送网络贺卡表达深深的思念和祝福。本课程对 Flash 贺卡的制作做了详尽的介绍，帮助读者深刻体会贺卡的设计制作原理。

在制作 Flash 贺卡之前，上网去看看 Flash 贺卡的制作流程及表现方式是非常必要的，了解一些 Flash 贺卡制作的规范，做好充分的准备。对需要制作的 Flash 贺卡做到心中有数后，就可以开始收集 Flash 贺卡中所需要的各种素材，一切准备就绪后，就可以开始动手制作属于自己的 Flash 贺卡了。

设计制作 Flash 贺卡最重要的是情节而不是技术，由于贺卡的特殊性，情节一般比较简单，影片也很简短，时间只有短短的几分钟甚至几秒钟，不像 MTV 与动画短片那样有一条很完整的故事线，设计者一定要在很短的时间内将设计意图表现清楚，并且要给人深刻的印象。要在很有限的时间内表达出主题，并把气氛烘托起来。

本例中，使用 Flash 绘制了一张充满喜庆气氛的万事如意贺卡，其中主要用到了 Flash 的直线工具、椭圆工具和任意变形工具。在绘制图像的过程中，如果图像的左右是对称的，则只需要绘制一边，另外一边通过复制和水平翻转即可得到。在绘制一些很细小的东西时，如本例中小女孩手中所拿的香以及每一根烟花，形状调节起来非常困难，通常将画面放大很多倍来绘制。总之，Flash 矢量绘图中线条的修改和填充是最为主要的手段，要求学者能够很好地掌握。

MV Flash

情境背景描述

动画是一个创建动作或随时间变化的幻觉过程。动画可以是一个物体从一个地方到另一个地方的移动，或者是经过一段时间后颜色的改变（改变也可以是一个形态上的或者形状上的改变，从一个形状变成另一个形状）。

任何随着时间而发生的位置或者形象上的改变都可以称为动画。Flash 动画的类型主要有以下几种。

（1）逐帧动画。

（2）补间动画。

（3）引导动画。

（4）遮罩动画。

活动任务 1 逐帧动画——打字机动画

任务背景

我们学习了贺卡烟花的制作，整个烟花只有两帧的画面循环播放，这样一帧一帧改变画面的动画就是逐帧动画，本任务来详细学习逐帧动画。

逐帧动画（Frame By Frame）是一种最原始的、应用最广泛的动画手法，它的原理是在“连续的关键帧”中分解动画动作，也就是每一帧中的内容不同，连续播放而形成动画。

逐帧动画是动画中最基本的形式，它是由若干个连续关键帧组成的动画序列。在逐帧动画中，只有关键帧，没有过渡帧。与传统的动画制作方法类似，在制作过程中，需要对每一个关键帧进行编辑，工作量很大，主要用于制作比较复杂的动画，如面部表情、手脚关节运动等细微变化的动画。

逐帧动画的缺点：帧序列内容不一样，不仅增加了制作负担，而且最终输出的文件也很大。但它的优势亦很明显：因为它与电影的播放模式相似，非常适用于表现很细腻的动画，如人物或动物的行走、奔跑、急速转身、喜怒哀乐等效果。

任务分析

打字机动画是逐帧动画中最经典、最简单的例子，该动画的原理就是每隔一定数量的动画帧增加一个文字，同时有闪烁的光标跟随移动，打字机动画示意图如图 2-1-1 所示。

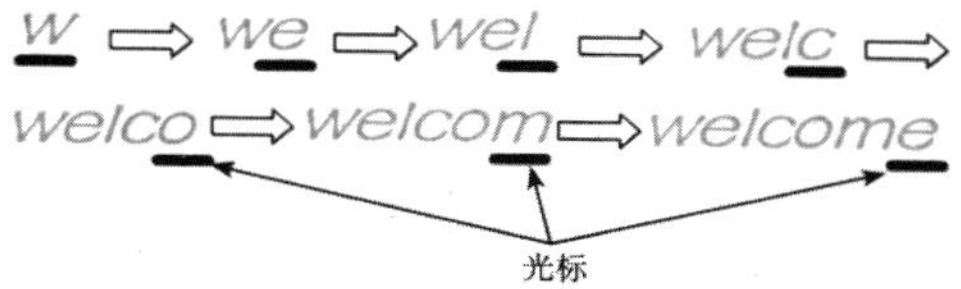

图 2-1-1　打字机动画示意图

因此，在这个动画中有两个动画——文字增加动画和光标伴随闪动动画。这两个动画都是逐帧动画，其中，光标闪动动画的频率是文字增加动画频率的 2 倍。

任务实施

1. 抓屏做底图，新建元件

新建一个 Flash 文档，将其命名为“打字机”。

在这个动画中，我们模拟 QQ 里的文字输入动画，首先使用抓屏工具获取一个 QQ 的聊天界面，如图 2-1-2 所示。

图 2-1-2　截取底图

再将该图导入到库中。新建一个元件，将其命名为“光标”，进入编辑状态后，使用“线条工具”在工作区绘制一条横线，如图 2-1-3 所示。

图 2-1-3　元件“光标”

2. 文字动画

回到主场景，将当前图层的名称修改为“底图”，再新建两个图层，分别命名为“字”和“光标”，如图 2-1-4 所示。

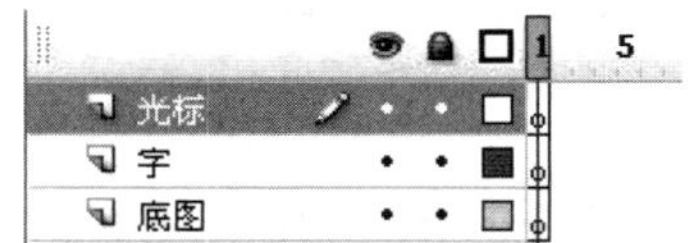

图 2-1-4　打字机动画的 3 个图层

在“时间轴”面板中选中“底图”图层，将 QQ 聊天界面的图片拖动到舞台上，并调整其大小，使其与舞台大小一致。

执行“视图→标尺”命令，打开标尺，如图 2-1-5 所示。

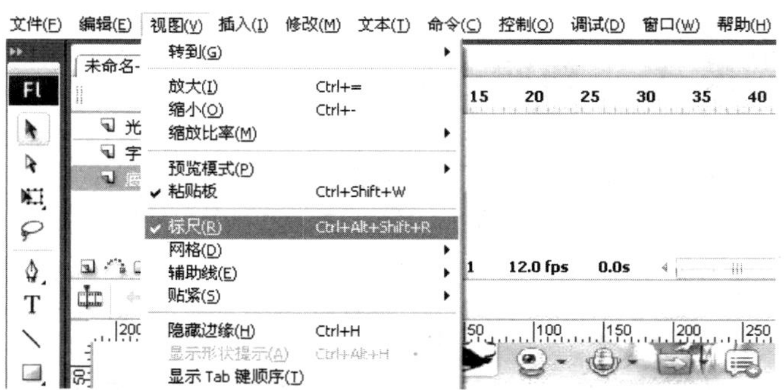

图 2-1-5　打开标尺

在横竖两个标尺上按住鼠标左键，然后拖动鼠标，拖出两个标尺线，并调整两个标尺线的位置，使其交点位于 QQ 聊天界面的文字输入区，如图 2-1-6 所示。

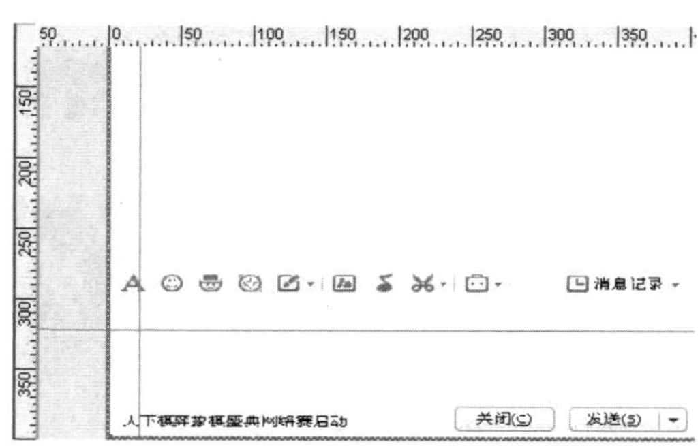

图 2-1-6　两条标尺线

小技巧

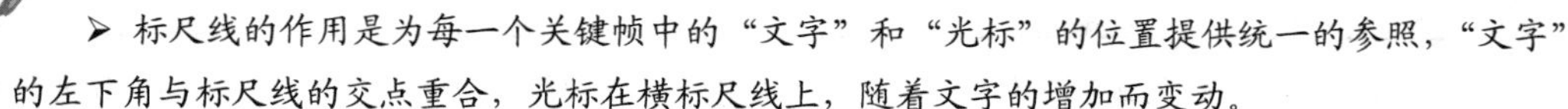

➢ 标尺线的作用是为每一个关键帧中的“文字”和“光标”的位置提供统一的参照，“文字”的左下角与标尺线的交点重合，光标在横标尺线上，随着文字的增加而变动。

➢ 标尺线可以调动，当光标放到标尺线上时，指针会变为![]，然后按住鼠标左键，拖动鼠标即可调整标尺线。

在“时间轴”面板中选中“字”图层，单击工具栏中的“文字工具”按钮 T，然后在舞台上输入字母“W”，并将文字的左下角调整到与标尺线的交点重合，如图 2-1-7 所示。

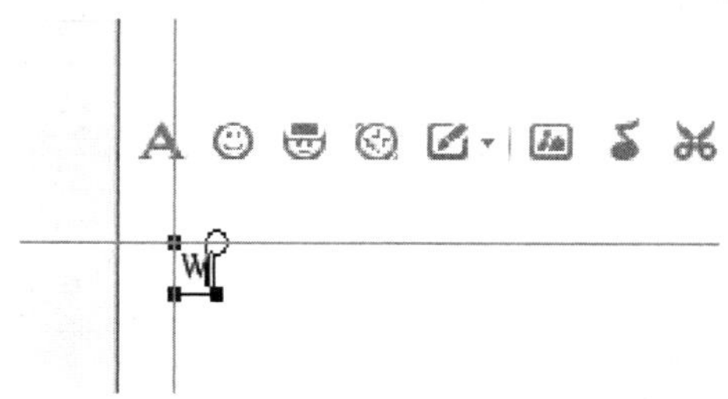

图 2-1-7　输入字母“W”

提 示

在调整文字的左下角与标尺线交点重合时，可以将舞台的显示比例放大到 800%，这样可使得文字的位置更精确。

在“字”图层的第 3 帧处右击，在弹出的快捷菜单中执行“转换为关键帧”命令，将第 3 帧转换为关键帧，如图 2-1-8 所示。

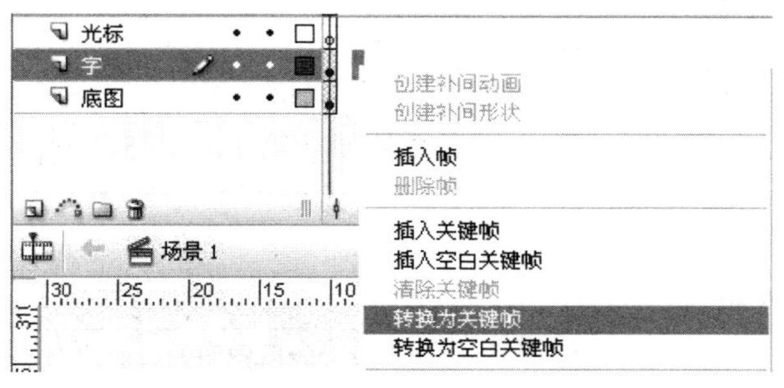

图 2-1-8　转换为关键帧

再选中文字，单击“文字工具”按钮 T，继续为文字添加字母“e”，如图 2-1-9 所示。

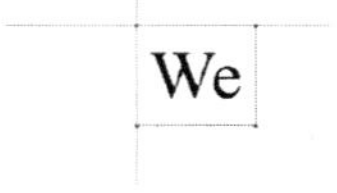

We

图 2-1-9　添加字母“e”

以此类推，每隔 2 帧转换一次关键帧，同时为舞台上的文字添加一个字母，共同组成

字符串“Welcome to Jiaonan!”。

注 意

字符串中的空格也算一个字符，也需要一个单纯的关键帧，后面制作的光标要在空格处闪烁。

当输入完成后，还要让输入的字符串显示在 QQ 界面的对话框中，并添加上用户的昵称和发送时间，如图 2-1-10 所示。至此，文字部分制作完成。

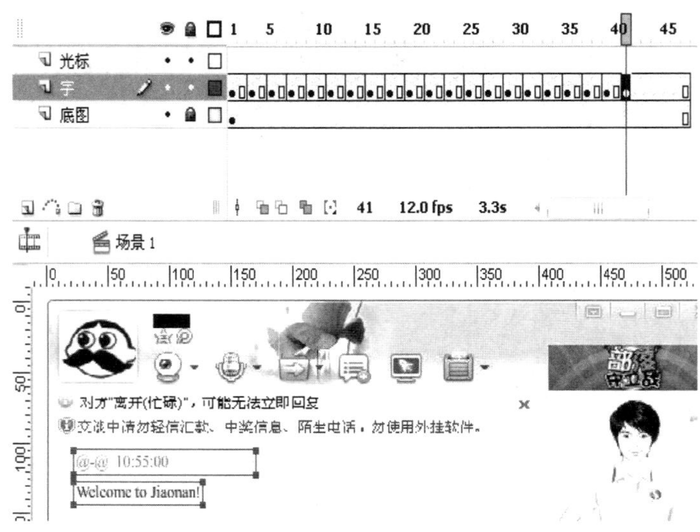

图 2-1-10 在对话框中显示字符串

3. 光标动画

光标动画也是一个逐帧动画。在“时间轴”面板中选中“光标”图层，将第 1 帧～第 43 帧全部转换为空白关键帧，然后分别在奇数帧（第 1、3、5、…、39 帧）上将元件“光标”拖放到舞台上，沿着横向标尺线放置于当前输入的文字下方，如图 2-1-11 所示。

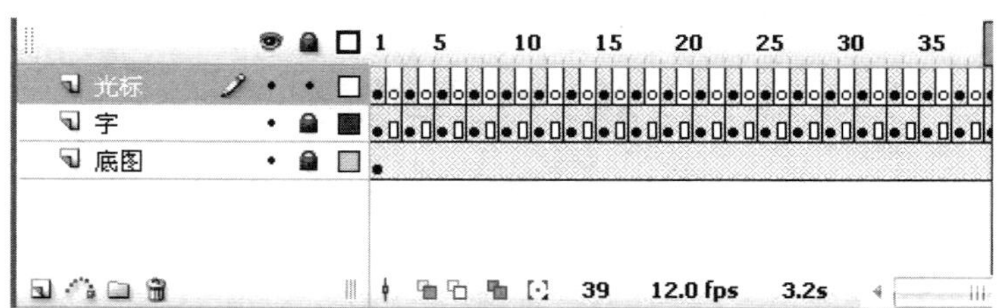

图 2-1-11 隔帧放置光标

在第 41、43、45、47 帧处，将元件“光标”拖放到舞台上，放置于 QQ 对话框输入栏的开始位置，表示等待用户输入，如图 2-1-12 所示。

这样，整个打字机动画就制作完成了，按“Ctrl+Enter”组合键测试影片，即可看到动画效果。

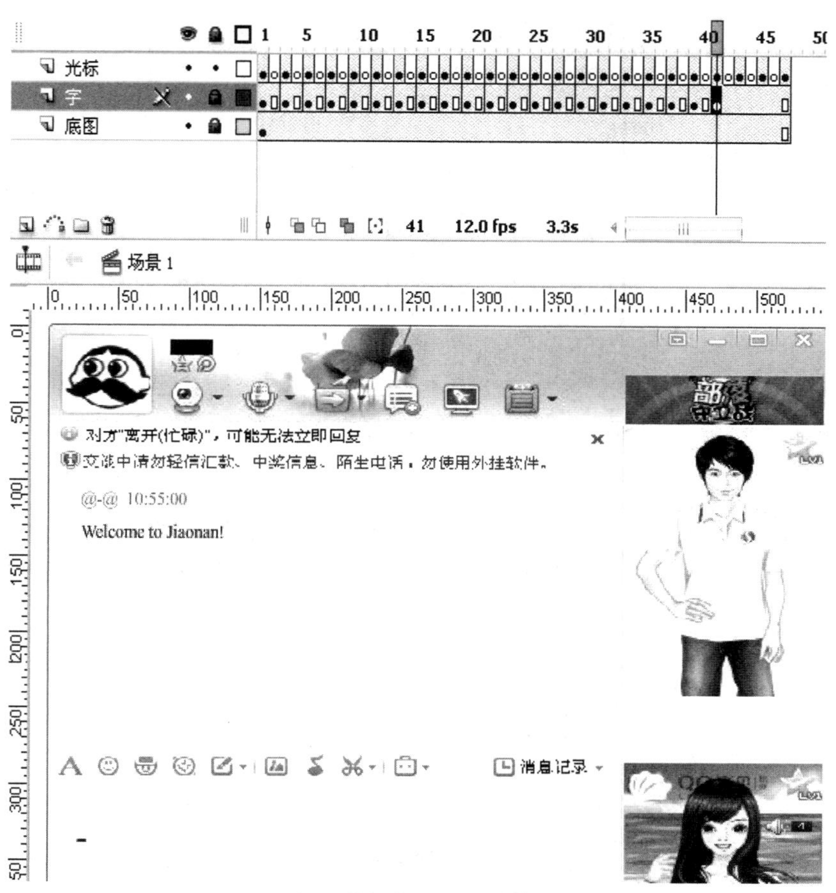

图 2-1-12　光标放置到开始位置

归纳提高

逐帧动画制作简单，但工作量很大，因此很多用户不喜欢使用该方法制作动画，但是如果掌握了一些制作逐帧动画的小技巧，也能减少一定的工作量。这些技巧包括外部导入法、简化主题法、循环法、倒序绘制法、替代法、临摹法、再加工法、遮蔽法等。这里主要介绍倒序绘制法。

倒序绘制法：在绘制逐帧动画的关键帧时，往往是从开始画面起一点一点绘制的，如打字机动画。这样的绘制顺序常常会产生一个问题，由于对最终画面的构图把握不到位，起始画面不太容易定位。而倒序绘制法则可避免这个问题，它制作的顺序是先做最终画面，再一点一点删除，每删除一步就是一个逐帧动画的关键帧，最后剩下起始画面。绘制完成后再把这一顺序翻转，则成为一个连续流畅的动画。

任务拓展——铅笔写字

任务分析

铅笔写字动画分为两部分：一部分是文字的动画，它的制作采用了倒序绘制法，先将整个文字绘制出来，再从后往前逐一删除笔画；另一部分是笔的动画，笔的移动，随文字笔画的移动而移动。最终效果图如图 2-1-13 所示。

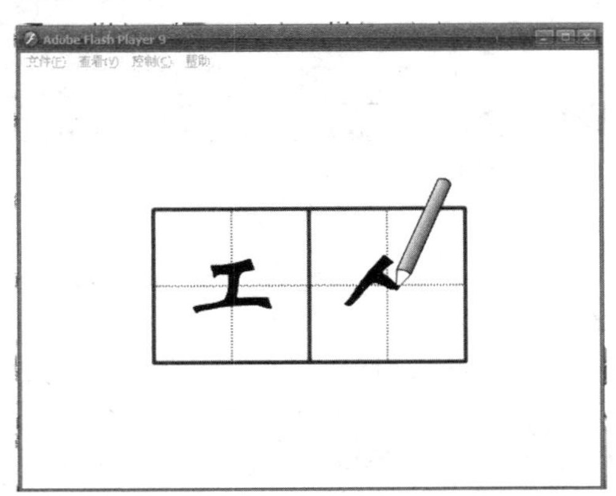

图 2-1-13　动画效果图

操作步骤

（1）首先制作两个元件：田字格和铅笔。制作田字格时，要使用标尺线，沿标尺线画出田字格，如图 2-1-14 所示。“铅笔”直接使用绘图工具即可绘出，如图 2-1-15 所示。

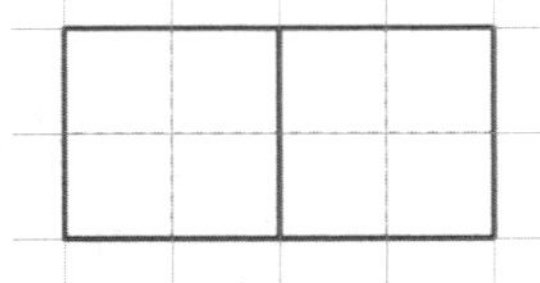

图 2-1-14　“田字格”

图 2-1-15　“铅笔”

（2）返回到主场景，将“田字格”元件拖放到舞台上，再新建一个图层，选中新建图层，单击“文本工具”按钮，在舞台上输入一个“工”字，建立一个文字对象。再输入一个“人”字，并建立一个文字对象，然后把它们放到田字格内，如图 2-1-16 所示。

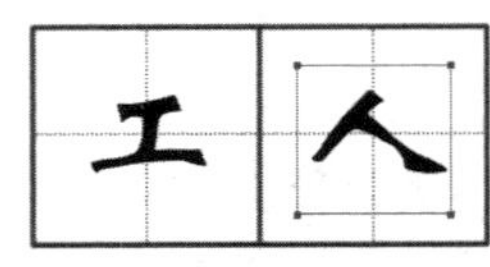

图 2-1-16　输入两个独立的文字对象

注 意

文字的大小要调整到与田字格相匹配，不能太大，也不能太小。

分别选中这两个文字对象，执行“修改→分离”命令，将两个文字转换为矢量图。把“铅笔”元件拖到舞台上，调整它的大小与位置，使其位于“人”字的右下角，如图 2-1-17 所示。

图 2-1-17　调整铅笔的大小与位置

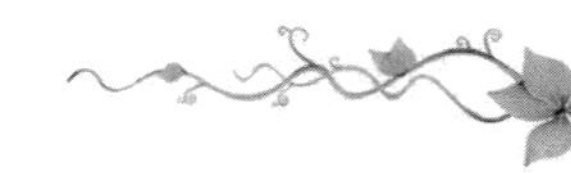

在“时间轴”面板上，右击第 2 帧，在弹出的快捷菜单中执行“转换为关键帧”命令，如图 2-1-18 所示。

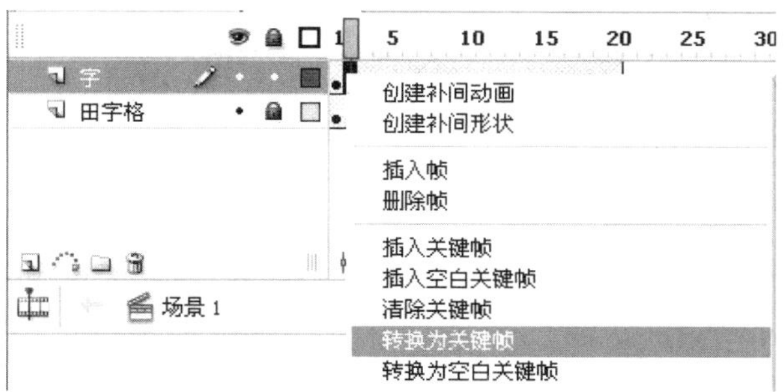

图 2-1-18 将第 2 帧转换为关键帧

提 示

在制作“文字”图层的动画时，为了不影响“田字格”图层内对象的状态，一般将“田字格”图层锁定。

选中第 2 帧，单击“橡皮工具”按钮，在舞台上擦去“人”字的右下角，并移动铅笔的位置，如图 2-1-19 所示。

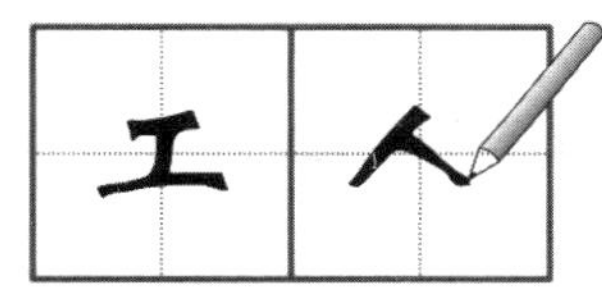

图 2-1-19 擦除字、移动铅笔

照此方式操作下去，依次转换为关键帧，移动铅笔的位置，过程如图 2-1-20 所示。

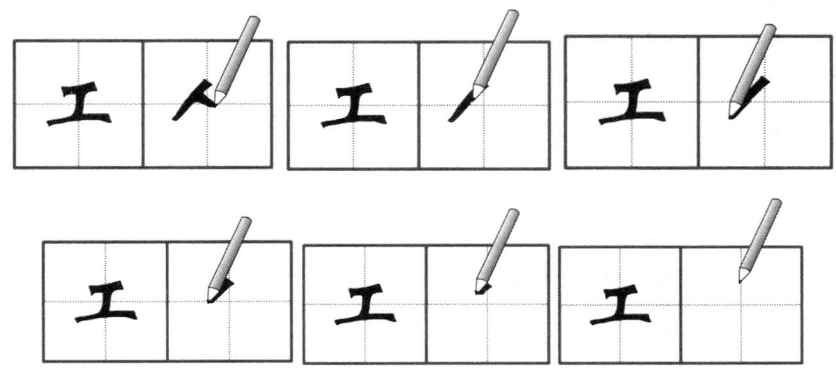

图 2-1-20 依次擦去字，并移动铅笔

（3）所有的关键帧都完成后，选中全部关键帧，在这些关键帧上右击，在弹出的快捷菜单中执行“翻转帧”命令，对上面所做的顺序进行颠倒，如图 2-1-21 所示。

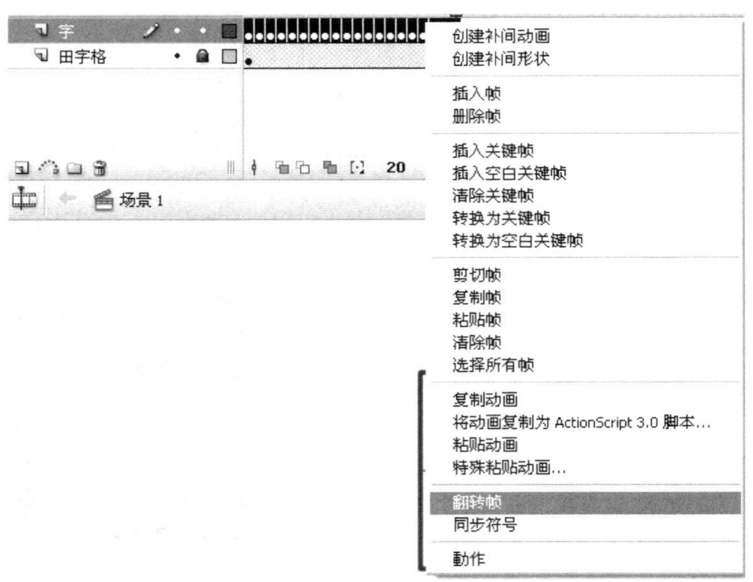

图 2-1-21　对所有关键帧执行“翻转帧”命令

这样整个动画即制作完成。

任务小结

与打字机动画相比，铅笔写字动画在制作顺序上与其完全相反，打字机动画是一个字一个字地增加，而铅笔写字却是一笔一笔地擦除，直到所有画面都完成后才使用“翻转帧”命令将其顺序颠倒。这样的方法可以大大降低关键帧的制作难度，提高制作逐帧动画的速度。

活动任务 2　动作补间动画——滚动的篮球

任务背景

补间动画是一个帧到另一个帧之间对象变化的一个过程。在创建补间动画时，可以在不同关键帧的位置设置对象的属性，如位置、大小、颜色、角度、Alpha 等。编辑补间动画后，Flash 将会自动计算这两个关键帧之间属性的变化值，并改变对象的外观效果，使其形成连续运动或变形的动画效果。可补间的对象类型包括影片剪辑元件、图形元件、按钮元件及文本字段。

动作补间动画也是 Flash 中最常见的基础动画类型，使用它可以制作对象的位移、变形、旋转、透明度，以及色彩变化等动画效果。动作补间动画只需将两个关键帧中的动作制作出来即可，关键帧之间的过渡由 Flash 来完成，这样大大方便了动画的制作。

几乎所有的动画都要用到动作补间动画，而且在一段动画片段中往往会多次使用动作补间动画。因此，经典的动作动画经常是由多个动作补间动画共同完成的。

任务分析

滚动的篮球有两种运动：球的运动和影的运动，这两个运动的方向和距离是一样的。但它们还有不一样的地方，球不仅有前行的运动，还包含滚动的动作；影不仅有前行的运动，还包含长短的变化。这些运动都可以通过动作补间动画完成。

在实际生活中，球在运动时遇到碰撞会向相反的方向运动，而且会逐渐停止，这种逐渐停止的运动在 Flash 中可以通过设定动画补间动画的时间帧长短来实现，即帧长度一样，但运动距离不一样，具体示意图如图 2-2-1 所示。

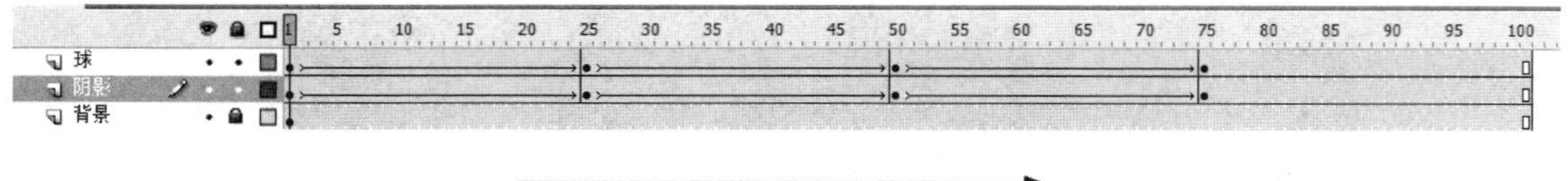

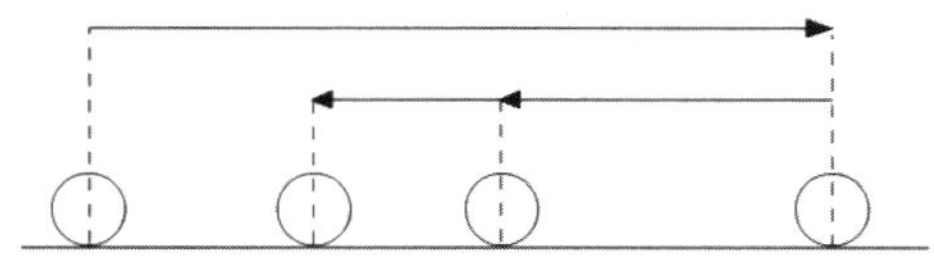

图 2-2-1　逐渐停止运动及其关键帧示意图

该动画完成后的效果图如图 2-2-2 所示。

图 2-2-2　最终效果图

任务实施

新建一个 Flash 文档，将其命名为“滚动的球”。

1. 制作元件球和阴影

新建一个元件，将其命名为“球”。进入编辑状态后，单击“椭圆工具”按钮，在工作区绘制一个橙色的圆，如图 2-2-3 所示。

提 示

在使用【椭圆工具】画圆时，可以按住 Shift 键，再拖动鼠标，这样会画出正圆。

新建 4 个图层，在每个图层上使用“线条工具”画出一条褐色的线条，如图 2-2-4 所示。

单击“选择工具”按钮，对每个图层上的线条进行变形，如图 2-2-5 所示，这样即可绘制出一个篮球。

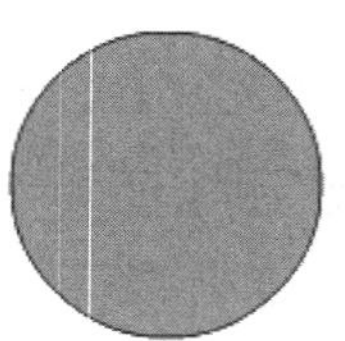

图 2-2-3　圆

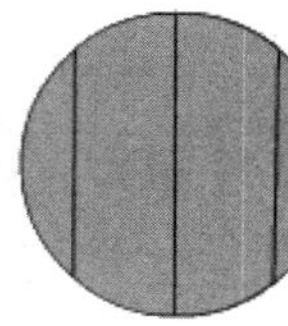

图 2-2-4　画线条

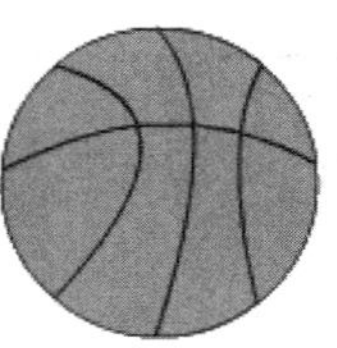

图 2-2-5　球

提 示

使用【选择工具】可以对线条进行变形，当鼠标指针变为形状时，表示修改形状；当鼠标指针变为形状时，表示修改线条端点的位置。

再新建一个元件，将其命名为“阴影”。进入编辑状态后，设置笔触色为无色，填充色为线性渐变色，单击“椭圆工具”按钮，在工作区中绘制一个椭圆，如图 2-2-6 所示。

图 2-2-6　绘制一个线性渐变的椭圆

再使用“选择工具”将椭圆的右半边删除，如图 2-2-7 所示。

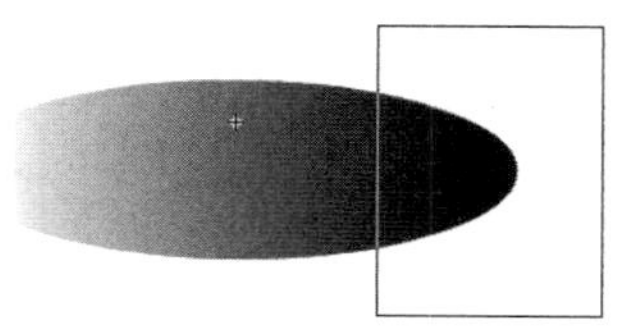

图 2-2-7　元件“阴影”

2. 制作球的运动

返回到主场景，创建 3 个新图层，分别命名为“背景”“阴影”和“球”。

选中“背景”图层，绘制一段墙，然后将该图层锁定，如图 2-2-8 所示。

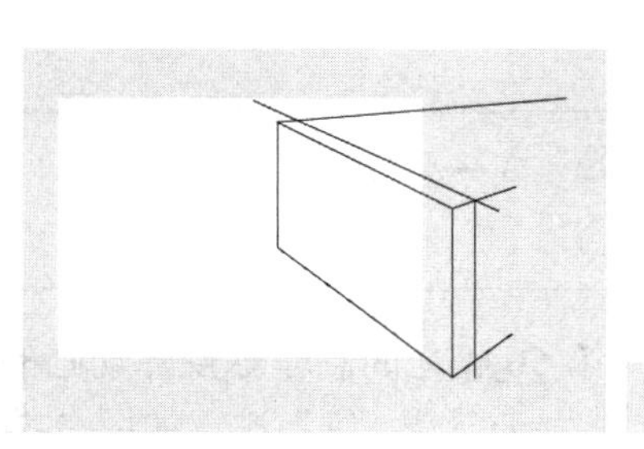

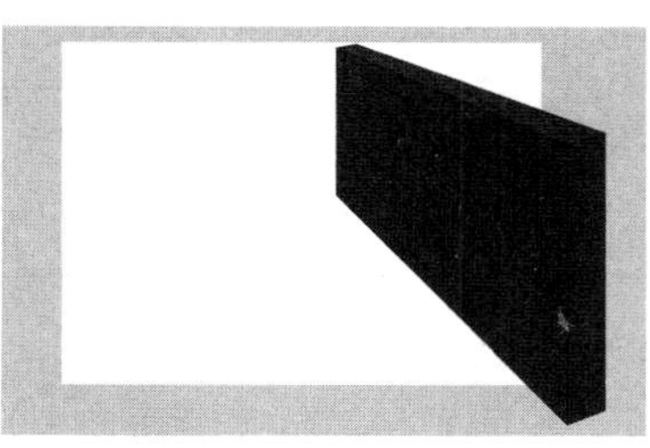

图 2-2-8 绘制背景图

选中“球”图层，将元件“球”拖放到舞台上，放置于“地面”上，位于左侧。将第 25 帧转换为关键帧，然后在该关键帧上拖动“球”，使其碰到“墙”，如图 2-2-9 所示。

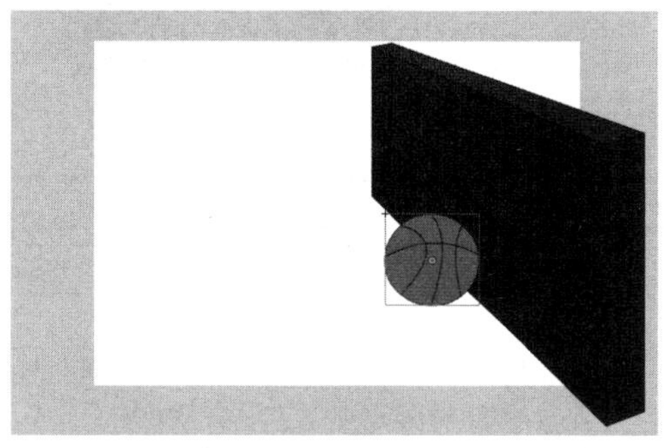

图 2-2-9 拖动“球”使其碰到“墙”

在第 1 帧～第 25 帧中右击，在弹出的快捷菜单中执行“创建补间动画”命令，创建第 1 帧～第 25 帧之间的动作补间动画，如图 2-2-10 所示。

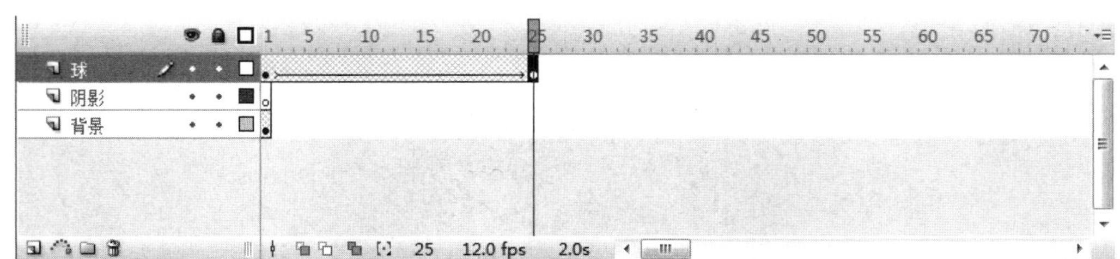

图 2-2-10 创建补间动画

打开“属性”面板，设置“旋转”为“顺时针”，次数为“2”次，如图 2-2-11 所示。

图 2-2-11 创建补间动画的属性

提 示

制作动作补间动画有两种方式：一种是通过鼠标和快捷键；另一种是通过“属性”面板，将“补间”设置为“动画”。

这是球的碰墙动画。按照相同的方法，在第 25 帧～第 50 帧之间制作球反弹动画的第一段。不同的是，反弹动画第一段的“旋转”为“逆时针”，次数为“1”次，如图 2-2-12 所示。

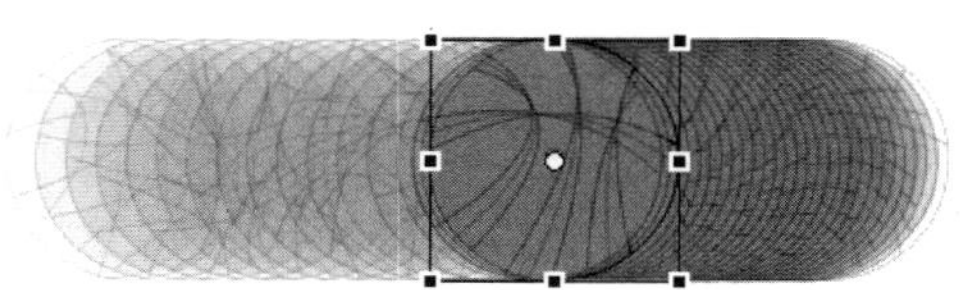

图 2-2-12　反弹（第一段）补间动画的“属性”面板

下面制作反弹动画的第二段。将第 75 帧转换为关键帧，再向左拖动“球”一小段距离（比第一段的距离小），然后单击“任意变形工具”按钮，将球逆时针旋转 180 度，如图 2-2-13 所示。

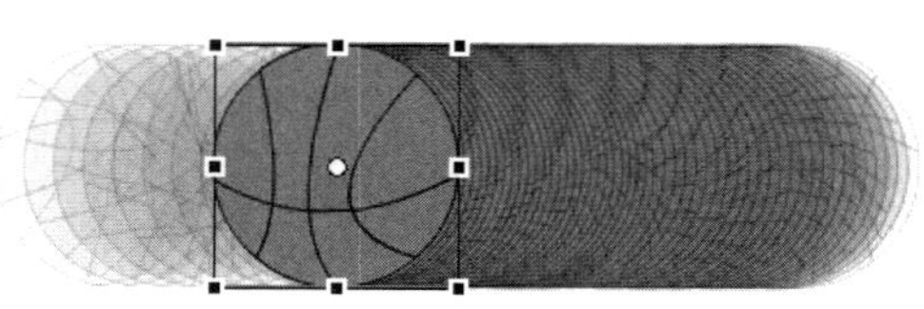

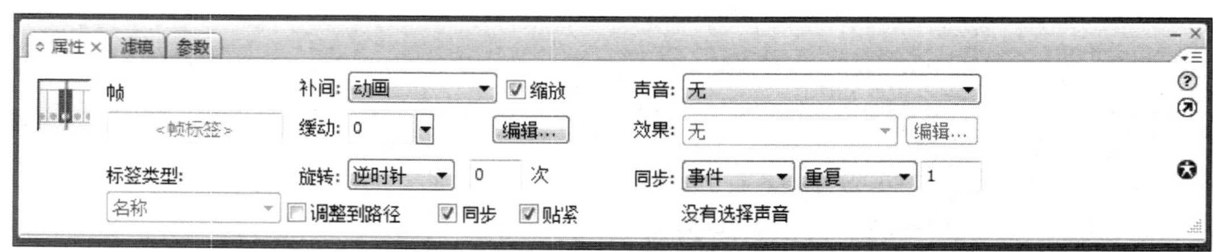

图 2-2-13　旋转“球”

在第 50 帧～第 75 帧之间创建补间动画。而第 75 帧～第 100 帧则不做动画，表示球已停止，如图 2-2-14 所示。

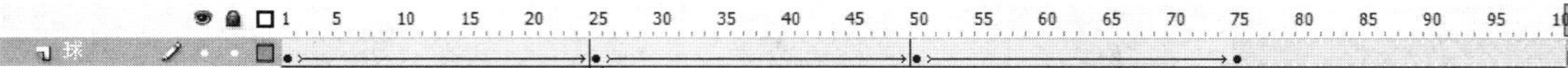

图 2-2-14 创建补间动画

3. 制作阴影的动画

阴影的动画是跟随球运动的，制作好球的动画后，阴影的动画就比较容易制作了。

注 意

"阴影"图层要在"球"图层的下面。

选中"阴影"图层，将元件"阴影"拖放到舞台上，放置于球的下面，如图 2-2-15 所示。

图 2-2-15 设置"阴影"元件位置

将第 25 帧转换为关键帧，在该帧上，将阴影拖动到球的下面（跟随球运动），如图 2-2-16 所示。

图 2-2-16 阴影跟随球运动

在第 1 帧～第 25 帧中制作动作补间动画。

按照此方法制作第 25 帧～第 50 帧中的动作补间动画和第 50 帧～第 75 帧中的动作补间动画，如图 2-2-17 和图 2-2-18 所示。

图 2-2-17　第 50 帧处的阴影

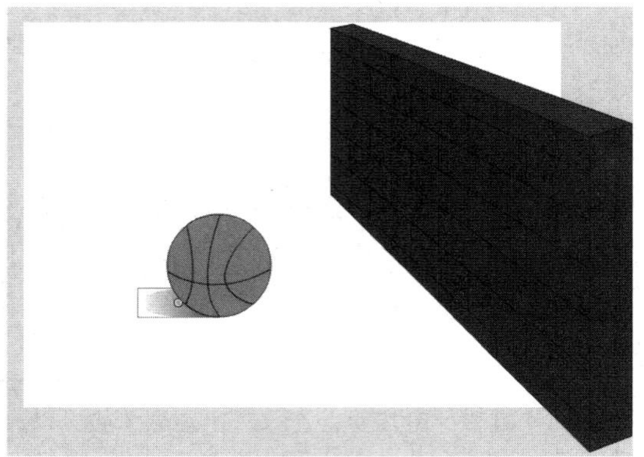

图 2-2-18　第 75 帧处的阴影

至此，滚动的篮球动画制作完成，可观看动画效果。

归纳提高

动作补间动画之所以是最常用的基础动画，不仅因为它制作简单，也因为它可以很容易地与其他动画类型结合起来共同使用，制作出逼真、精美的动画效果。下面就介绍动作补间动画与逐帧动画、遮罩动画的结合。

动作补间动画与逐帧动画结合时，一般用逐帧动画完成元件的制作，用动作补间动画完成对象的移动。

动作补间动画与遮罩动画结合时，动作补间动画既可以在遮罩层，也可以在被遮罩层，或者同时在两个图层中。

任务拓展——飞翔的大雁

任务分析

制作飞翔的大雁动画时，要先制作“大雁飞”的逐帧动画元件，再把几个“大雁飞”元件拖放到舞台上，并置于不同的图层中，最后在每个图层中对“大雁飞”制作动作补间动画。最终的动画效果图如图 2-2-19 所示。

图 2-2-19　最终动画效果图

操作步骤

（1）绘制大雁动作。新建 5 个图形元件，绘制大雁飞的 5 个动作图，如图 2-2-20 所示。

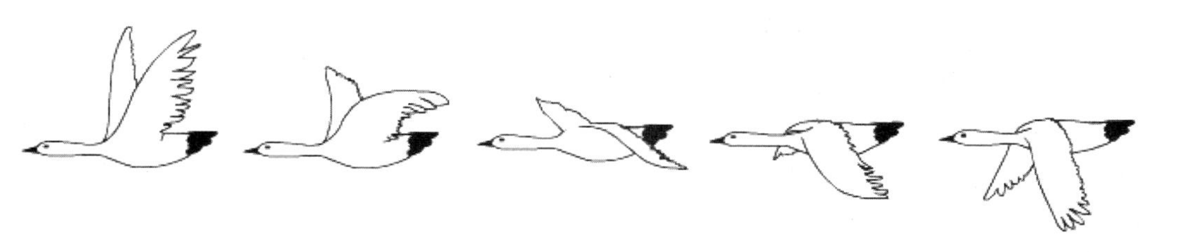

图 2-2-20 大雁飞的 5 个动作

（2）制作“大雁飞”动画。新建一个元件，将其命名为“大雁飞”。进入编辑状态后，在当前图层中连续插入 8 个空白关键帧，然后一次选中全部空白关键帧，将刚才绘制的 5 个大雁飞的动作拖放到舞台上，并使“大雁”的头位于同一个位置。第 6 关键帧与第 4 关键帧相同，第 7 关键帧与第 3 关键帧相同，第 8 关键帧与第 2 关键帧相同，可以直接复制和粘贴关键帧。

小技巧

为使“大雁”的头位于同一个位置，须使用 Flash 的绘图纸功能。绘画纸也称为“洋葱皮”，它可以使用户在舞台上一次查看两个或多个帧的内容。在【时间轴】面板中单击【绘图纸外观】按钮，则在时间帧的上方出现绘图纸外观的标记，拉动外观标记的两端，可以扩大或缩小显示范围，如下图所示。

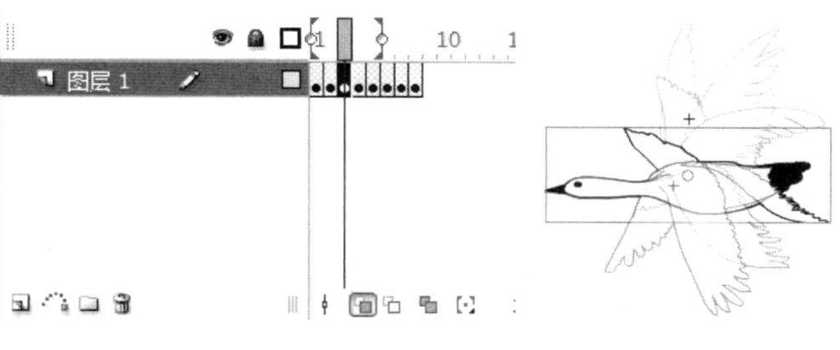

（3）制作“飞翔的大雁”。回到主场景，在当前图层上，绘制一个白色到蓝色的渐变矩形作为蓝天背景，使用渐变变形工具将填充效果修改为上下渐变填充，并在“属性”面板中调整大小为画布大小，如图 2-2-21 所示。

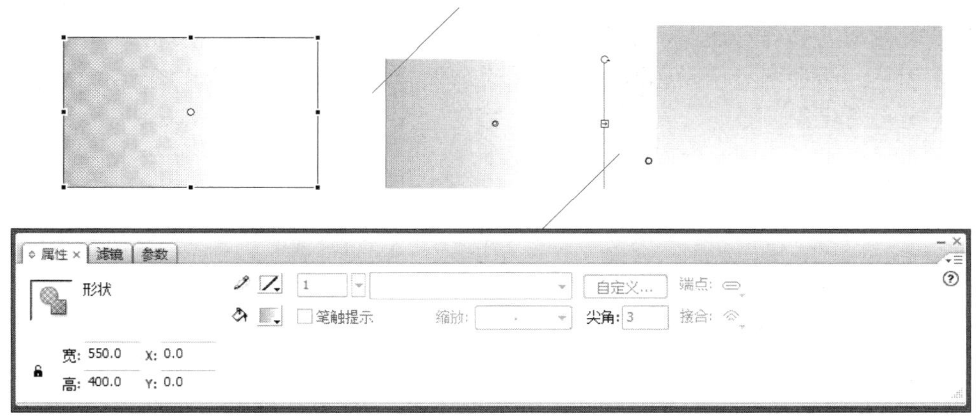

图 2-2-21 背景设置

新建 3 个图层，在每个图层上拖放一个“大雁飞”元件，并使它们位于舞台的右侧且排成一排，如图 2-2-22 所示。

在这 3 个图层的第 45 帧处，分别插入一个关键帧。选中关键帧将“大雁飞”元件拖放到舞台的左上角，并适当缩放元件的大小，然后在第 1 帧～第 45 帧中创建动作补间动画，如图 2-2-23 所示。

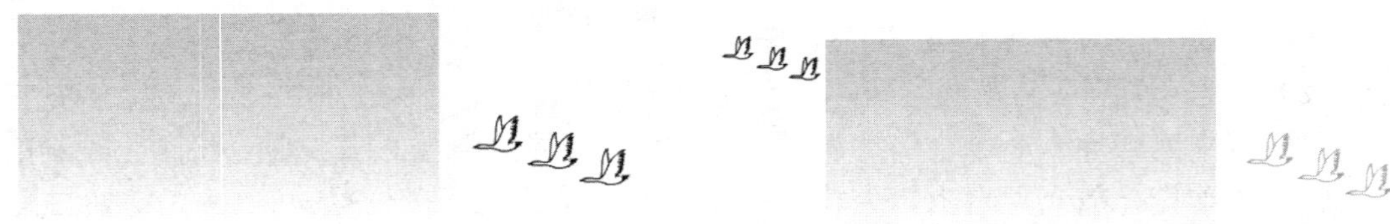

图 2-2-22　排列“大雁飞”元件　　图 2-2-23　拖动“大雁飞”到舞台的左上角

至此，整个动画制作完毕。

任务小结

动画“飞翔的大雁”与动画“滚动的篮球”相比有两个区别：一是补间动画的运动对象不同，“滚动的篮球”是一个静止元件的运动，而“飞翔的大雁”是一个运动元件的运动，二是运动组合不一样，两个动画都是组合运动，“滚动的篮球”是两个并行的动作补间动画，而“飞翔的大雁”则是动作补间动画与逐帧动画的组合。

活动任务 3　形状补间动画——燃烧的篝火

任务背景

形状补间动画和动作补间动画都属于补间动画。它们都各有一个起始帧和结束帧，但两者有很大区别。动作补间动画往往是一个形状或一个元件整体的运动，如放大、缩小、移动、变色等；而形状补间动画往往是实现一个形状到另外一个形状的变化，如弯曲、伸长、扭转变色变化等。

任务分析

燃烧的篝火是一个简单的形状补间动画，它仅做了一个火焰燃烧及光影变化的变形动画，但通过此动画我们可以了解形状补间动画的一般制作方法。该动画完成后的效果如图 2-3-1 所示。

图 2-3-1　最终效果

任务实施

1. 新建文档

新建一个 Flash 文档，将其命名为“燃烧的篝火”。执行“修改→文档”命令，弹出“文档属性”对话框，修改 Flash 文档的背景颜色为灰色，尺寸为 550px×400px。

2. 制作元件“光”

（1）新建一个元件，将其命名为“光”。进入编辑状态后，设置笔触色为无色，类型为放射状，渐变色为由透明到黄色渐变，如图 2-3-2 所示。

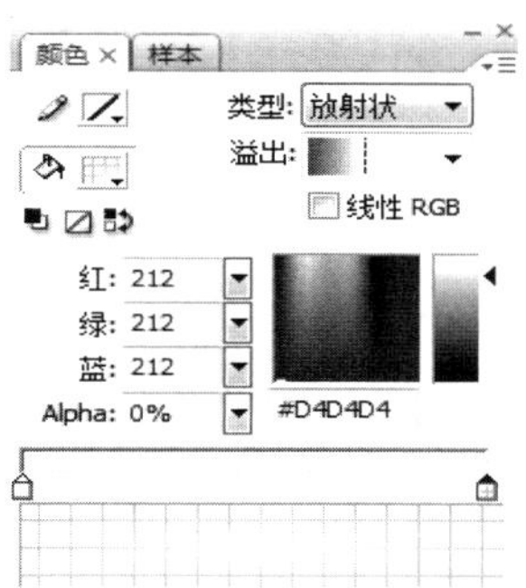

图 2-3-2　颜色设置

（2）单击工具栏中的“椭圆工具”按钮，在工作区绘制一个椭圆形，如图 2-3-3 所示。

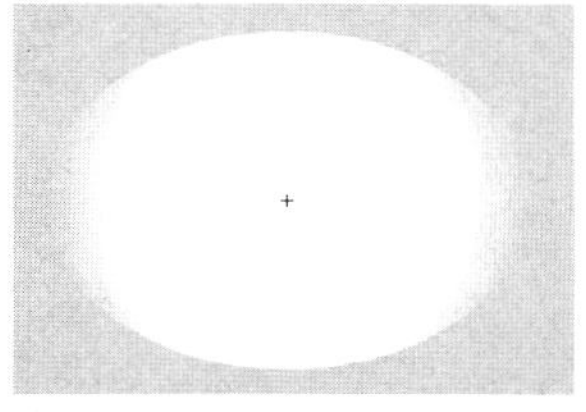

图 2-3-3　椭圆

（3）在“时间轴”面板的当前图层的第 5 帧上右击，插入一个关键帧，然后选中该关键帧并将其设置为渐变椭圆，打开“混色器”面板；设置渐变色为红色至透明的渐变，如图 2-3-4 所示。

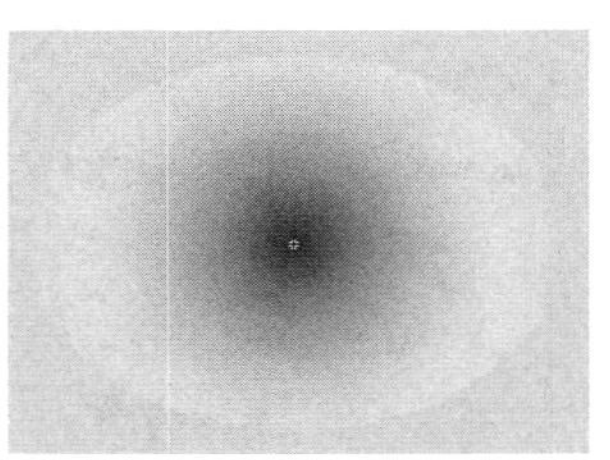

图 2-3-4　更改渐变

（4）选中第 1 帧～第 5 帧中的任一帧，打开“属性”面板，设置“补间”为“形状”，如图 2-3-5 所示。

图 2-3-5　设置“补间”为“形状”

（5）按相同的方法，在第 10 帧处插入关键帧，再设置渐变色为黄色至透明渐变，在第 5 帧～第 10 帧中创建形状补间动画。

3. 制作元件“柴”

（1）再新建一个元件，将其命名为“柴”，进入编辑状态后，在当前图层上绘制木柴形状，如图 2-3-6 所示。

（2）新建 2 个图层，分别添加一些修饰纹，如图 2-3-7 所示。

图 2-3-6　木柴形状

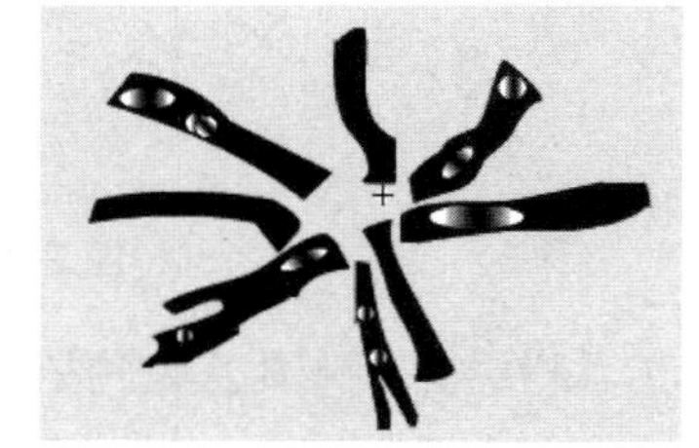

图 2-3-7　修饰木柴

4. 制作元件“火”

（1）新建一个元件，将其命名为“火”。进入编辑状态后，将当前图层命名为“外焰 1”。设置笔触色为无色，填充色为线性渐变色，渐变色为由透明到黄色渐变，如图 2-3-8 所示。

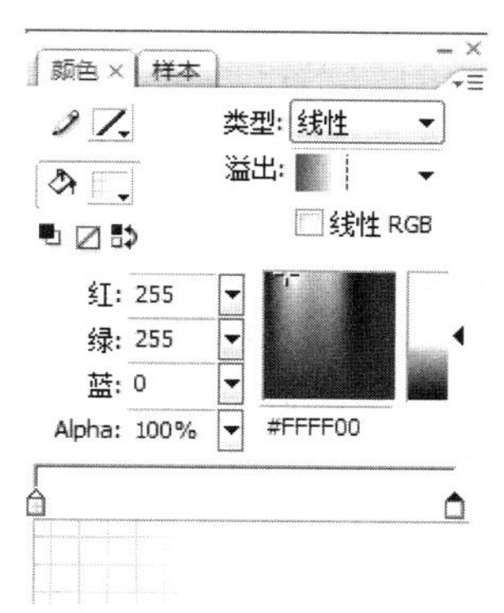

图 2-3-8　颜色设置

（2）单击工具栏中的“椭圆工具”按钮，在工作区绘制一个椭圆形，如图 2-3-9 所示。

（3）再单击“填充渐变工具”按钮，先改变颜色的渐变方向，将渐变由原来的左右渐变改为上下渐变，如图 2-3-10 所示；再调整颜色渐变的幅度，使渐变幅度变大，如图 2-3-11 所示。

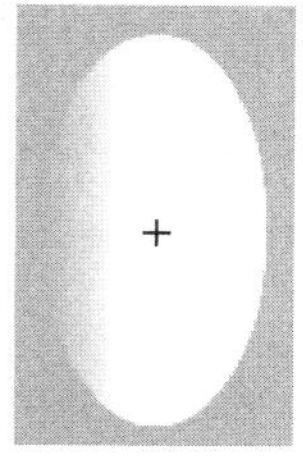

图 2-3-9　椭圆

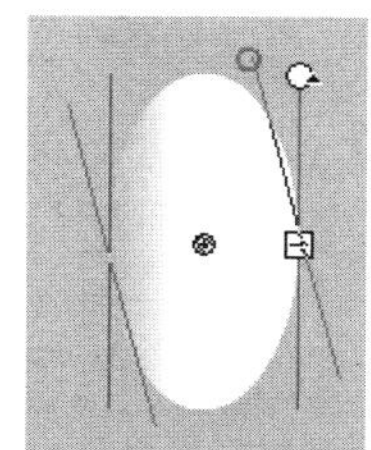

图 2-3-10　改变渐变方向

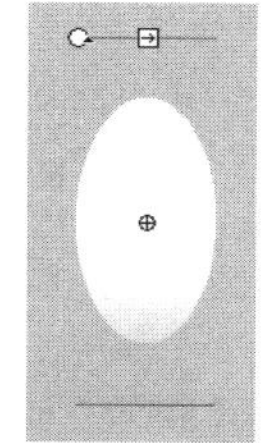

图 2-3-11　调整渐变幅度

提示

单击“填充渐变工具”按钮时，图形上会出现 3 个控制点：圆圈表示渐变中心点，表示渐变幅度，表示渐变方向。

（4）单击“选择工具”按钮，移动光标到椭圆边界上，当鼠标指针变为形状时，按下左键拖动边界，形成如图 2-3-12 所示的形状。

（5）再新建 2 个图层，分别命名为“外焰 2”和“外焰 3”，在这 2 个图层上，用同样的方法制作 2 个外焰火焰，与刚才制作的“外焰 1”共同组成外焰样式，如图 2-3-13 所示。

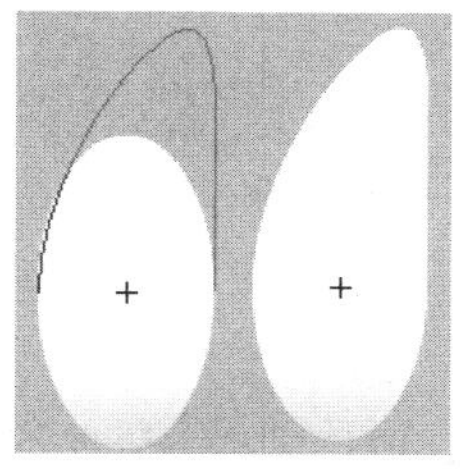

图 2-3-12　外焰 1

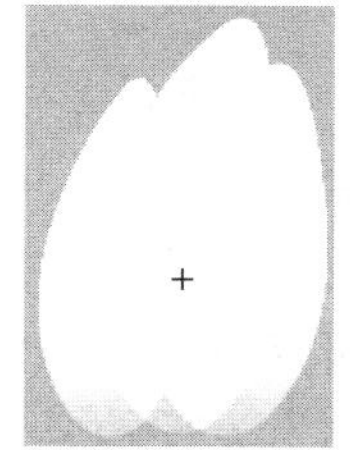

图 2-3-13　外焰 2

（6）再新建 3 个图层，分别命名为“内焰 1”“内焰 2”“内焰 3”，用同样的方法制作内焰的形状。内焰与外焰的不同之处就是内焰的渐变色是由透明到橘黄色渐变，如图 2-3-14 所示。

（7）下面对这 6 个图层的对象分别制作形状补间动画。在“时间轴”面板上，在这 6 个图层的第 10 帧处分别插入一个关键帧，然后对每个图层的对象使用“选择工具”进行变形，最后在第 1 帧～第 10 帧中制作形状补间动画，如图 2-3-15 所示。

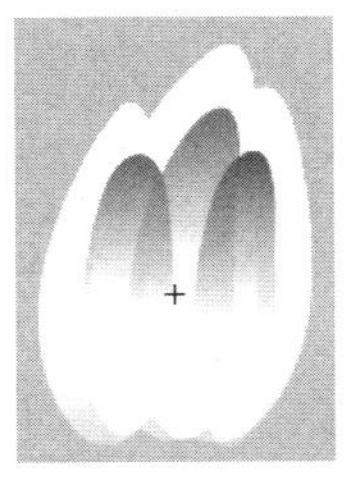

图 2-3-14　内焰 3

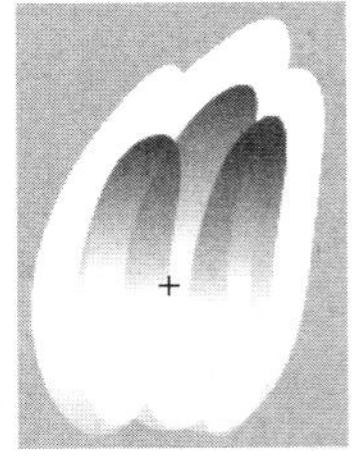

图 2-3-15　制作形状补间动画

（8）按照同样的方法，依次在第 10 帧～第 20 帧、第 20 帧～第 30 帧、……、第 40 帧～第 50 帧中制作形状补间动画，最后该元件的“时间轴”面板如图 2-3-16 所示。注意，这是一个循环的火焰动画，第一个关键帧要和最后一个关键帧的内容位置大小相同。

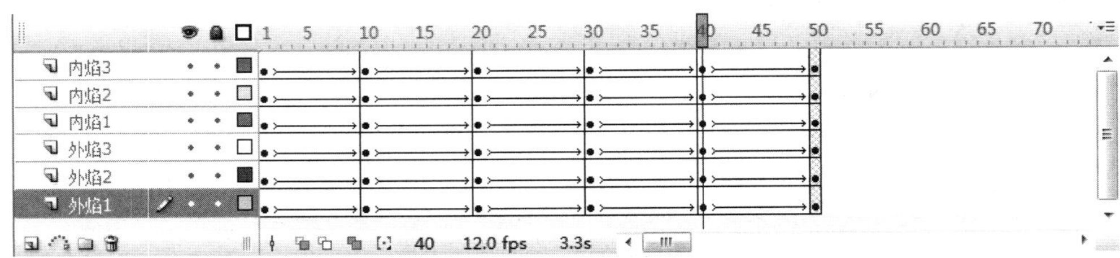

图 2-3-16　元件“火”的“时间轴”面板

5. 返回主场景，放置元件

返回主场景，创建 3 个图层，分别命名为“光”“柴”“火”，然后将相应的元件拖放到舞台上，并适当调整它们的大小及位置，完成动画的制作。

至此，整个动画制作完毕。

归纳提高

形状补间动画是基于形状来完成的，所以我们必须保证形状补间动画的素材为图形，在 Flash 中有两种图形：一种是位图，另一种为矢量图。只有矢量图才可以制作形状渐变动画，位图、文本、元件等都不可以制作此效果，我们只有通过“分离”来将它们矢量化，才可以制作形状渐变动画。

形状补间动画关键帧上元件的要求：一是必须是矢量图；二是必须是形状状态。选中关键帧上的物体时呈麻点状态，在“属性”面板中显示“形状”，如图 2-3-17 所示。

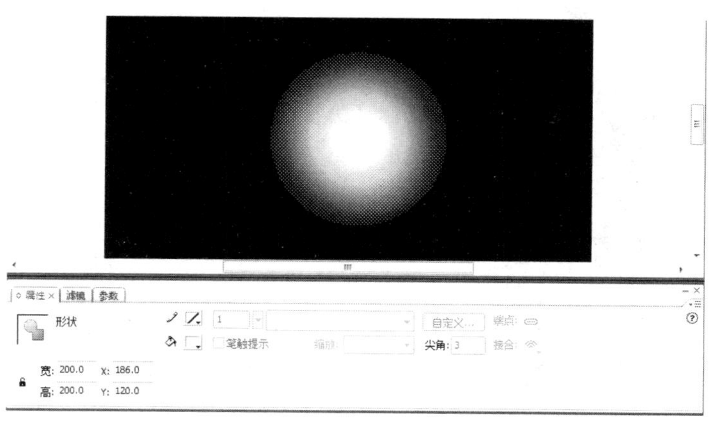

图 2-3-17 “属性”面板

如果使用图形元件、按钮、文字等，则必先“打散”再变形。形状补间动画可以实现两个图形之间颜色、形状、大小、位置的相互变化。

任务拓展——蜡烛

蜡烛效果图如图 2-3-18 所示。

图 2-3-18 蜡烛效果图

1. 制作光圈元件

（1）执行“插入→新建元件”命令，将其命名为“光圈”。

（2）设置笔触色为无色，类型为放射状，三个色标中左为 FFFF00、Alpha 100%，中为 FFFF6E、Alpha 77%，右为 ffffff、Alpha 0%，用椭圆工具绘制一个圆，居中，效果如图 2-3-19 所示。

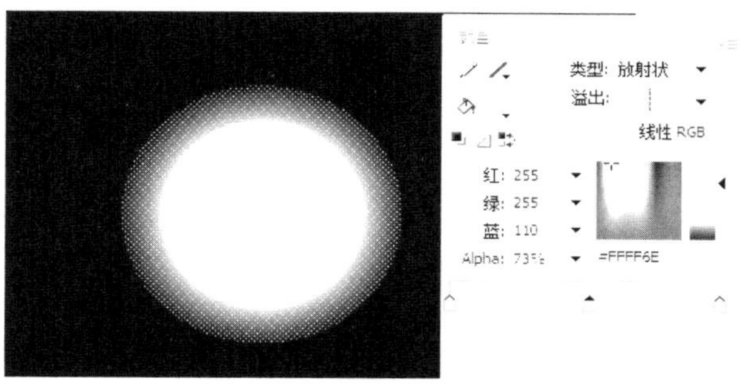

图 2-3-19 设置填充色

（3）第 15 帧、第 30 帧处加上关键帧，选中第 15 帧，再执行“修改→变形→缩放和旋转”命令，设置缩放为150%，如图2-3-20所示。

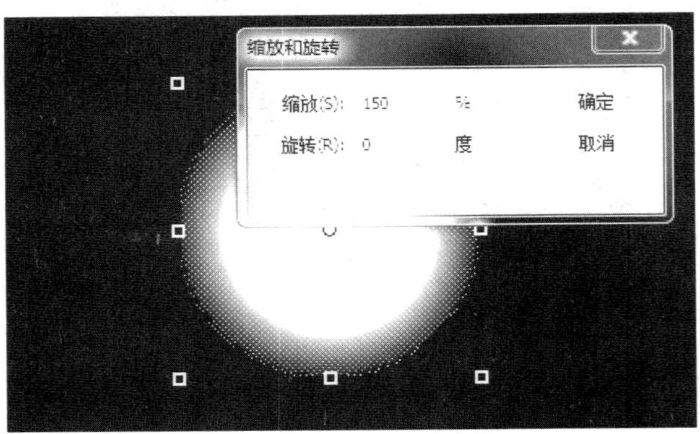

图 2-3-20　缩放为 150%

（4）在“图层1”上单击一下，整个图层被选中（时间轴为黑色），再在“属性”面板中设置“补间”为“形状”，如图2-3-21所示。

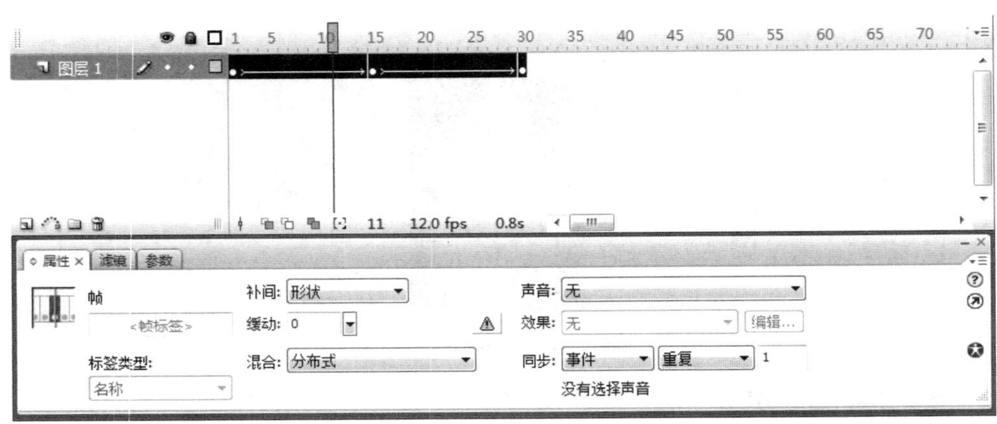

图 2-3-21　创建补间

（5）此时，“时间轴”面板的背景色变为淡绿色，在起始帧和结束帧之间有一个长长的实线箭头，表示形状补间动画创建完成，如图2-3-22所示。

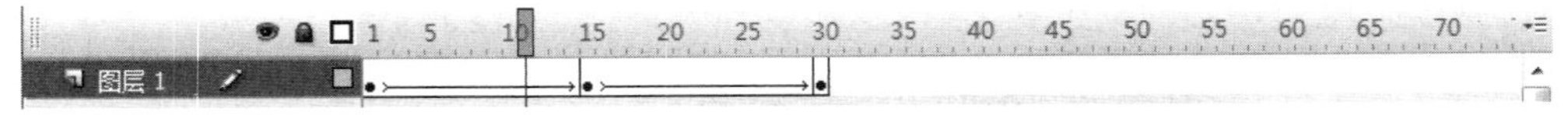

图 2-3-22　形状补间动画创建完成

2. 蜡烛元件制作

（1）新建一个影片剪辑元件，将其命名为“蜡烛”。

（2）新建“图层1”。

① 画烛身。禁止使用填充色，设置笔触色为CF8453，使用椭圆工具，在“属性”面板里设置线条为实线，宽度为2，如图2-3-23所示。

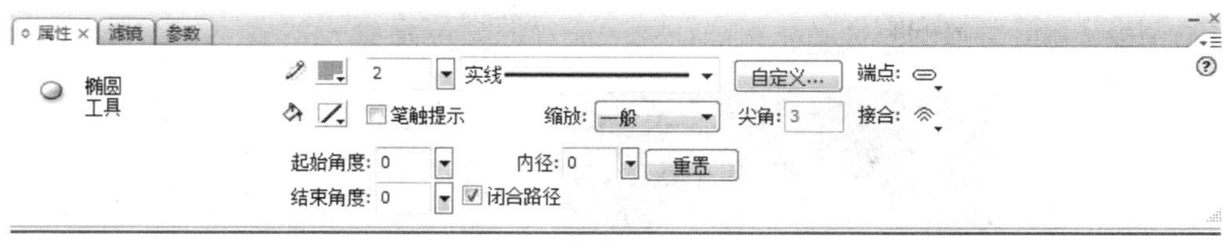

图 2-3-23 设置属性

② 绘制一个椭圆，选中画好的椭圆按住 Alt 键或者 Ctrl 键复制 2 个椭圆，摆放好，再用直线画上两条线，如图 2-3-24 所示。

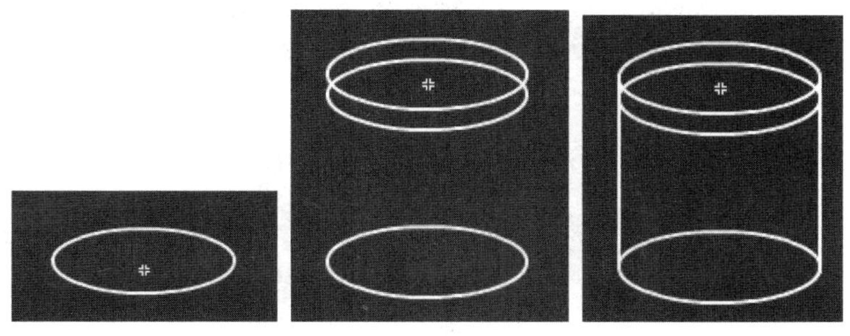

图 2-3-24 复制椭圆

③ 删掉多余的线条，如图 2-3-25 所示。

图 2-3-25 删掉多余线条

④ 放射状填充以下颜色：F5B778、F29437、D74D1F、923107。色标的摆放如图 2-3-26 所示，用颜色桶填充后，再用填充变形工具调整颜色的位置，如图 2-3-26 所示。

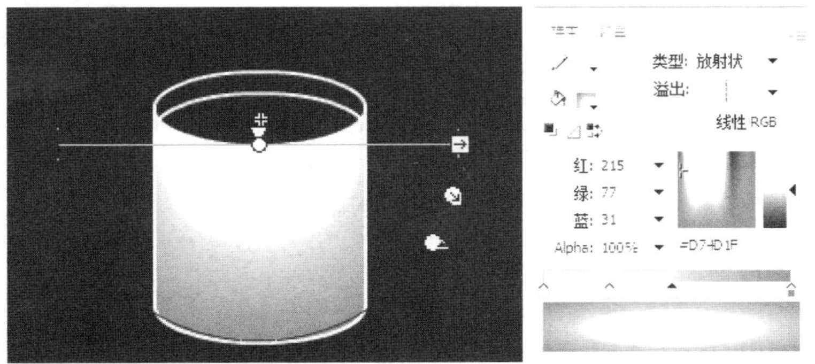

图 2-3-26 设置填充色

放射状填充以下颜色：F29C48、F4C402、F2912F、F29437、D74D1F、923107。填充

后，再用填充变形工具删除调整颜色的位置，如图 2-3-27 所示。

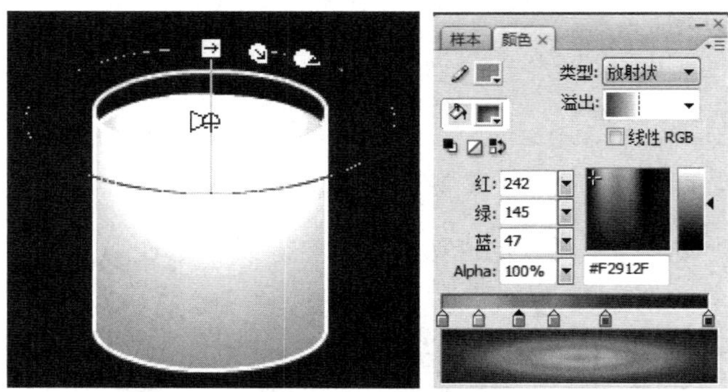

图 2-3-27　调整颜色

⑥ 线性填充以下颜色：D74D1F、F29437、D14B26，如图 2-3-28 所示。

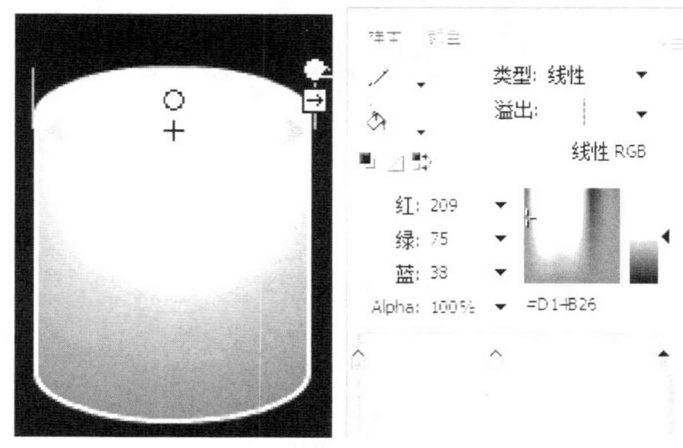

图 2-3-28　线性填充

⑦ 删除多余的线条，使用笔刷工具，设置颜色为 8C4F26，填充烛芯，效果如图 2-3-29 所示。

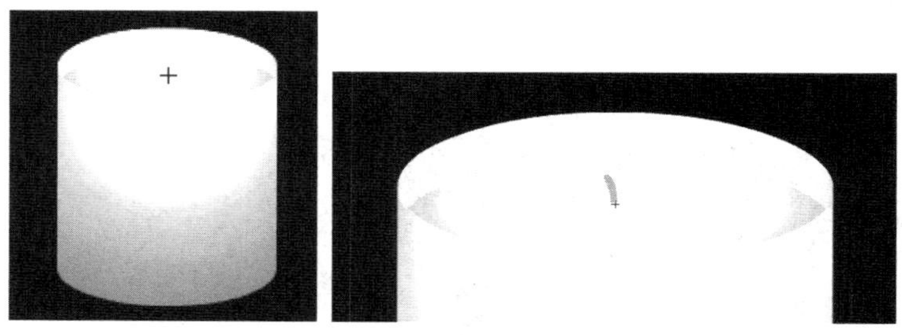

图 2-3-29　刷烛芯

⑧ 延长到 30 帧处，图层上锁，如图 2-3-30 所示。

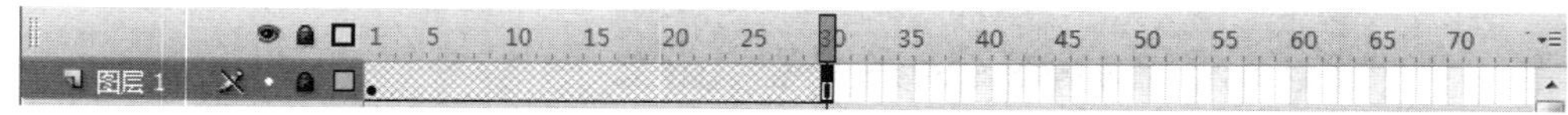

图 2-3-30　图层上锁

（3）新建“图层 2”。

画火苗。笔触色禁止使用，线性填充以下颜色：左 FFFF99、Alpha100%，右 FFFF1B Alpha30%，绘制椭圆，调整形状。在第 30 帧处插入关键帧，创建形状补间动画。在第 5 帧处插入关键帧，使用选择工具（黑箭头工具）调整形状，注意不能调整太过，以免变形不规则。第 10 帧处插入关键帧，继续调整。以此类推，在第 10、15、20、25 帧处都插入关键帧并进行调整，可以根据自己的感觉调整，可以只做火苗伸长和压缩，做成上下窜动，也可以再加上左右摆动，如图 2-3-31 所示。

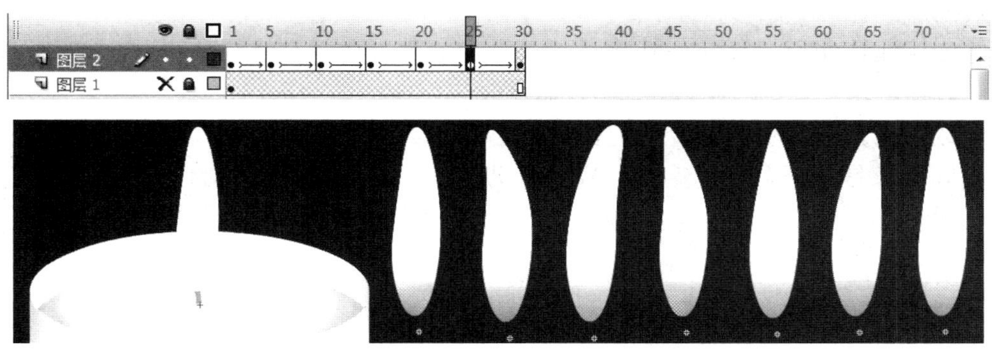

图 2-3-31　火苗效果

（3）新建“图层 3”。

选中第 1 帧，从库中把光圈拖入摆放好，用变形工具适当压扁，在“属性”面板里设置“颜色”为“Alpha”，值为“50%”，如图 2-3-32 所示。

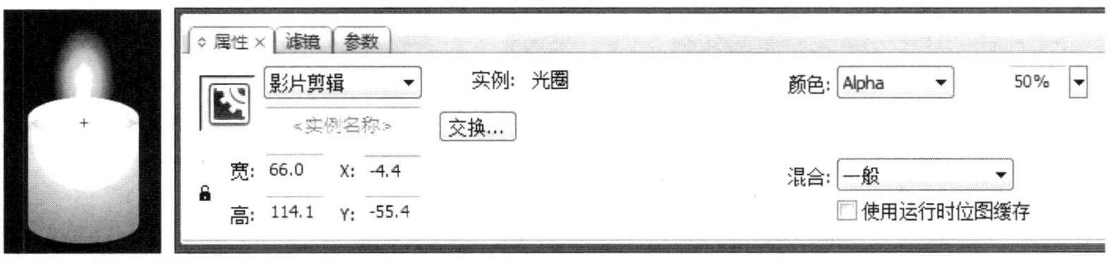

图 2-3-32　设置颜色

现在回到场景中，从库里把蜡烛元件拖到场景中摆放好，按“Ctrl+Enter”组合键进行测试。

活动任务 4　运动引导层动画——花间飞舞的蝴蝶

任务背景

将一个或多个图层的元件链接到一个运动引导层，使一个或多个对象沿同一条路径

的动画形式被称为“运动引导层动画”。这种动画可以使一个或多个元件完成曲线或不规则运动。

作为动画的一种特殊类型，运动引导层动画的制作至少需要两个图层，一个是引导路线层，另一个是运动对象层。在最终的动画中，运动引导层中的引导线将不会显示出来。

任务分析

花间飞舞的蝴蝶包含两个动作：一个是蝴蝶本身扇动翅膀的动作，这是一个频率高、无规律的扇动运动；另一个是忽快忽慢和无规律的前进运动。前进运动是该动画的主体运动，它应当是引导层动画，其引导层的引导线是不规则的，也是不连续的，引导线的间断点是根据背景确定的。扇动运动是通过逐帧动画完成的，在制作中它是一个动画元件。

任务实施

1. 制作蝴蝶

在这个动画中，运动体是蝴蝶，因此需要绘制一个蝴蝶的形状图案。图案可以通过鼠标绘制，也可以通过图形进行转换。本例采用的是鼠标绘制方式。

新建一个影片剪辑元件，将其命名为“蝴蝶”，新建 3 个图层，分别绘制一只蝴蝶的两边翅膀和身体，并将蝴蝶翅膀和身体都转化成元件，如图 2-4-1 所示。

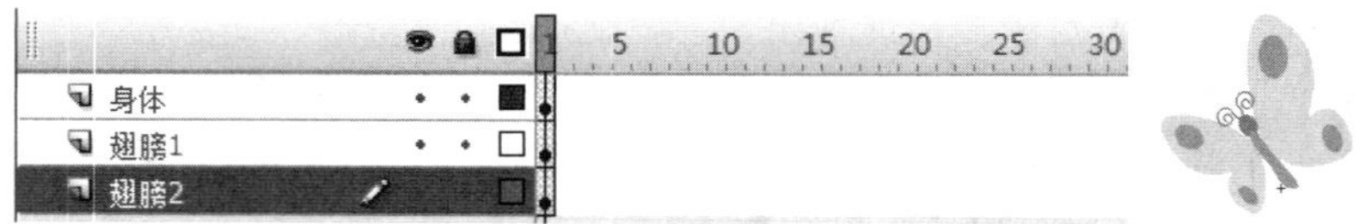

图 2-4-1 蝴蝶外形轮廓

提示

➢ 可以根据蝴蝶的外轮廓先绘制右半边，再通过复制的方法完成左半边。

➢ 在这个元件的绘制过程中，要充分利用 Flash 中的图层工具，通过不同图层中图像的叠加，共同组成一个完整的画面。

2. 制作蝴蝶翅膀扇动动画

（1）在“翅膀 1”和“翅膀 2”图层的第 5 帧处插入关键帧，使用任意变形工具调整蝴蝶的翅膀，使翅膀有扇动的感觉。分别在这两个图层的第 1 帧处右击，在弹出的快捷菜单中选择“复制帧”选项，复制第 1 帧的画面；在第 10 帧处右击，在弹出的快捷菜单中执行“粘贴帧”命令，粘贴复制的画面；并在第 1 帧～第 10 帧之间右击，在弹出的快捷菜单中执行“创建补间动画”命令，创建补间动画。同时记得延续“身体”图层的帧数，如图 2-4-2 所示。

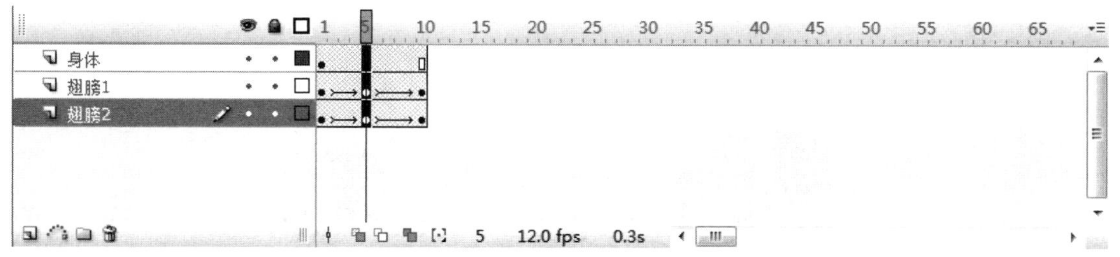

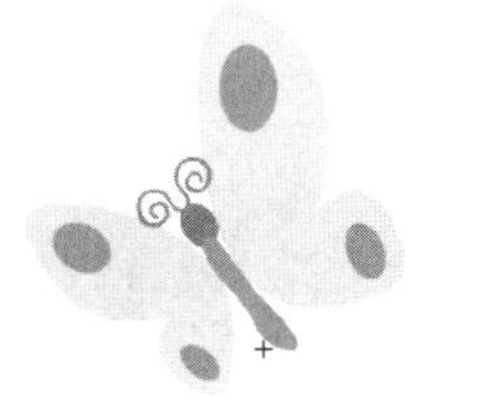

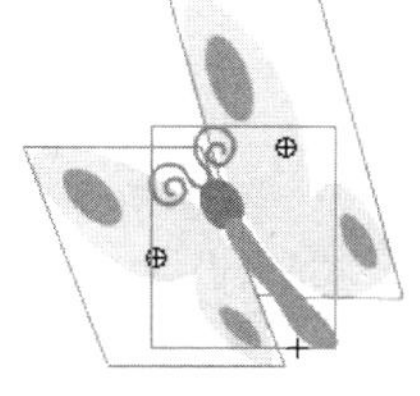

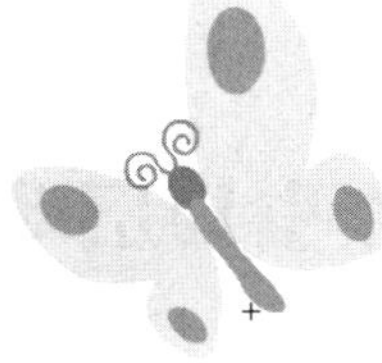

图 2-4-2 调整蝴蝶翅膀

（2）由于蝴蝶在运动中并不是一直扇动翅膀，而是不定期地扇动几下就停止了。所以复制第 1 帧～第 10 帧处的关键帧，多进行几次粘贴帧操作，按“闭合”“张开”“闭合”“张开”……的顺序设置蝴蝶翅膀的动作，可以通过增减补间动画中的帧，构成翅膀扇动速度不同的效果。逐帧动画的“时间轴”面板如图 2-4-3 所示。

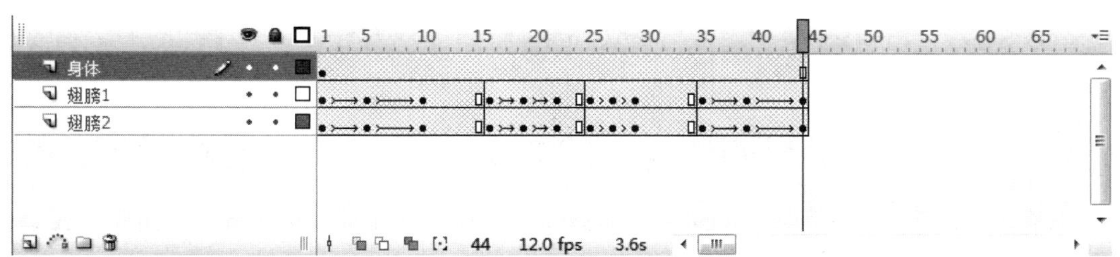

图 2-4-3 逐帧动画的“时间轴”面板

注意

有延长帧的地方都是蝴蝶翅膀的“张开”动作，因为在空中，蝴蝶翅膀不扇动时，一定处于“张开”状态。

3. 添加背景

回到主场景，执行“文件→导入→导入到库”命令，将背景图片导入到库中，再拖入舞台。在“属性”面板中将背景图片设置与舞台大小一致，如图 2-4-4 所示。

图 2-4-4 导入背景图片

4. 制作引导层动画

（1）新建 3 个图层，将其分别命名为“蝴蝶 1”“蝴蝶 2”“蝴蝶 3”，分别给“蝴蝶 1”图层和“蝴蝶 2”图层添加“引导层”，如图 2-4-5 所示。

图 2-4-5 添加图层

（2）选中“引导层: 蝴蝶 1”图层，然后在工具箱中单击“铅笔工具”按钮，在舞台上绘制一条曲曲折折的弯线，并将该关键帧延长至第 40 帧处，如图 2-4-6 所示。

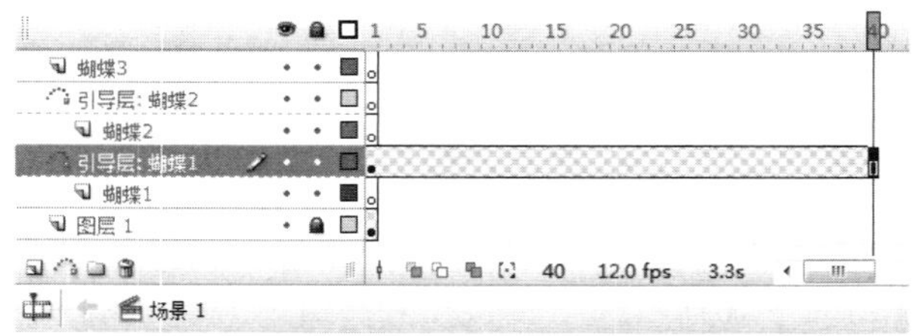

图 2-4-6 绘制曲线

注 意

在用铅笔画曲线时，要将工具箱中的【铅笔工具】设置为平滑模式，这样画出的曲线才光滑。

（3）选中“蝴蝶 1”图层，将元件“蝴蝶”拖放到舞台上，将元件的中心点放置于弯线的起点处。在该图层的第 40 帧处，右击，在弹出的快捷菜单中执行“插入关键帧”命

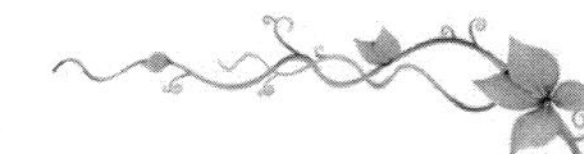

令。在该帧上，将元件“翅膀扇动”放置于引导线的终点。使用任意变形工具使蝴蝶头的走向始终与引导线的走向一致。选中第 1 帧～第 40 帧，创建动作补间动画，则“蝴蝶”自动沿引导线进行运动，如图 2-4-7 所示。

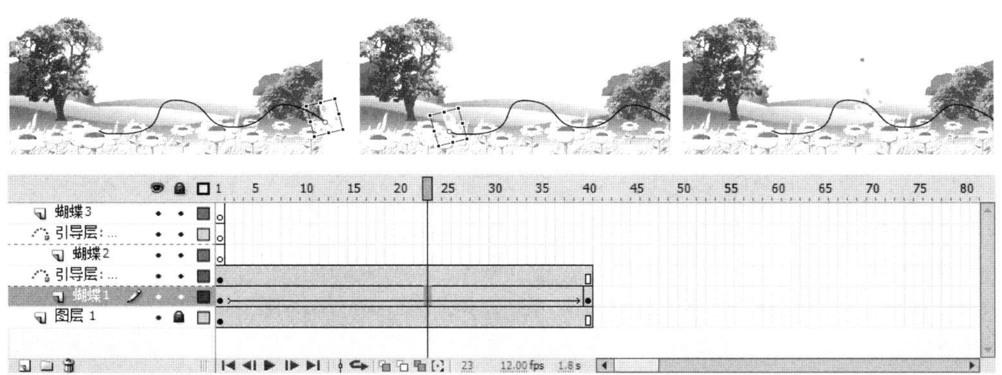

图 2-4-7　创建动作补间动画

（4）此时虽然“蝴蝶”已经按引导线的引导进行运动，但它的方向始终是一样的，而且是匀速运动，不是忽快忽慢的无规则运动。因此，要对动作补间动画进行修改。先选中动作补间动画的任意一帧，再打开“属性”面板，勾选“调整到路径”复选框，则“蝴蝶”会按引导线的方向自动调整方向，如图 2-4-8 所示。

图 2-4-8　勾选“调整到路径”复选框

引导线的初始走向与元件“蝴蝶”中蝴蝶头的方向一致，使得蝴蝶在沿引导线运动时，头的走向始终与引导线的走向一致。

（5）再分别将“蝴蝶 1”图层的第 10 帧和第 30 帧转换为关键帧，然后分别将这两个关键帧移动到第 15 帧和第 25 帧处，这样就可以使蝴蝶的运动变得忽快忽慢，更具有动感，如图 2-4-9 所示。

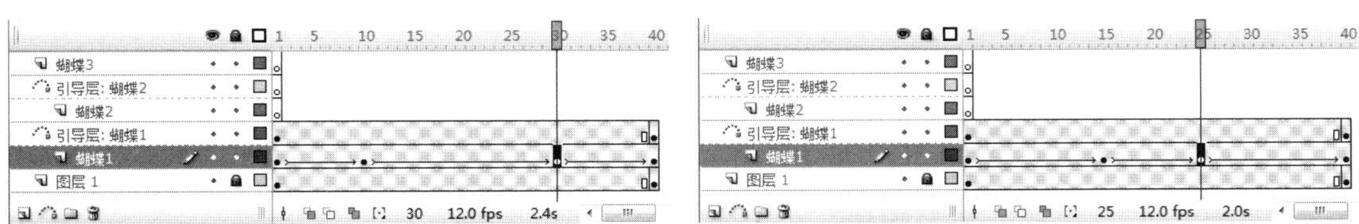

图 2-4-9　移动关键帧

（6）分别在“蝴蝶 2”图层和“引导线 2”图层的第 60 帧处插入一个空白关键帧，然后在这 2 个图层的第 60 帧～第 100 帧中制作与第 1 帧～第 40 帧中类似的运动引导层动画。

这里不再详述，“引导线 2”的动画如图 2-4-10 所示。

图 2-4-10　“引导线 2”的动画

“引导线 2”的起点尽量与“引导线 1”的终点重合，且起始方向也为向上。

（7）最后，增加蝴蝶静止的动画。选中“蝴蝶 3”图层，在第 41 帧处插入一个空白关键帧，并延长至第 59 帧处，将元件“蝴蝶”拖放到舞台上，调整其位置，使其位于“引导线 1”的终点和“引导线”的起点处，即中间的花朵处。

到此，即完成整个动画的制作。最后的“时间轴”面板如图 2-4-11 所示。

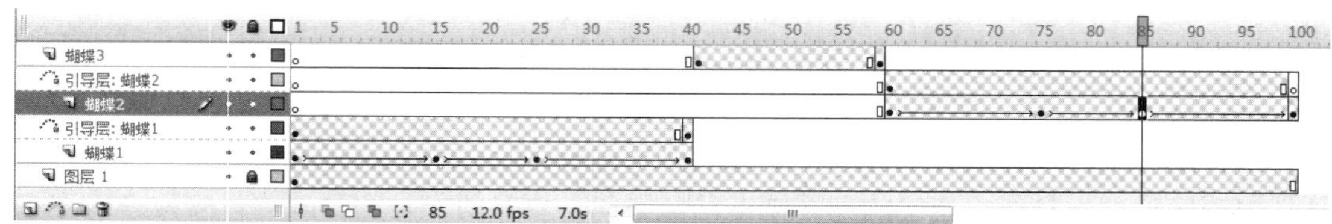

图 2-4-11　最后的“时间轴”面板

相同的画面和动作，可以用复制帧的方法制作，会节省很多调整画面的时间。

归纳提高

在 Flash 动画中，运动引导层动画一般用来制作整个物体的运动动画，它既可以制作有规律的运动，也可以制作无规律的运动。

在制作有规律的运动时，一般是先用绘图工具绘制出运动的路线（注意，路线是不闭合的），再制作运动引导层动画。当有多个运动物体时，则逐一制作各物体的规律运动，然后按照“先局部再整体”的顺序将它们组合在一起即可。

在制作无规律运动时，不仅要绘制的运行路线是无规律的，而且运动的频率、速度、时间、距离等方面也是无规律的，这需要通过操作时间轴来实现。当需要制作大规模的无规律运动场景时，往往还需要几种不同的无规律运动进行组合，以形成无规律运动场景。

任务拓展——日月地轨道旋转

任务分析

太阳、地球和月亮三者的运动关系：月亮沿椭圆形轨道绕着地球旋转，地球沿椭圆形轨道绕着太阳旋转。这两个运动都是有规律的运动，都可以使用运动引导层动画来实现。

其中，月亮沿椭圆形轨道绕着地球旋转是一个使用运动引导层动画制作的动画元件，动画效果如图 2-4-12 所示。

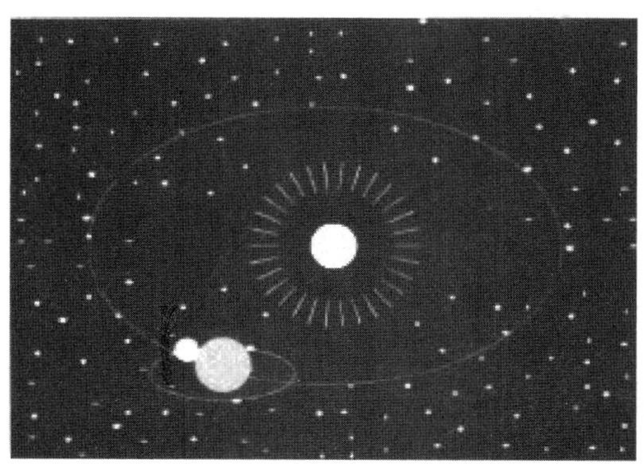

图 2-4-12 动画效果

操作步骤

（1）制作要素元件：太阳、地球、月亮和星空。其中，“太阳”元件是一个发光的动画元件，太阳的光芒是通过“变形+遮罩”动画完成的，具体如图 2-4-13 所示。

（2）制作月亮绕地球旋转的动画元件，这是一个运动引导层动画。考虑到视角的因素，月亮旋转中可能被地球遮挡，所以将月亮沿旋转的轨道分为两部分——地球正面半椭圆轨道和地球背面半椭圆轨道。在“时间轴”面板的图层设计上，正面轨道位于“地球”图层的上面，背面轨道位于“地球”图层的下面。这两部分的动画都是运动引导层动画，如图 2-4-14 所示。

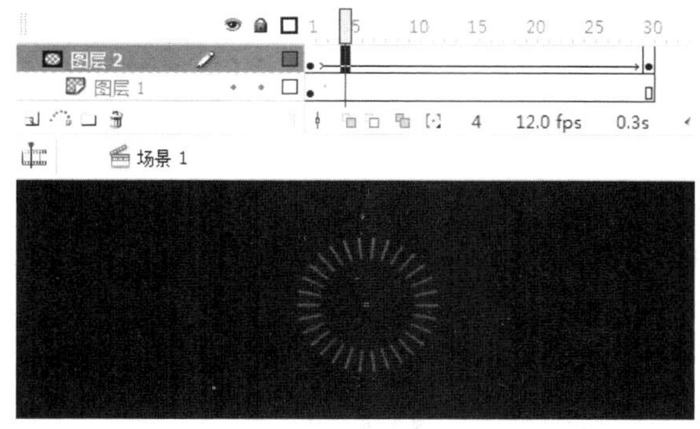

图 2-4-13 太阳光芒动画

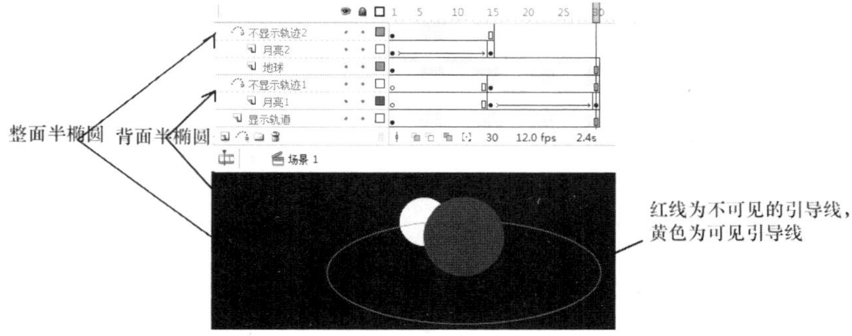

图 2-4-14 月亮绕着地球转

在使用 Flash 制作具有立体感的物体运动时，常将物体的运动轨道分为前后两个部分，前面部分位于遮挡物图层的上面，后面部分位于遮挡物图层的下面。

（3）回到主场景，先加入星空背景，然后制作地球绕太阳旋转的动画。需要注意的是，靠近太阳的地方没有星空背景。在制作地球绕太阳旋转的动画中，可以不设计地球被太阳遮挡的情况，直接制作连续的椭圆运动，不再分为正面轨道和背面轨道。制作时需将椭圆引导线断开一个小缺口，这个小缺口的端点即为运动引导线的起点和终点，如图 2-4-15 所示。

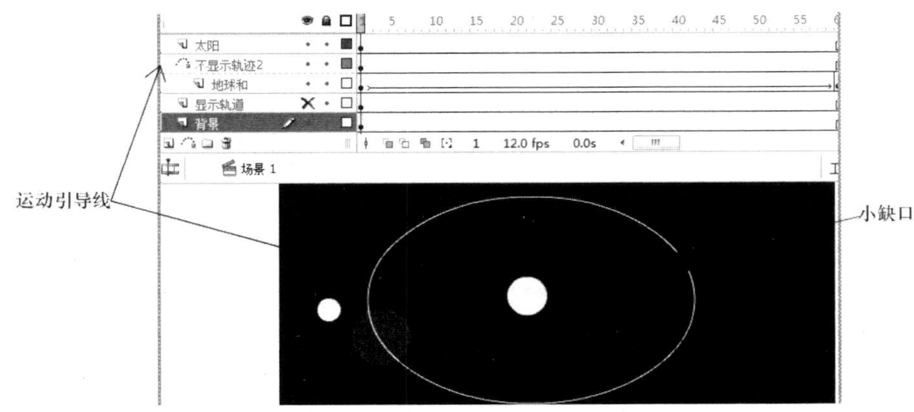

图 2-4-15　地球绕太阳旋转

任务小结

与动画“飞舞的蝴蝶”相比，“太阳、地球和月亮”动画有两个不同点：一是环形运动引导层动画的制作；二是遮挡物体间的立体运动。

环形运动引导层动画的关键点是将引导线（即轨道线）分为两部分，一部分在遮挡物的正面，另一部分在遮挡物的背面。在“时间轴”面板的图层设计上，正面部分位于遮挡物图层的上面，背面部分在遮挡物图层的下面。“飞舞的蝴蝶”也将引导线分为两部分，但它是“时间”上的两段，不是“空间”上的两段，对图层分布没有影响。

活动任务 5　Flash 中声音的使用

任务背景

动画的美妙在于它能够有效地融合图像的声音，形成具有感染力和冲击力的动画效果。因此，在完成基本动画以后，就要考虑为它配上声音。本任务将讲解 Flash 中的音效。

任务分析

在 Flash 动画中插入声音，需要考虑 Flash 所支持的声音文件格式，然后选择合适的文件格式。插入声音一般分为“为影片添加声音”和“为按钮添加声音”两种形式。

任务实施

1. 了解声音的属性设置

带有声音的 Flash 动画，在导入到网页中时，由于网速等原因需要将声音文件进行压缩，这样可以大大减小文件的大小，使浏览速度得到提高。一般通过声音的属性设置来对声音进行压缩。下面将以最常用的 ADPCM 和 MP3 格式为例，对声音文件的压缩进行讲解。

1）压缩为 ADPCM 格式

ADPCM 是针对 8-bit 或 16-bit 声音数据设置压缩率的一种算法，如输出按钮事件等的短事件声音时，一般将声音文件压缩为 ADPCM 格式。

（1）打开属性对话框。

选中声音文件，右击，在弹出的快捷菜单中执行“属性”命令，弹出“声音属性”对话框。

（2）设置属性。

在“声音属性”对话框中设置“压缩”为“ADPCM”，然后设置相应的属性参数。

单击右边的“测试”按钮，进行试听，确认无误后，单击“确定”按钮即可完成属性设置，如图 2-5-1 所示。

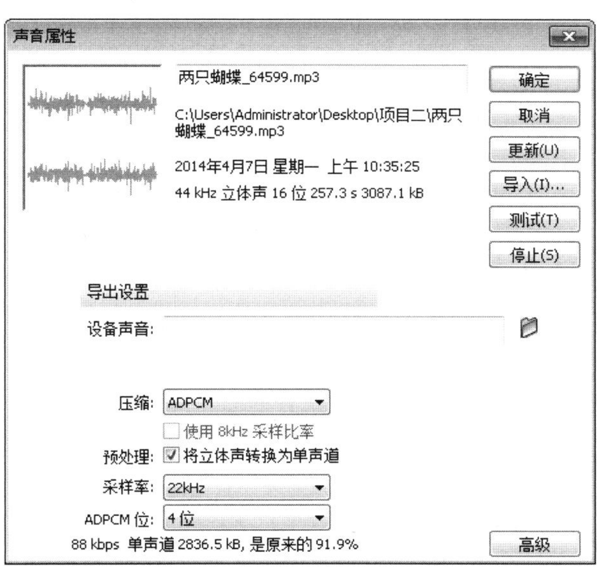

图 2-5-1　设置声音属性

2）压缩为 MP3 格式

MP3 格式是目前最强大、最常用的，若输出较长的流式声音，则需要使用 MP3 压缩选项。它能以较小的比率、较大的压缩比达到近乎完美的 CD 音质。

在“压缩”下拉列表中选择格式为“MP3”，然后设置相应的属性参数。完成后，单击“确定”按钮即可完成属性设置，如图 2-5-2 所示。

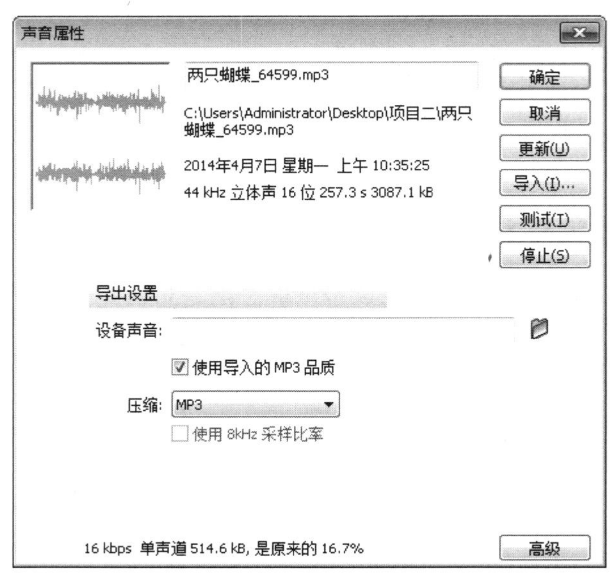

图 2-5-2　设置声音属性

注 意

为什么要将声音进行压缩，不压缩会在音质上会造成影响吗？

因为原始声音文件不经过处理会导致文件过大，在网络中播放时会不连续，而通过压缩之后，就解决了这一问题，而且在音质上基本不会有太大的变化。

2. 轻松为影片导入声音

为影片中添加声音需要先将声音文件导入影片文件中，再新建一个图层来放置导入的声音文件，并通过添加关键帧，将声音文件放置到适当的位置。

1）导入声音文件

执行“文件→导入→导入到库”命令，在弹出的“导入”对话框中选择要导入的声音文件。

完成后，单击“确定”按钮。导入的声音文件自动放置在“库”面板中，单击声音文件，可以在“库”面板的预览窗口中看到波形图，如图 2-5-3 所示。

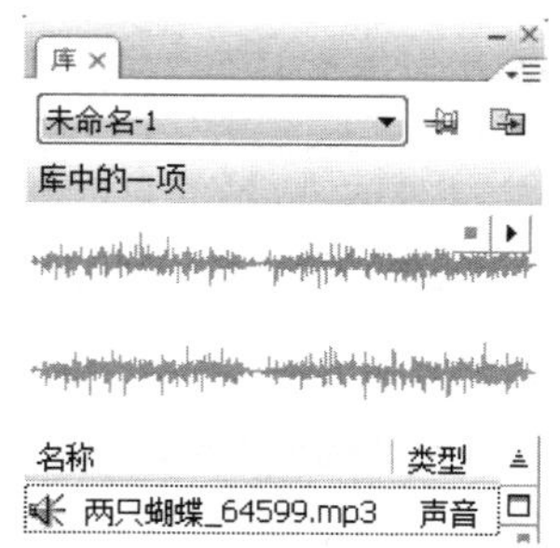

图 2-5-3 导入声音文件

2）添加声音到时间轴

单击“插入图层”按钮，插入一个图层，将其命名为“声音”。

选中时间轴上的第 1 帧。拖动库面板中的声音文件到工作区中。使用“Ctrl+Enter”组合键，测试影片，便可以听到声音效果了，如图 2-5-4 所示。

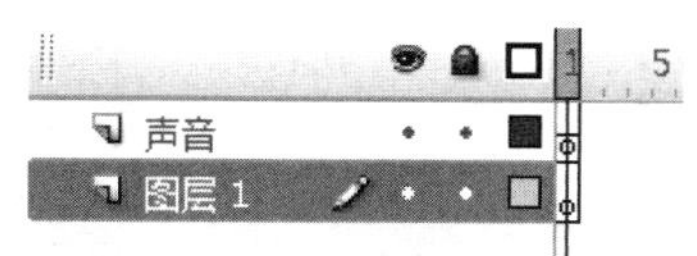

图 2-5-4 效果图

3. 利用“属性”面板设置影片声音

在“属性”面板中可以对声音进行设置，如删除声音，设置声音的重复播放，以及设置特效声音等。下面通过操作演示来进行详细的讲解。

1）删除声音文件

在时间轴上选中声音所在的帧，单击“属性”面板中“声音”选项右侧的按钮，在弹出的下拉列表中，选择“无”选项，即可将声音文件删除，如图 2-5-5 所示。

图 2-5-5 删除声音文件

2）设置重复播放效果

在“属性”面板中的“重复”文本框中输入重复的次数，则声音会自动重复播放几次；若选择“循环”选项，则声音将无限制地播放，如图 2-5-6 所示。

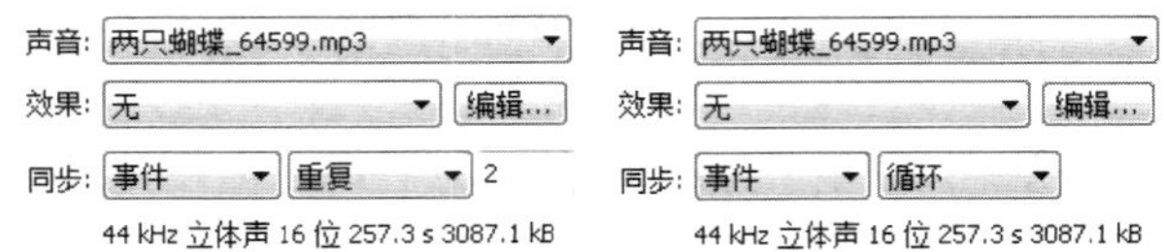

图 2-5-6　设置重复播放效果

3）设置特效声音

在“效果”下拉列表中可以设置声音的淡入淡出、左右声道等不同的特殊效果，如图 2-5-7 所示。

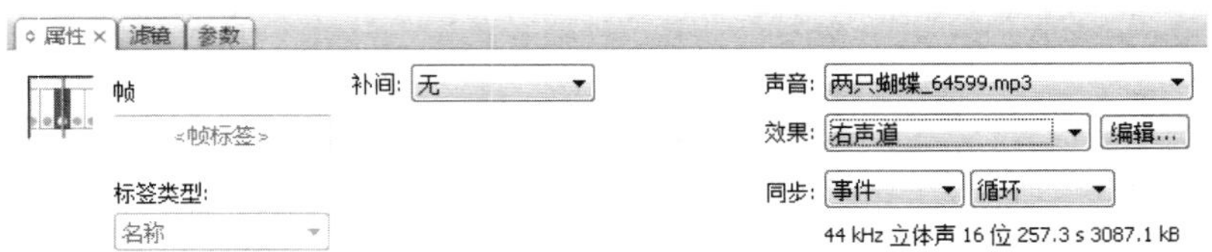

图 2-5-7　设置声音属性

4）自定义编辑

单击“属性”面板中的“编辑”按钮，弹出“编辑封套”对话框。通过调整节点，可以自定义设置声音的特殊效果，如图 2-5-8 所示。

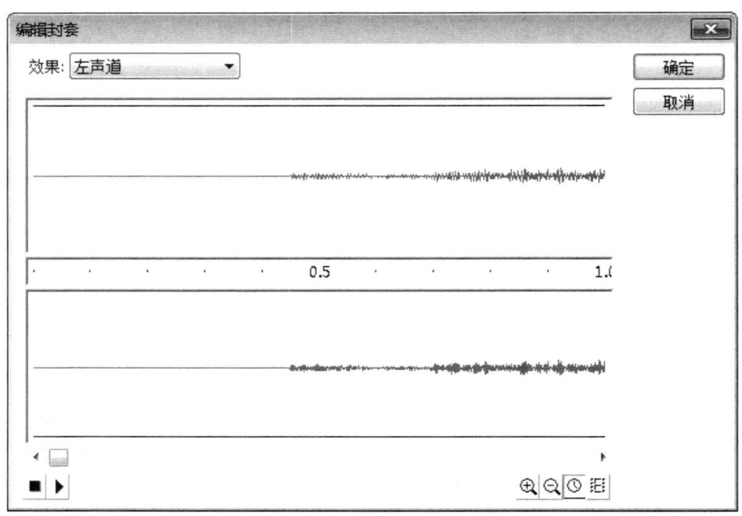

图 2-5-8　自定义编辑声音

4. 给按钮添加声音

利用导入声音文件为制作好的按钮添加音效，使按钮更加生动，具有动感效果。下面来进行操作演示和讲解。

1）进入编辑模式

右击库中制作好的按钮文件，在弹出的快捷菜单中执行“编辑”命令，进入按钮元件的编辑模式。或双击按钮图标进入编辑模式。

2）创建关键帧

在元件编辑模式下，单击“插入图层”按钮，创建“声音”图层。选中“指针经过”帧，按下 F7 快捷键，创建空白关键帧，如图 2-5-9 所示。

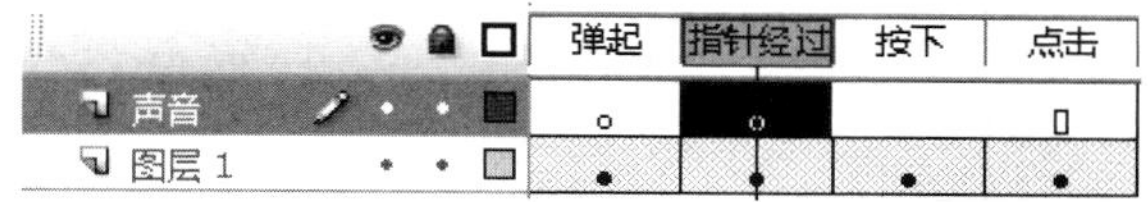

图 2-5-9 插入空白关键帧

3）添加声音文件

在“属性”面板中设置声音按钮，选择声音文件的名称，添加声音到当前的“指针经过”帧，如图 2-5-10 所示。

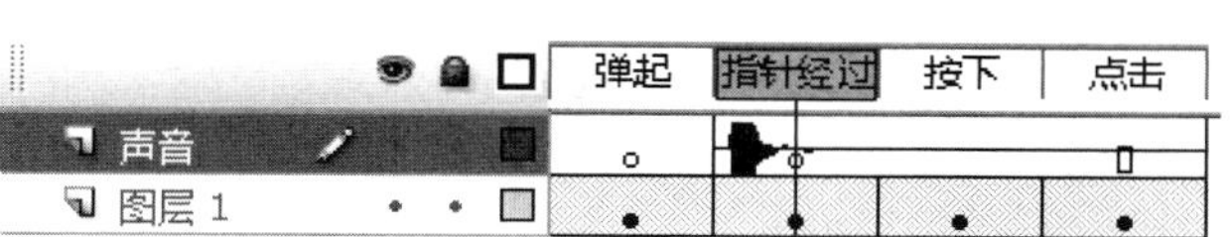

图 2-5-10 添加声音文件

4）设置声音

选中“按下”帧，按 F7 键，创建关键帧，在“属性”面板中设置“声音”为“无”，如图 2-5-11 所示。

图 2-5-11 设置声音属性

5）测试影片

按组合键“Ctrl+Enter”，测试影片，当鼠标指针经过按钮时，便会发出响亮的声音。

5. 在 Flash 中添加反复的背景音乐

在本模块中学习了声音文件的导入、压缩格式，以及声音的属性面板和为按钮添加声音等。接下来通过练习加深和巩固所学知识。

1）添加声音

新建一个图层，将其命名为“声音”。

选中时间轴上的第 1 帧，在“属性”面板中选择“声音”为“卡农”，添加声音到影片中。

2）设置循环效果

在“属性”面板中的“同步”下拉列表中选择声音的同步模式为“开始”，设置“声音循环”为“循环”。

3）影片

使用“Ctrl+Enter”组合键测试影片，可以听到优美动听的循环背景音乐。

注 意

为什么要在声音文件上设置同步模式为“开始”呢？

导入的声音文件要跟影片同步，需要在“属性”面板中进行设置，在声音文件的第 1 帧处设置同步模式为“开始”，否则当影片播放完成后声音还没有播放完，下一遍影片与声音又开始播放了，会有重复声音。设置为“开始”后就会避免这样的问题。

活动任务 6 两只蝴蝶 MV

任务背景

本任务制作的是“两只蝴蝶”MV，影片中两只飞舞的蝴蝶使动画充满了动感。本任务主要运用了钢笔工具和文本工具，在制作动画时，首先导入素材，然后制作 MV 的 Loading 画面，再一一制作其他场景，最后合成并测试动画，完成 MV 的制作。

任务分析

本任务的制作流程：

- 导入素材。
- 制作 Loading 画面。
- 制作各场景。
- 合成并测试动画。

任务实施

1. 新建文档

（1）执行“文件→新建”命令，新建一个空白的 Flash 文档。

（2）按“Ctrl+J”组合键，弹出“文档属性”对话框，在该对话框中设置“宽”为 650 像素、“高”为 450 像素、“背景颜色”为淡蓝色（#66CCFF），其他参数为默认值，然后单击“确定”按钮，完成设置，如图 2-6-1 所示。

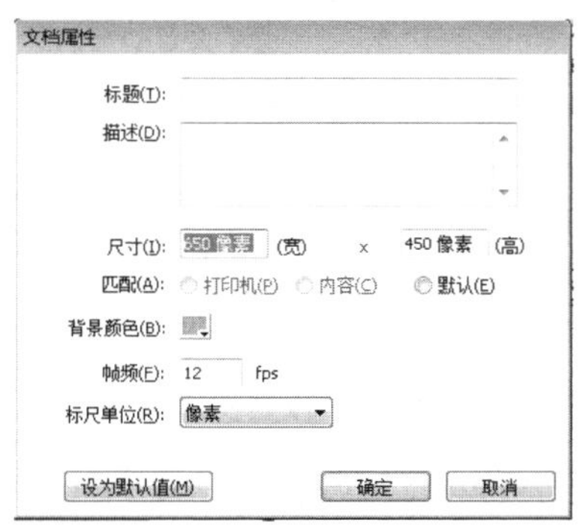

图 2-6-1 设置文档属性

（3）按“Ctrl+S”组合键，弹出“另存为”对话框。在“文件名”下拉列表框中输入“两只蝴蝶”，然后单击“保存”按钮，保存该文档。

（4）执行“文件→导入→导入到库”命令，弹出“导入到库”对话框，选择素材文件，然后单击“打开”按钮，将素材导入“库”面板中。

（5）单击图层编辑区的“插入图层”按钮，插入 7 个图层。将各图层从上至下依次重命名为“Loading”“歌词”“声音”“场景 5”“场景 4”“场景 3”“场景 2”和“场景 1”，此时的时间轴如图 2-6-2 所示。

图 2-6-2 插入并重命名图层

2. 制作 Loading 影片剪辑元件

（1）按“Ctrl+F8”组合键，弹出“创建新元件”对话框。在“名称”文本框中输入“loading”，在“类型”选项组中选中“影片剪辑”单选按钮，然后单击“确定”按钮，进入元件的编辑区，如图 2-6-3 所示。

图 2-6-3　创建新元件

（2）选取工具箱中的文本工具，在“属性”面板中设置文本类型为“静态文本”、字体为“华文新魏”、字体大小为“30”、文本（填充）颜色为紫色（#6600FF），其他参数为默认值，然后在舞台中输入文本“两只蝴蝶”，如图 2-6-4 所示。

图 2-6-4　设置文本属性

（3）参照步骤（2）的操作，设置文本（填充）颜色为紫色（#9900FF），其他设置保持不变，然后在舞台的左侧输入文本“Loading”，如图 2-6-5 所示。

图 2-6-5　设置文本属性

（4）将“蝴蝶 1”和“蝴蝶 2”影片剪辑元件拖动到舞台中，创建两个实例，调整实例的形状和位置，效果如图 2-6-6 所示。

图 2-6-6　拖入元件创建实例

（5）选中“图层 1”的第 50 帧，按 F5 键插入普通帧，如图 2-6-7 所示。

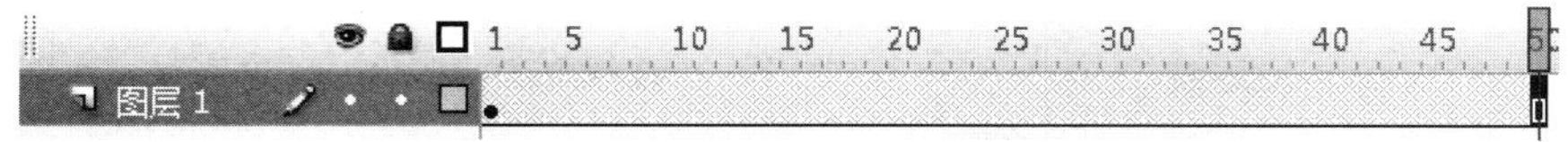

图 2-6-7 插入帧延续画面

（6）新建两个图层。选中“图层 2”，然后选中工具箱中的“矩形工具”，在“属性”面板设置边角半径为 5。

（7）在舞台中绘制一个“宽”和“高”分别为 500 像素和 7 像素的矩形，确认矩形处于被选中状态，在“属性”面板中设置其笔触颜色为紫色（#6600FF）、笔触高度为“2”，如图 2-6-8 所示。

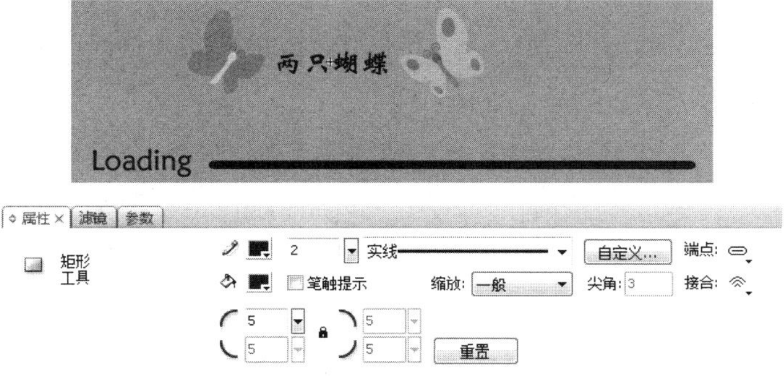

图 2-6-8 设置矩形属性

（8）选择矩形的轮廓线，按“Ctrl+X”组合键将其剪切，然后选中 “图层 3”，按“Ctrl+Shift+V”组合键将轮廓线粘贴到当前位置，如图 2-6-9 所示。

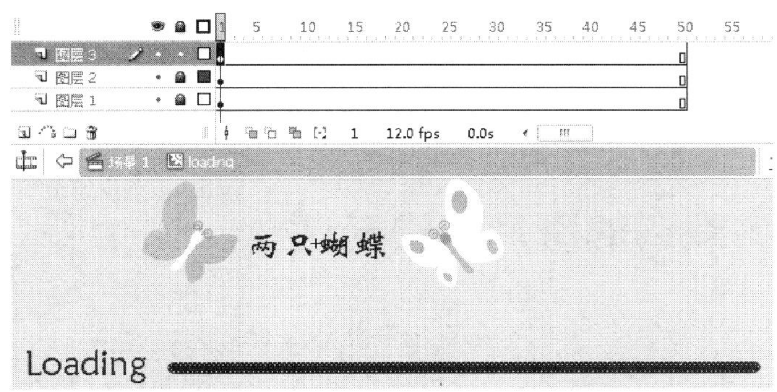

图 2-6-9 修整矩形轮廓线

（9）选中“图层 2”中的对象，按“Shift+F9”组合键，打开“混色器”面板，在其“类型”下拉列表框中选择“线性”选项，然后设置第一个颜色块为绿色（#00CC00）。在调色器上单击，新建一个颜色块，设置该颜色块为白色，然后设置最后一个颜色块为绿色，使用渐变变形工具调整色彩，效果如图 2-6-10 所示。

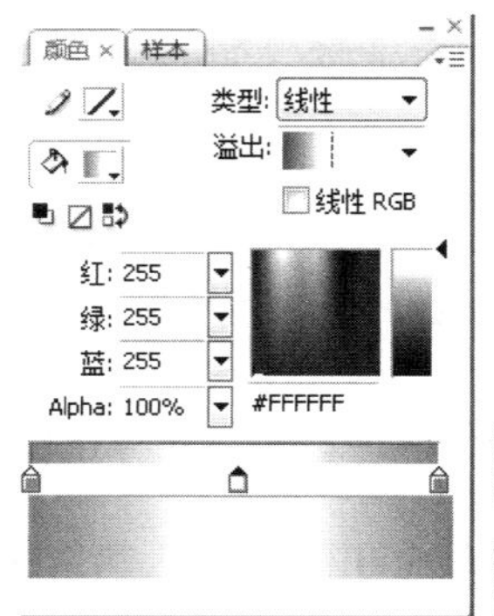

图 2-6-10　设置填充渐变色

（10）在“图层 2”的第 50 帧处插入关键帧，选中“图层 2”第 1 帧中的对象，在“属性”面板中修改其“宽”为 5。选中该图层的第 1 帧，在其“属性”面板的“补间”下拉列表框中选择“形状”选项，创建第 1 帧～第 50 帧中的形状补间动画，如图 2-6-11 所示。

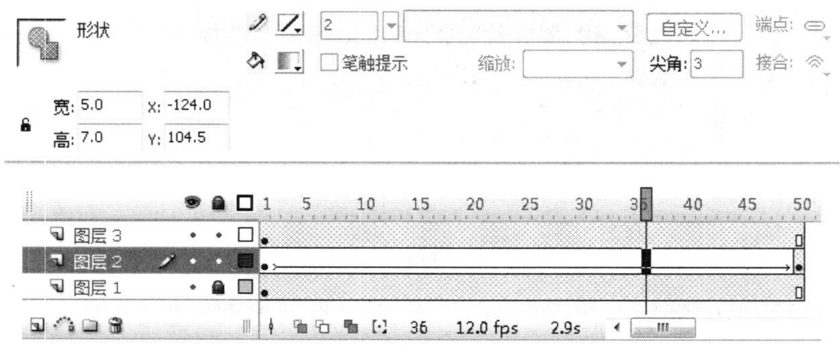

图 2-6-11　设置属性并创建补间

（11）选中“图层 2”的第 50 帧，按 F9 键，打开“动作-帧”面板，在其“脚本”编辑器中输入以下脚本：

```
stop();
```

3. 制作各歌词的影片剪辑元件

（1）打开素材文件夹中的“两只蝴蝶.txt”文本文件。

（2）新建一个名称为“歌词 1”、类型为“影片剪辑”的元件，并进入元件的编辑区，如图 2-6-12 所示。

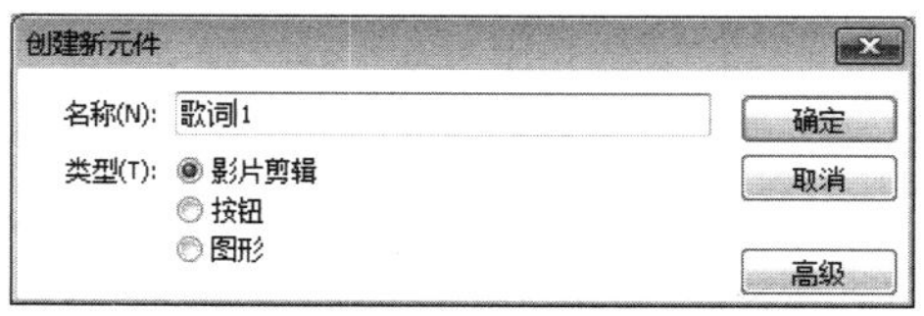

图 2-6-12　新建元件

（3）参照“两只蝴蝶.txt”文本文件中的歌词，使用文本工具在舞台中创建第一句歌

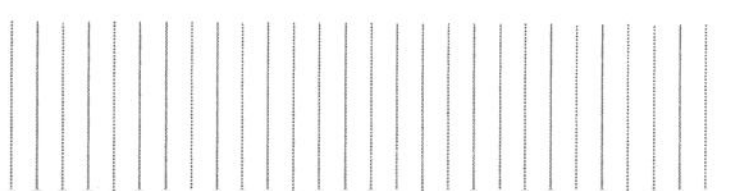

词的文本。

（4）确认文本处于被选中状态，在“属性”面板中设置其字体为“华文细黑”、字体大小为 20、文本（填充）颜色为紫色（#6600FF），如图 2-6-13 所示。

图 2-6-13 设置字体属性

（5）选中“图层 1”的第 30 帧，按 F5 快捷键插入普通帧。

（6）新建两个图层，选中“图层 1”中的文本，按“Ctrl+C”组合键将其复制，选中“图层 2”，然后按“Ctrl+Shift+V”组合键将文本粘贴到当前位置。

（7）选中“图层 2”中的文本，在其“属性”面板中设置文本（填充）颜色为白色，如图 2-6-14 所示。

亲爱的你慢慢飞

图 2-6-14 设置字体颜色

（8）在“图层 2”的第 30 帧和第 50 帧处插入关键帧，然后创建第 30 帧～第 50 帧中的运动补间动画。选中第 50 帧中的对象，在其“属性”面板的“颜色”下拉列表框中选择“Alpha”选项，并设置其 Alpha 值为“0%”，如图 2-6-15 所示。

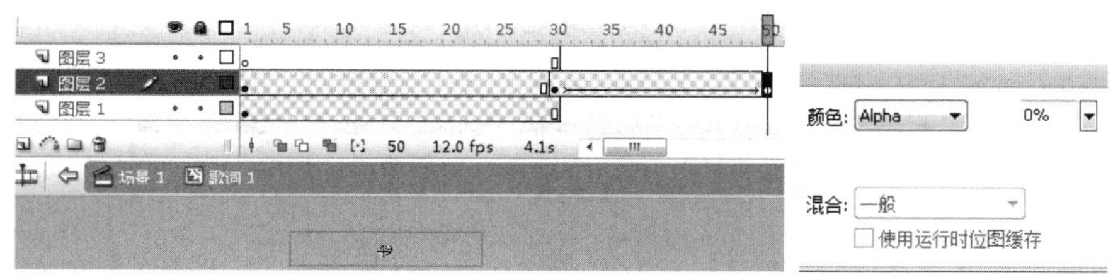

图 2-6-15 设置属性

（9）选中“图层 3”，使用矩形工具在舞台创建一个“宽”和“高”分别为 160 像素和 30 像素的矩形，如图 2-6-16 所示。

图 2-6-16 创建矩形

（10）在“图层 3”的第 10 帧处插入关键帧，修改该帧中对象的位置，如图 2-6-17 所示。

图 2-6-17 修改该帧中对象的位置

（11）在第 15 帧和第 30 帧处插入关键帧，选中第 30 帧中的对象，更改该帧中对象的

位置覆盖文本，然后在第 50 帧插入普通帧，如图 2-6-18 所示。

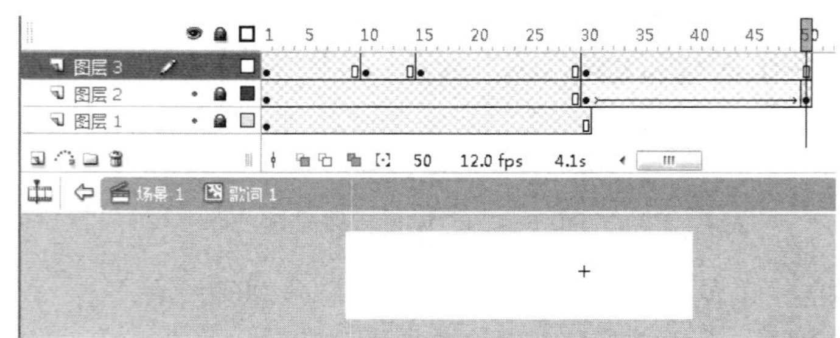

图 2-6-18　插入普通帧

（12）选中第 1 帧，在其“属性”面板的“补间”下拉列表框中选择“形状”选项，创建第 1 帧～第 10 帧中的形状补间动画，然后创建第 15 帧～第 30 帧中的形状补间动画，如图 2-6-19 所示。

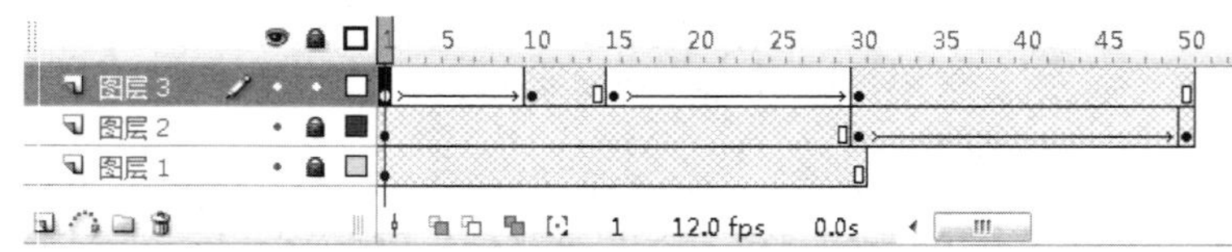

图 2-6-19　创建形状补间动画

（13）将“图层 3”设为遮罩层，如图 2-6-20 所示。

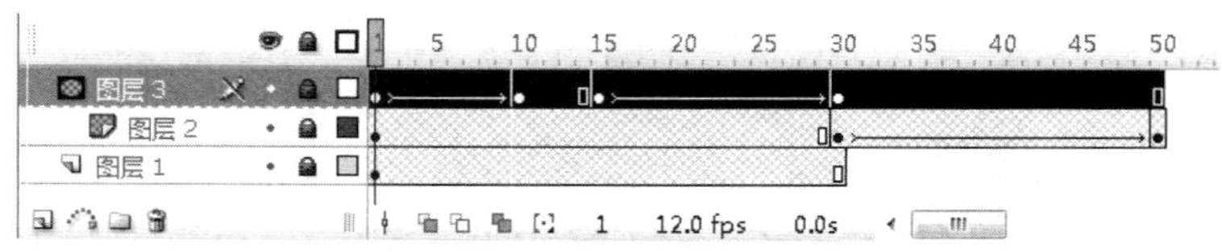

图 2-6-20　设为遮罩层

（14）参照步骤（13）的操作，为其他歌词创建影片剪辑元件，用户可以根据歌词的长短、停顿的时间以及单个文字的停顿时间来创建歌词的影片剪辑元件。整个 MTV 包括 16 句歌词，所以用户应该创建 16 个影片剪辑元件。

（15）新建一个名称为“总歌词”、类型为“影片剪辑”的元件，进入元件的编辑区，如图 2-6-21 所示。

图 2-6-21　新建元件

（16）创建 1 个图层，依次选中已制作好的“歌词 1”、…、“歌词 16”影片剪辑元件，将歌词实例添加到相对应的图层中。需要注意的是，每一句歌词占用一个图层，使用绘图纸外观功能对齐歌词，如图 2-6-22 所示。

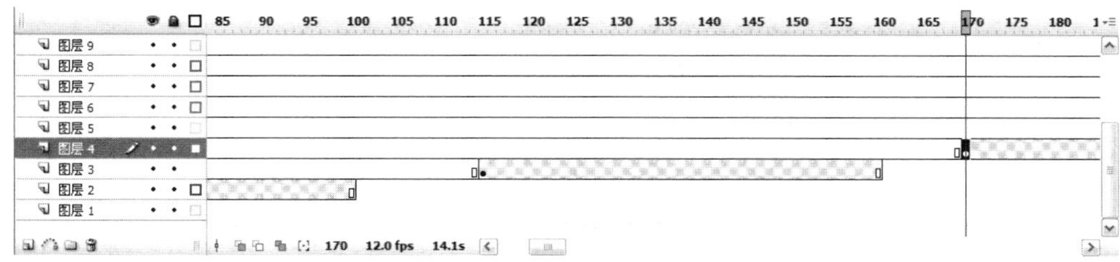

图 2-6-22 创建图层

4. 创建各云朵图形的影片剪辑元件

（1）创建一个名称为“云朵动画 1”、类型为“影片剪辑”的元件，并进入元件的编辑区。

（2）将“云朵”图形元件拖动到舞台中，创建一个实例，如图 2-6-23 所示。

图 2-6-23 创建实例

（3）在第 90 帧处插入关键帧，更改“云朵”实例的位置，然后创建第 1 帧～第 90 帧中的运动补间动画，如图 2-6-24 所示。

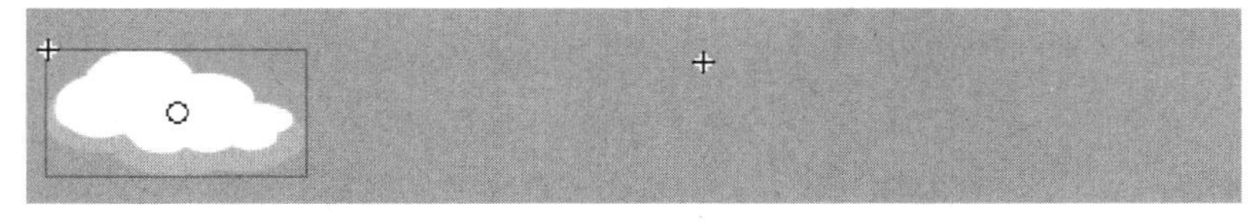

图 2-6-24 更改实例并创建运动补间

（4）参照步骤（1）～步骤（3）的操作，为“云朵 2”和“云朵 3”图形元件创建影片剪辑。

5. 创建“场景 1”影片剪辑元件

（1）创建一个名称为“场景 1”、类型为“影片剪辑”的元件，并进入元件的编辑区，如图 2-6-25 所示。

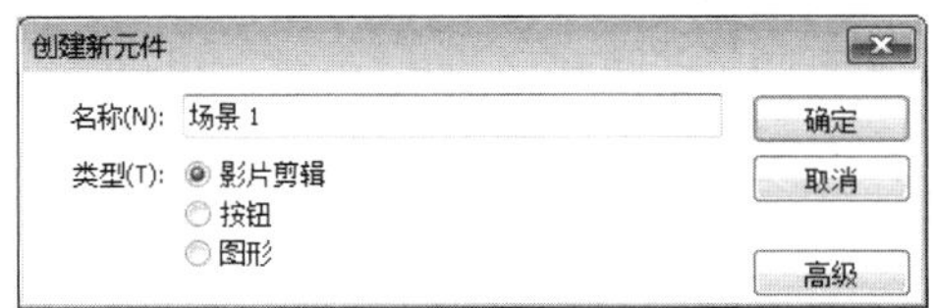

图 2-6-25 创建新元件

（2）将“花 2”图形元件拖动到场景中，如图 2-6-26 所示。

图 2-6-26 将图形元件拖动到场景中

（3）在第 20 帧处插入关键帧，然后创建第 1 帧～第 20 帧中的补间动画。选中第 1 帧中的对象，在其“属性”面板的“颜色”下拉列表框中选择“Alpha”选项，并设置 Alpha 值为“0%”。

（4）在“图层 1”的第 550 帧插入普通帧。

（5）新建两个图层，在“图层 2”的第 20 帧处插入关键帧，将“蝴蝶 1”影片剪辑元件拖动到舞台。

（6）在“图层 3”的第 20 帧处插入关键帧，将“蝴蝶 2”影片剪辑元件拖动到舞台中，效果如图 2-6-27 所示。

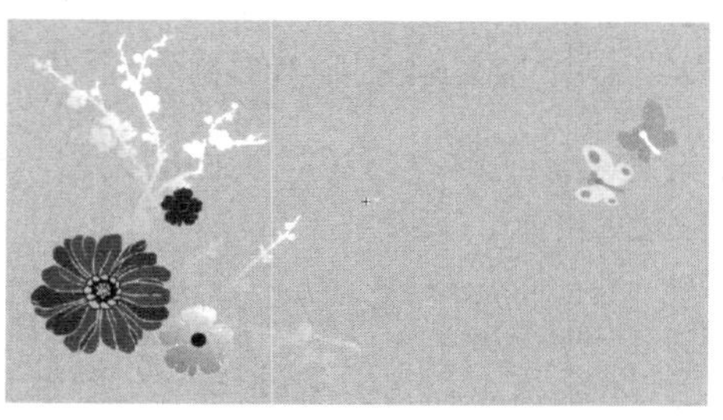

图 2-6-27 将影片剪辑元件拖动到场景中

（7）在“图层 2”的第 120 帧和第 150 帧处分别插入关键帧，选择“图层 2”，然后单击图层编辑区的“添加运动引导层”按钮。

（8）在运动引导层的第 120 帧处插入关键帧，选取工具箱中的“钢笔工具”，在舞台中创建如图 2-6-28 所示的引导线。

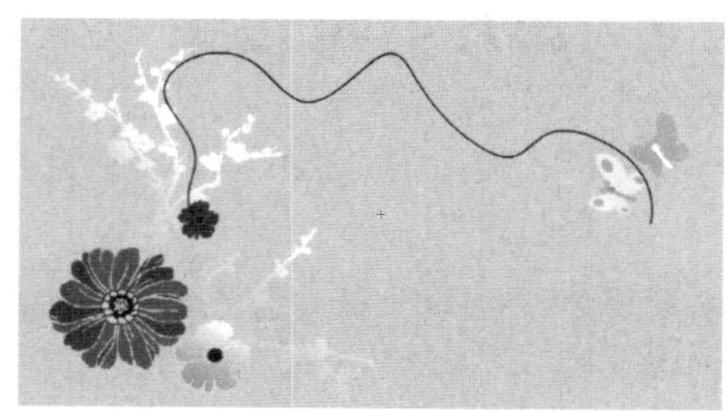

图 2-6-28 绘制引导线

（9）在“图层 2”的第 120 帧上右击，在弹出的快捷菜单中执行“创建补间动画”命令。选中第 120 帧中的对象，将其中心与引导线的开始端对齐；选中第 150 帧中的对象，将其中心与引导线的末端对齐。

（10）在“图层 2”的第 180 帧和第 210 帧处分别插入关键帧，在运动引导层的第 180 帧处插入空白关键帧，然后使用钢笔工具绘制如图 2-6-29 所示的引导线（该引导线的开始端与前面所绘制的引导线的末端连接）。

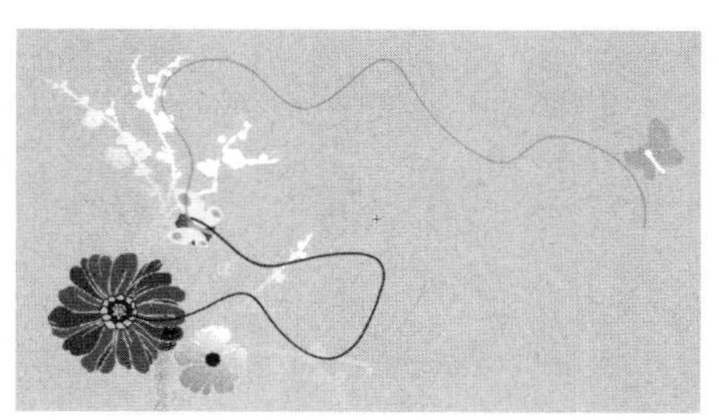

图 2-6-29　继续绘制引导线

（11）创建“图层 2”第 180 帧～第 210 帧中的运动补间动画，然后将其第 210 帧中的对象移动到引导线的末端位置。

（12）参照步骤（9）～步骤（10）的操作，在“图层 2”的第 235 帧和第 255 帧、第 285 帧和第 305 帧、第 350 帧和第 370 帧、第 390 帧和第 410 帧、第 420 帧和第 435 帧分别插入关键帧，创建运动补间动画，创建的引导线截止到第 550 帧处。注意调整每个关键帧处蝴蝶的方向，并把所有的运动补间动画调整到路径，如图 2-6-30 所示。

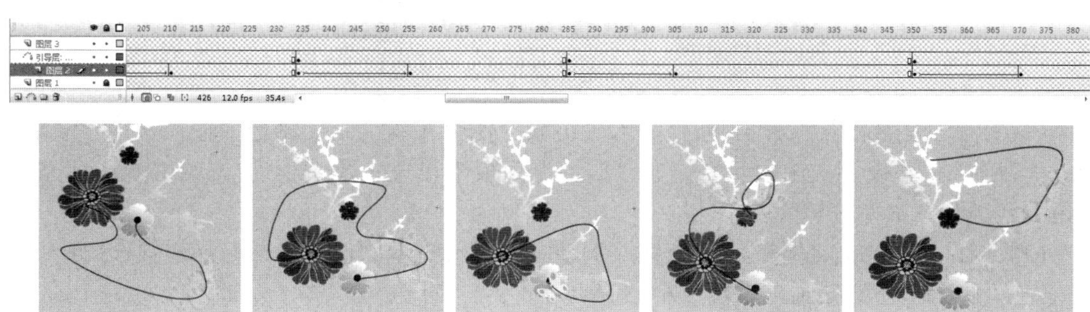

图 2-6-30　创建运动补间动画

（13）参照步骤（6）～步骤（12）的操作，为“图层 3”添加运动引导层，然后在运动引导层的各位置创建引导线，并在“图层 3”上创建相应的关键帧，为对象创建运动补间动画，创建的引导线截止到第 550 帧。两只蝴蝶飞舞的时间可以相对错开，做成两只蝴蝶追逐嬉戏的场景，如图 2-6-31 所示。

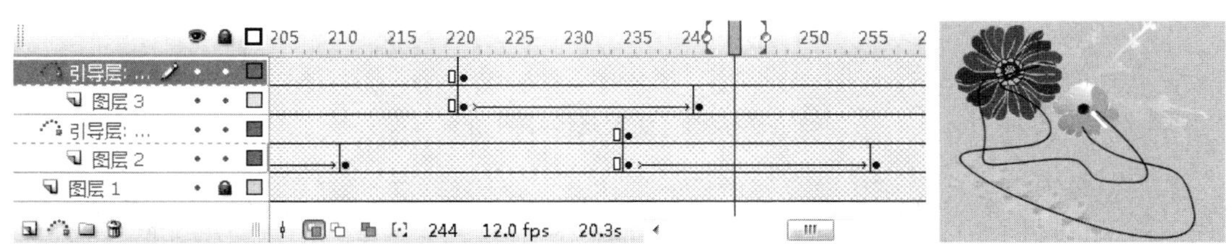

图 2-6-31　调整引导线并创建运动补间动画

（14）新建 6 个图层，在“图层 4”的第 20 帧处插入关键帧，选取工具箱中的“文本工具”，在舞台中输入文本“两只蝴蝶”。字体为“华文新魏”、字体大小为 30、文本（填

充）颜色为橘黄色（#FF9900）。

（15）在“图层 4”的第 30 帧处插入关键帧，更改文本的位置，然后创建第 20 帧～第 30 帧中的运动补间动画，如图 2-6-32 所示。

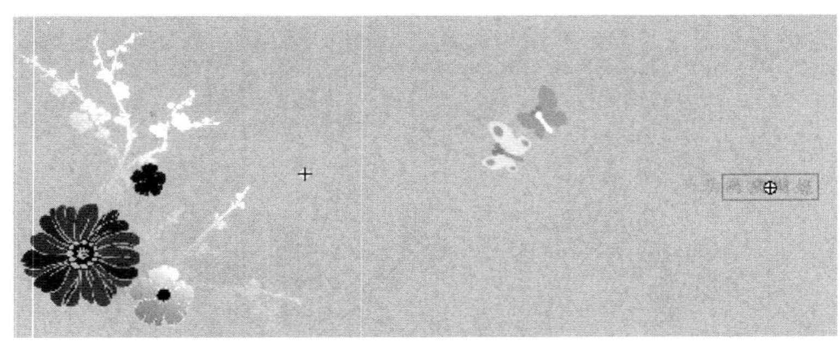

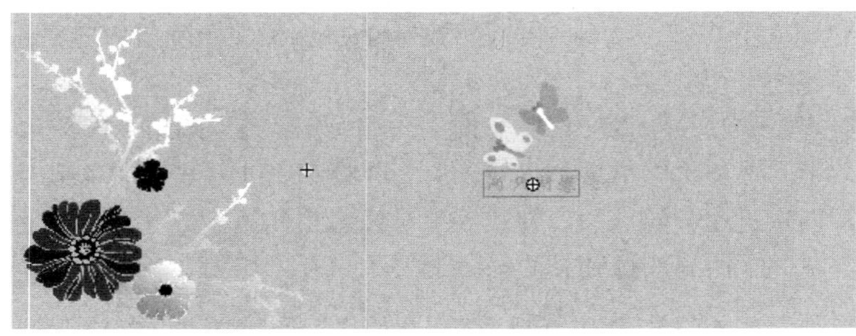

图 2-6-32　新建图层并修改文本属性

（16）在“图层 5”的第 35 帧处插入关键帧，使用文本工具在舞台中输入文本“演唱：庞龙”，确认文本处于被选中状态，在“属性”面板中设置字体大小为 25、文本（填充）颜色为淡蓝色（#CCFFFF）。

（17）在“图层 5”的第 45 帧处插入关键帧，更改文本的位置，然后创建第 35 帧～第 45 帧之间的运动补间动画，如图 2-6-33 所示。

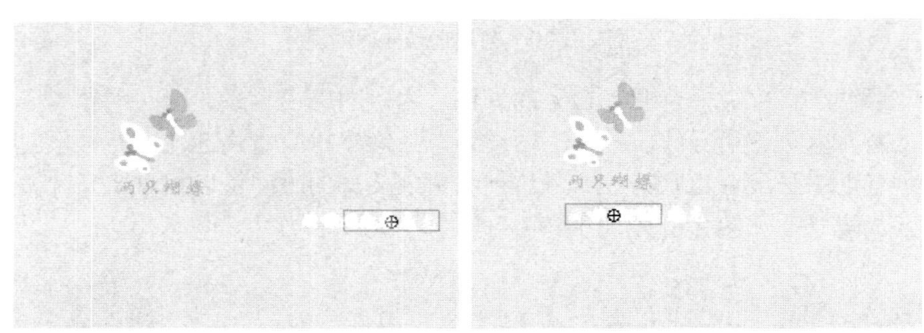

图 2-6-33　文本属性补间动画

（18）参照步骤（16）和步骤（17）的操作，在“图层 6”“图层 7”和“图层 8”中创建文本。在图层上创建文本时，上一个图层的第 1 帧和下一个图层的第一帧相隔 5 帧，在同一个图层中的 2 个关键帧中，对象相隔的距离、字体、字体大小及文本（填充）颜色和“图层 5”中的设置相同，如图 2-6-34 所示。

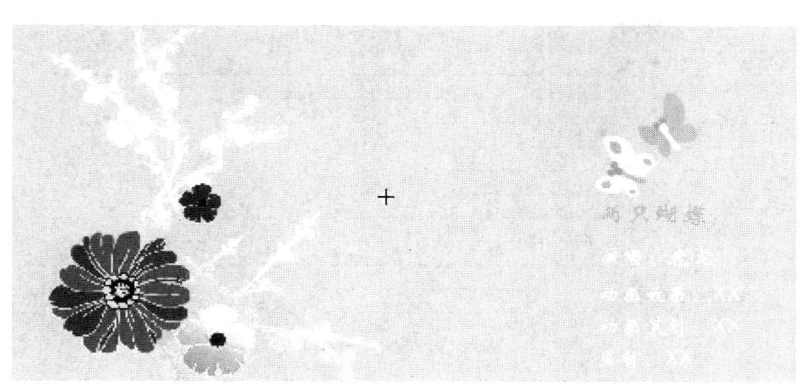

图 2-6-34　其他文本

（19）删除包含文本对象的 5 个图层第 100 帧以后的所有帧，此时的时间轴如图 2-6-35 所示。

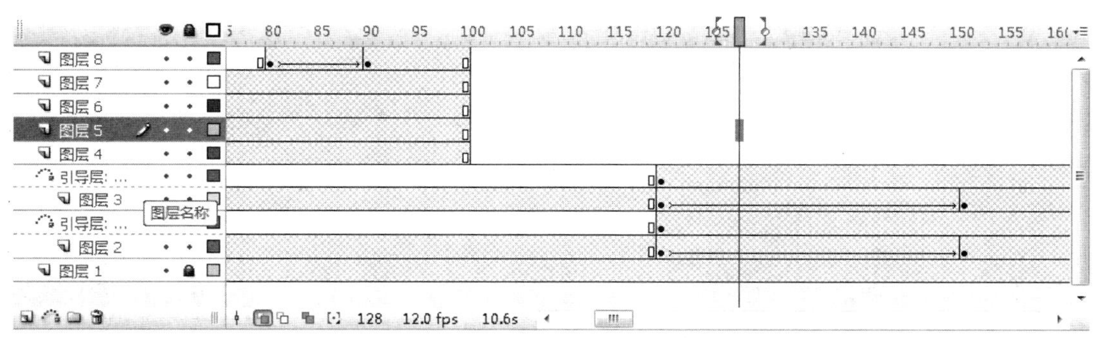

图 2-6-35　删除帧

（20）选中“图层 4”～“图层 8”第 100 帧中的对象，按“Ctrl+C”组合键复制，在“图层 9”的第 101 帧处插入关键帧，然后按“Ctrl+Shift+V”组合键将对象粘贴到当前位置。选中所有对象，按“Ctrl+G”组合键组合对象，如图 2-6-36 所示。

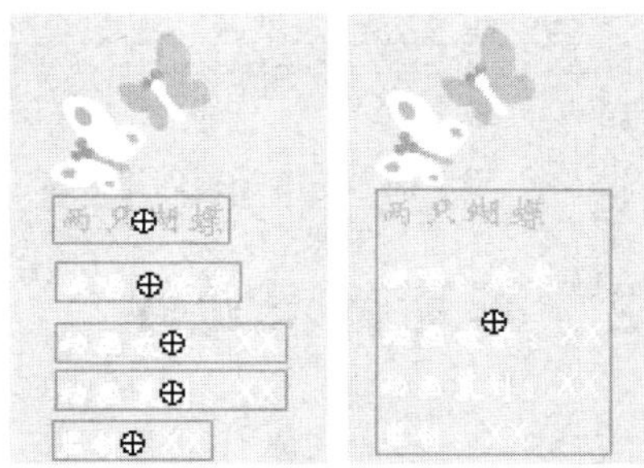

图 2-6-36　修整对象

（21）在 “图层 9”的第 120 帧处插入关键帧，然后创建第 101 帧～第 120 帧中的运动补间动画。选中第 120 帧中的对象，在“属性”面板中设置其颜色样式为“Alpha”，Alpha 值为“0%”。删除第 120 帧以后的所有帧，如图 2-6-37 所示。

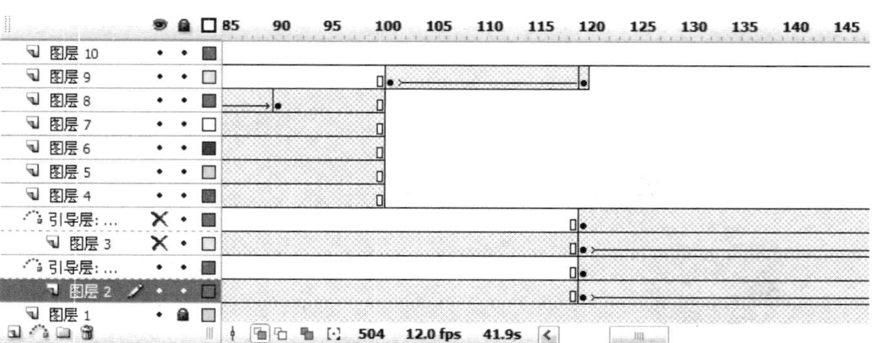

图 2-6-37　插入补间动画、设置 Alpha 值

（22）新建“图层 10”，在“图层 10”的第 450 帧处插入关键帧，将“花朵”影片剪辑元件拖动到舞台中，创建一个实例。

（23）在“图层 10”的第 465 帧、第 480 帧和第 495 帧处插入关键帧，分别在各关键帧中创建一个“花朵”实例，如图 2-6-38 所示。

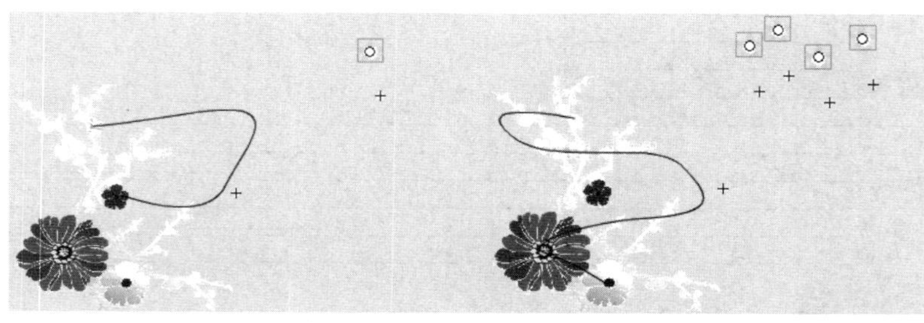

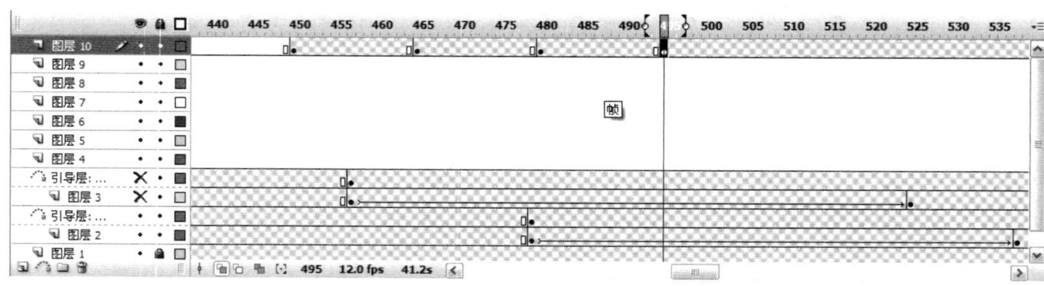

图 2-6-38　插入关键帧并创建实例

6. 创建“场景 2”影片剪辑元件

（1）创建一个名称为“场景 2”、类型为“影片剪辑”的元件，进入元件的编辑区，如图 2-6-39 所示。

图 2-6-39　创建新元件

（2）将“河流”素材拖动到舞台中，然后将其与舞台的中心对齐，如图 2-6-40 所示。

图 2-6-40　将素材拖动到舞台中

（3）在第 38 帧和第 68 帧处插入关键帧。创建第 38 帧～第 68 帧中的补间动画。选择第 68 帧中的对象，按 Shift 键以放大图像，在第 100 帧处插入普通帧，如图 2-6-41 所示。

图 2-6-41　创建补间动画

（4）新建 4 个图层，选中“图层 2”，将“树叶 5”图形元件拖动到舞台中，按 F8 键转换成图形元件。按 Alt 键拖动复制多次并根据需要旋转，以达到要求的效果，如图 2-6-42 所示。

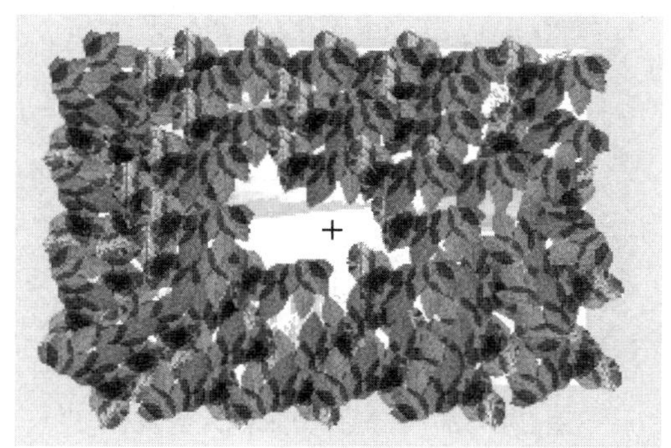

图 2-6-42　多次复制图形元件

（5）在“图层 2”的第 25 帧插入关键帧，然后创建第 1 帧～第 25 帧中的运动补间动画，将 25 帧处的画面放大，做成镜头进入的感觉，如图 2-6-43 所示。

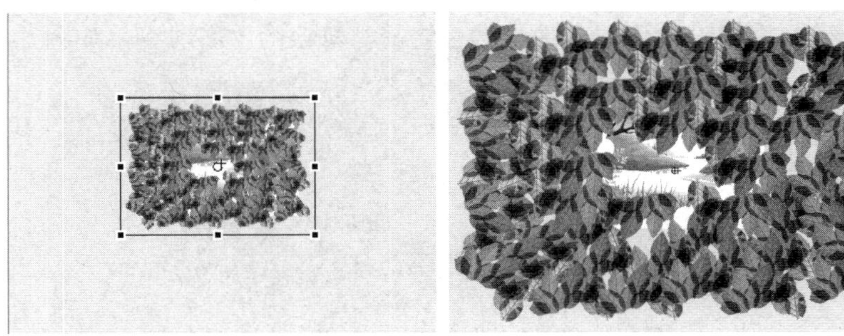

图 2-6-43　创建运动补间动画

（6）在“图层 2”第 38 帧和 68 帧处插入关键帧，并制作补间动画，配合“图层 1”继续放大第 68 帧处的画面，并在“属性”面板中设置其颜色样式为“Alpha”，Alpha 值为“0%”，如图 2-6-44 所示。

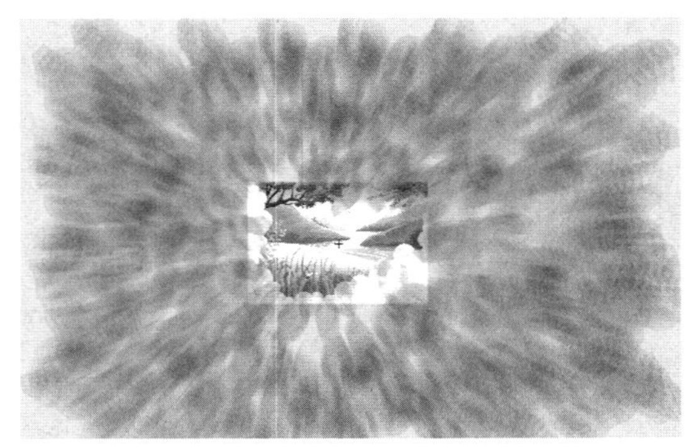

图 2-6-44　放大树叶画面

（7）在“图层 3”的第 25 帧处插入关键帧，将“蝴蝶 1”影片剪辑元件拖入舞台，并放置在画面边缘位置；在第 50 帧处插入关键帧，并创建第 25 帧～第 50 帧中的运动补间动画，如图 2-6-45 所示。

图 2-6-45　将影片剪辑拖入到舞台

（8）给“图层 3”添加运动引导层，在引导层第 25 帧处插入关键帧，并用钢笔工具绘制蝴蝶移动路线，将“图层 3”中第 25 帧和 50 帧处蝴蝶的位置分别移动到线段两端。使蝴蝶飞到左边画面边缘，如图 2-6-46 所示。

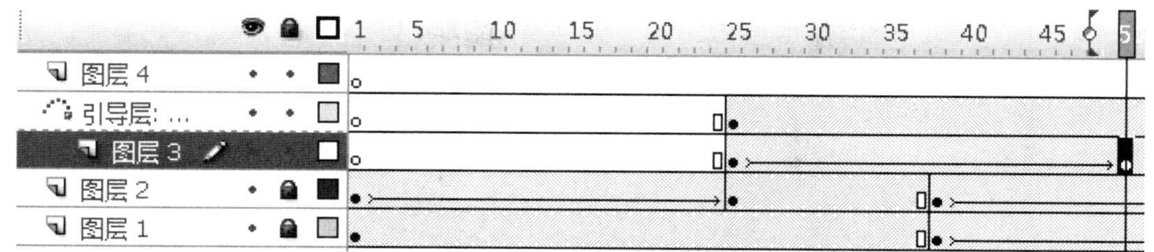

图 2-6-46　添加运动引导层

（9）将蝴蝶飞舞“补间”属性设置为“调整到路径”，并调整两端蝴蝶的方向，以符合路径的走向，并将第 50 帧处的蝴蝶缩小一些，如图 2-6-47 所示。

图 2-6-47　调整补间属性

（10）在引导层第 51 帧处插入空白关键帧，继续绘制引导线，两条线要首尾相连。

（11）在“图层 3”第 51 帧和第 85 帧处插入关键帧，分别调整蝴蝶的位置，并创建第 51 帧～第 85 帧中的补间动画，并将蝴蝶调整到路径方向，如图 2-6-48 所示。

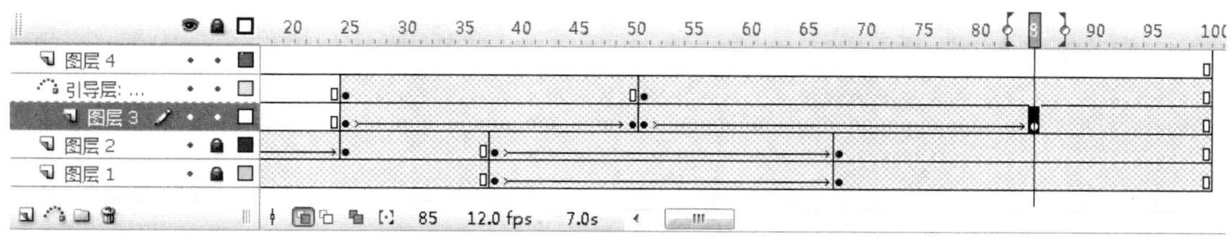

图 2-6-48　插入关键帧及创建补间动画

（12）参照以上步骤，在“图层 4”上，创建“蝴蝶 2”的飞舞路径及动画，使两只蝴蝶相伴飞舞追逐嬉戏。

7. 创建“场景 3”影片剪辑元件

（1）创建一个名称为“场景 3”、类型为“影片剪辑”的元件，并进入元件的编辑区。

（2）将“山丘”图形元件拖动到舞台中，注意图像应不大于画布，如图 2-6-49 所示。

（3）在第 20 帧插入关键帧，修改“山丘”位置（画面向上移动），然后创建第 1 帧～第 20 帧中的运动补间动画，如图 2-6-50 所示。

图 2-6-49　将图形元件拖动到舞台中

图 2-6-50　插入帧并创建运动补间动画

（4）在第 130 帧和第 155 帧处插入关键帧，选中第 155 帧中的对象，修改其位置（使画面向下移动），然后创建第 130 帧～第 155 帧中的运动补间动画，如图 2-6-51 所示。

图 2-6-51　插入帧并修改画面位置

（5）在第 230 帧和第 240 帧处插入关键帧，将 240 帧处的对象“属性”面板中颜色样式设置为“Alpha”，Alpha 值为“0%”，然后创建第 230 帧～第 240 帧中的运动补间动画，如图 2-6-52 所示。

图 2-6-52　创建运动补间动画

（6）新建“图层 2”。在第 230 帧处将“山丘 2”图形元件拖动到舞台中，在第 240 帧插入关键帧，将 230 帧处的对象“属性”面板中颜色样式设置为“Alpha”，Alpha 值为“0%”，然后创建第 230 帧～第 240 帧中的运动补间动画，如图 2-6-53 所示。

图 2-6-53 设置 Alpha 值并创建运动补间动画

（7）在第 265 帧处插入关键帧，修改该帧中对象的位置（向下移动），然后创建第 240～265 帧中的运动补间动画，并在“图层 1”的第 300 帧处插入普通帧，如图 2-6-54 所示。

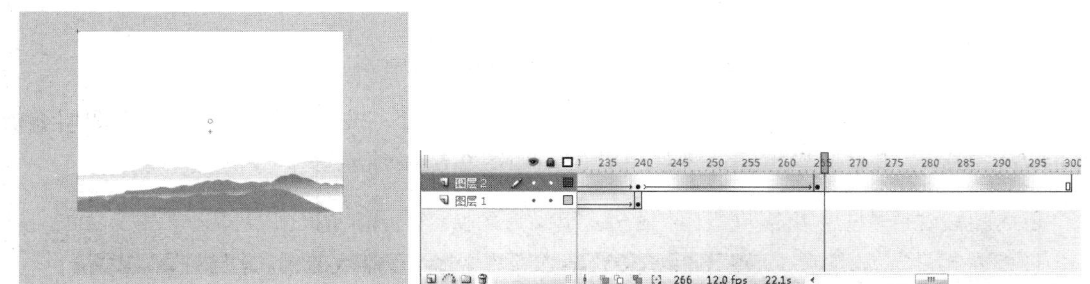

图 2-6-54 创建运动补间动画

（8）新建 3 个图层，在“图层 3”的第 20 帧处插入关键帧，然后将“云朵动画 1”影片剪辑元件拖动到舞台中，可以适当降低元件的颜色透明度，如图 2-6-55 所示。

图 2-6-55 将影片剪辑元件拖动到舞台中

（9）在“图层 3”的第 25 帧和第 30 帧处插入关键帧，然后将“云朵动画 2”和“云朵动画 3”影片剪辑元件拖动到对应的关键帧中，可以适当降低元件的颜色透明度，如图 2-6-56 所示。

图 2-6-56　将云朵的影片剪辑元件拖动到舞台中并调整其透明度

（10）选中“图层 4”，将“蝴蝶 2”影片剪辑元件拖动到舞台中，在第 15 帧处插入关键帧，修改“蝴蝶 2”实例的位置，然后创建第 1 帧～第 15 帧中的运动补间动画，如图 2-6-57 所示。

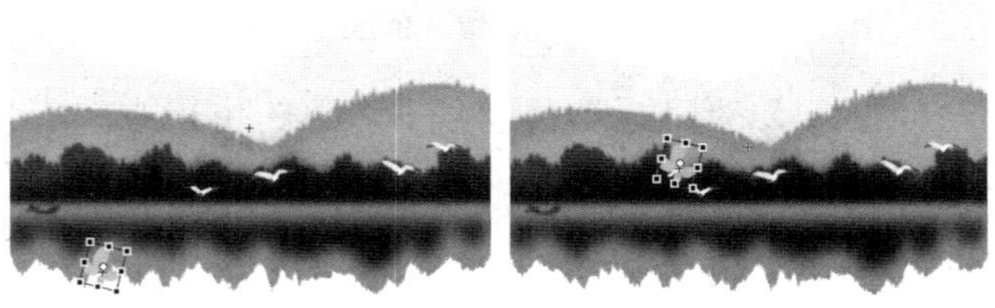

图 2-6-57　修改实例位置并创建运动补间动画

（11）在“图层 4”的第 25 帧和第 50 帧处插入关键帧，选中“图层 4”，单击图层编辑区的“添加运动引导层”按钮，添加引导层，如图 2-6-58 所示。

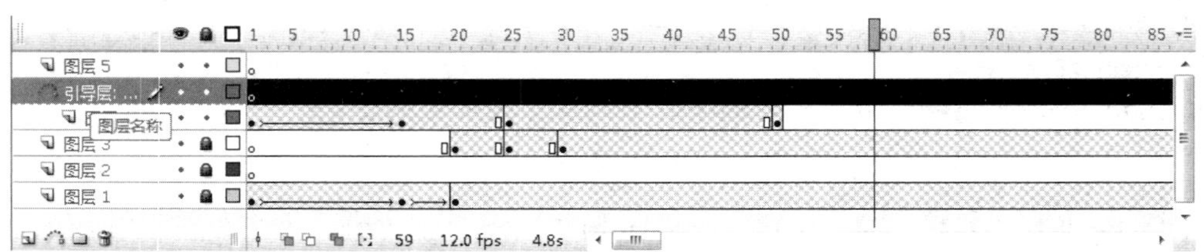

图 2-6-58　添加运动引导层

（12）在运动引导层的第 25 帧处插入关键帧，使用钢笔工具创建引导线，如图 2-6-59 所示。

图 2-6-59　创建引导线

（13）将“图层 4”第 25 帧中的对象拖动到引导线的开始端，将第 50 帧中的对象拖动到引导线的末端，然后创建第 25 帧～第 50 帧中的运动补间动画，如图 2-6-60 所示。

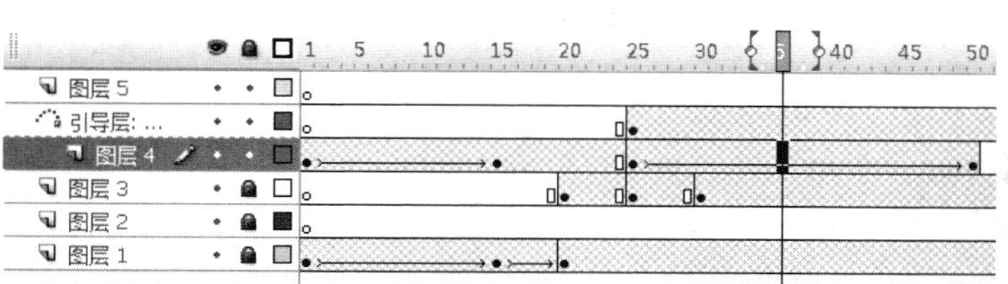

图 2-6-60 第 25 帧～第 50 帧中的运动补间动画

（14）参照步骤（11）～步骤（13）的操作，在“图层 4”其他位置创建关键帧，并结合舞台中“山丘”图形的变换，为对象创建运动补间动画。

（15）参照步骤（10）～步骤（14）的操作，在“图层 5”中创建“蝴蝶 1”实例，并结合舞台中“山丘”图形的变换，为对象创建运动补间动画。

8. 创建“场景 4”“、“场景 5”影片剪辑元件

根据歌词内容的意境，仿照前面几个场景的步骤，自由发挥完成后面的场景。

9. 合成并测试动画

合成并测试动画的具体操作步骤如下：

（1）按“Ctrl+E”组合键，返回主场景。

（2）选中“Loading”图层，将“Loading”影片剪辑元件拖动到舞台中，并将其与舞台的中心对齐。在“Loading”图层的第 50 帧处插入关键帧，如图 2-6-61 所示，按 F9 快捷键，打开“动作-帧”面板，在其“脚本”编辑器中输入以下脚本：

```
stop();
```

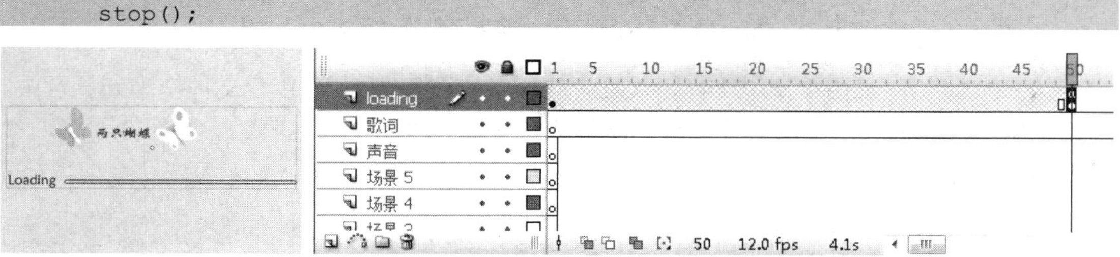

图 2-6-61 插入代码

（3）选中“Loading”图层第 50 帧，将“按钮”按钮元件拖曳到舞台的中心位置，如图 2-6-62 所示。

（4）确认“按钮”实例处于被选中状态，在按钮上右击，在弹出的快捷菜单中执行“动作”命令，在打开的“脚本”编辑器中输入以下脚本：

```
on(press){
 gotoAndPlay(51);
}
```

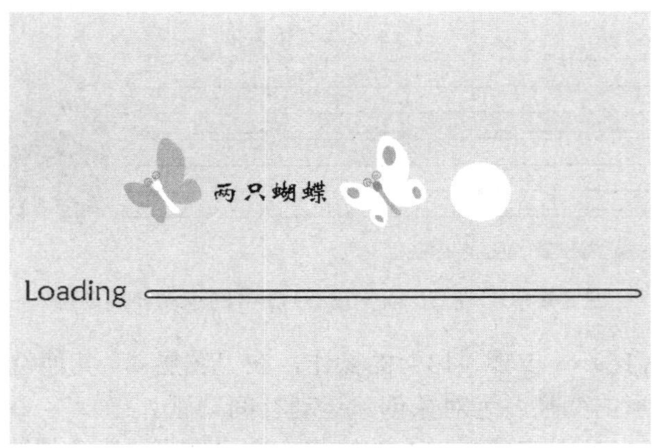

图 2-6-62　将对象拖动到舞台上

（5）在“歌词”图层第 350 帧处插入关键帧，然后将“总歌词”影片剪辑元件拖动到舞台的下方，选择“歌词”图层的第 1330 帧，按 F5 键插入普通帧，如图 2-6-63 所示。

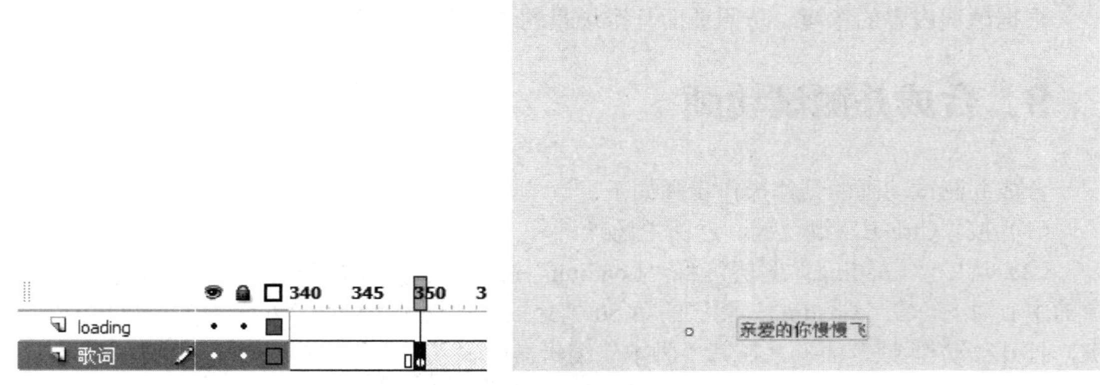

图 2-6-63　将“总歌词”影片剪辑元件拖动到舞台上

（6）在“声音”图层的第 50 帧处插入关键帧，然后将“歌词”声音文件拖动到舞台中。在其“属性”面板的“同步”下拉列表框中选择“数据流”选项，其他参数保持不变，如图 2-6-64 所示。

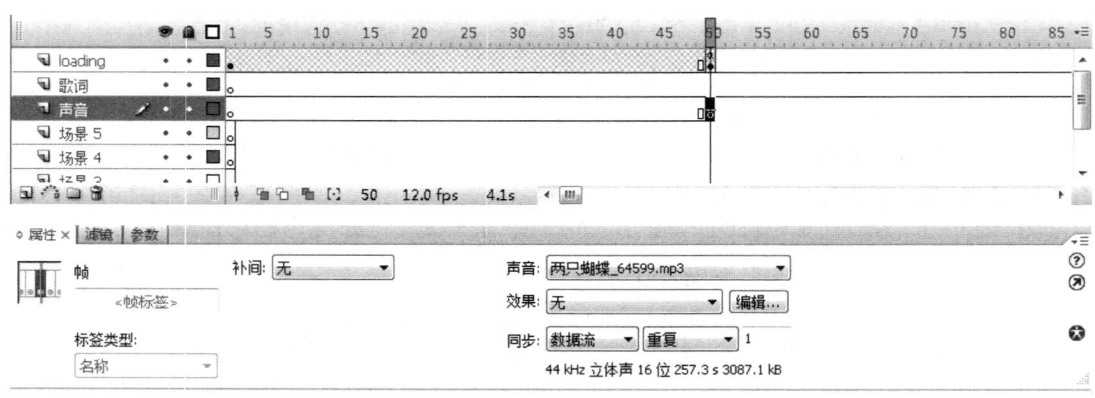

图 2-6-64　设置声音属性

> **提 示**
>
> 前面歌词制作部分不容易与声音对齐，可先在场景里将声音插入，对照声音在“总歌词”元件里逐一插入做好的单句歌词。

（7）选中“声音”图层的第 1360 帧，按 F6 键插入关键帧，如图 2-6-65 所示，在其“动作-帧”面板的“脚本”编辑器中输入以下代码：

```
stop();
```

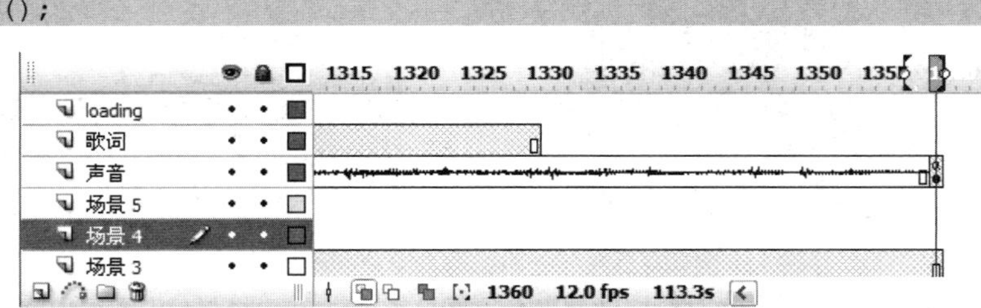

图 2-6-65　插入代码

（8）选中“声音”图层的第 1360 帧，将“按钮 2”按钮元件拖曳到舞台的中心，如图 2-6-66 所示。

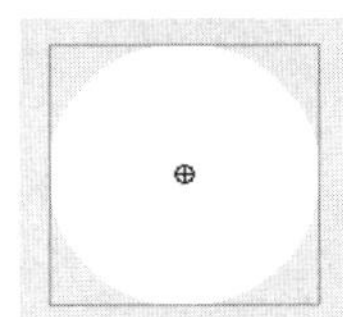

图 2-6-66　将对象拖动到舞台中心

（9）确认“按钮”实例处于被选中状态，在其“动作-按钮”面板的“脚本”编辑器中输入以下代码：

```
on(press){
gotoAndPlay(1);
}
```

（10）选中“场景 1”图层的第 51 帧，按 F6 键插入关键帧，然后将“场景 1”影片剪辑元件拖动到舞台中，然后在该图层第 600 帧处插入普通帧，如图 2-6-67 所示。

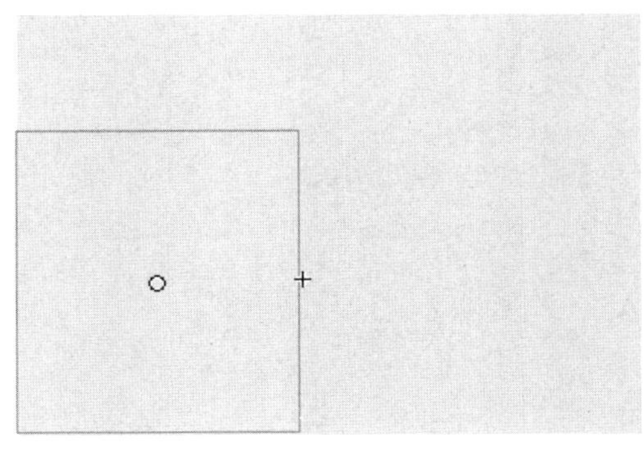

图 2-6-67　将对象拖动到舞台中

（11）在“场景 2”图层的第 601 帧处插入关键帧，将“场景 2”影片剪辑元件拖动到舞台中，然后在该图层的第 700 帧处插入普通帧，如图 2-6-68 所示。

（12）在“场景 3”图层的第 701 帧处插入关键帧，将“场景 3”影片剪辑元件拖动到舞台中，然后在该图层的第 1000 帧处插入普通帧，如图 2-6-69 所示。

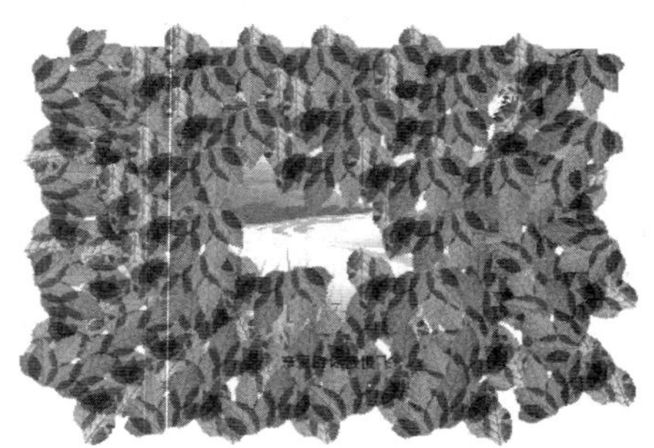

图 2-6-68 在“场景 2”图层中将对象拖动到舞台

图 2-6-69 在“场景 3”图层中将对象拖动到舞台

（13）在第 1000 帧后插入后面的场景。本任务只做到场景 3，后面的内容可以根据剧情自由发挥。

（14）按“Ctrl+S”组合键保存文档，然后按“Ctrl+Enter”组合键测试影片。至此，影片制作完成。

游戏开发

情境背景描述

各种游戏都能够起到愉悦身心的作用。尤其是游戏平台被搬到计算机上以后，它就更为流行了。越来越多的优秀游戏被开发出来，Flash 依靠强大的 ActionScript 也可以在游戏开发工具中占据一席之地，对于大多数的 Flash 学习者来说，制作 Flash 游戏一直是一项很吸引人也很有趣的技术，制作一个有趣的游戏是许多闪客的梦想。但是，游戏开发也是具有一定难度的，它不仅是技术问题，还涉及多方面的问题，本情境就将带领读者讨论 Flash 游戏开发的问题。

利用 Flash 提供的 ActionScript 制作游戏，和使用 Java、Delphi 等语言制作的游戏相比，Flash 要简单得多。Flash 是基于动画的程序，而且简单到只要稍微触动一下鼠标就能实现图形、声音等功能，这就是 Flash 在制作游戏方面比其他制作工具优越的地方。

学习目的：

- 了解游戏的基本知识。
- 熟悉游戏的一般开发流程。
- 掌握 Flash 开发游戏的方法。

本情境要点：

- 游戏的概念。
- 游戏的分类。
- Flash 游戏的设计流程。
- Flash 游戏开发的经验与技巧。
- ActionScript 的使用。
- Flash 游戏开发的过程。
- Flash 游戏开发实例。

Flash 游戏概述

1. 关于 Flash 游戏

如果没有 ActionScript，Flash 现在就没有这样巨大的影响力。而对于开发者来说，设计这些网络兼容性极强的 Flash 游戏，不一定要有很高的程序设计技巧和游戏开发经验，只需要有一定的 Flash 动作脚本（ActionScript）基础，再加上好的创意，游戏玩家自己完全可以开发出一个好的 Flash 游戏。同时，许多商家把 Flash 互动游戏作为新产品推广和营销的重要手段之一。可以肯定的是，Flash 是现阶段制作网络动画和游戏最快捷的工具之一。

2. Flash 游戏设计流程

在使用 Flash 开始设计游戏之前，不要有了想法就立即打开 Flash 开始编写复杂的脚本。这样会在制作过程中出现许多的问题，如制作资料不足、数据获得不易等，而被迫中断游戏的开发。所以着手制作 Flash 游戏前一定要做好前期设计与规划，了解 Flash 游戏制作流程。

（1）定义游戏规则。

游戏规则是游戏开发的主旨，决定游戏的可操作性，是我们设计游戏角色时必须契合的某种规则。如果是益智游戏，可以设定游戏角色的对象，也可以设定积分规则。有了规则，程序员和美工才能开始设计代码和游戏图形。

需要注意的是，一般游戏是由游戏开发人员制定的，玩家在玩游戏时必须遵循事先设定好的规则，所以在设定规则的时候一定要从玩家的易用性方面来考虑，这样才能设计出成功的游戏。

（2）素材的搜集。

在构思好游戏规则后，就要着手通过各种途径来获取素材，我们要准备的素材一般包括图形图像和声音，开发过程中还需要将游戏所需的影片剪辑、图形和按钮等元素准备好。

对于图形素材，可以通过图形图像处理软件或者直接使用 Flash 来绘制。对于一些大型游戏公司来说，这部分都有分工，美工部分可以分为角色设计、背景设计、动画设计、特效制作，等等，程序由专门的程序员来完成。由于 Flash 的易操作性，使得程序和美工一个人就可以完成，这也决定了 Flash 游戏具备开发时间短、成本低的特点。

（3）优化图形界面。

游戏是否能在第一时间抓住别人的眼球，游戏界面起到非常重要的作用。不过图形界面也取决于游戏的类型，益智类游戏和动作类游戏各有不同的风格，如图 3-0-1 和图 3-0-2 所示。把握游戏的特征来设计游戏界面，同时要注重游戏界面的多样性和变化性，这样才能给玩家以亲切感和新鲜感。

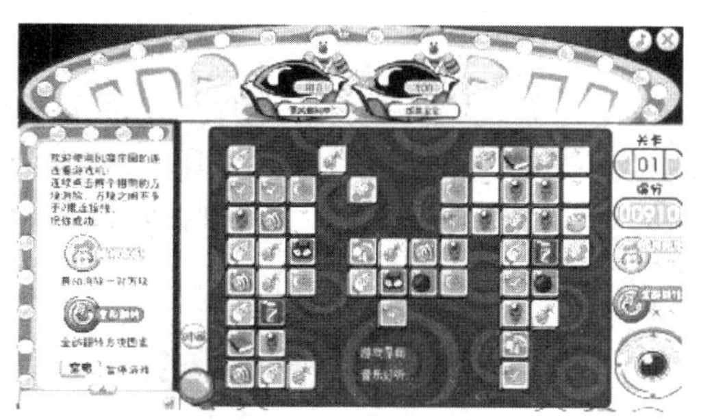
图 3-0-1　“连连看”益智类游戏界面

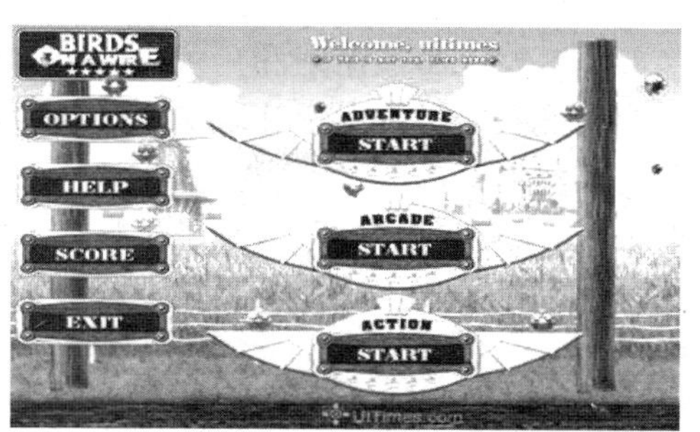

图 3-0-2　动作类游戏界面

（4）游戏的测试。

游戏制作完成后，会有很多因素影响游戏的性能，如游戏运行不够流畅，就需要检查是否由于图像太大而造成速度变慢。另外，编写脚本的执行效率也会影响游戏的性能。只有通过测试解决问题，才能使游戏处于最佳状态。

由于游戏的特殊性，所以游戏测试主要由两部分组成：一是传统的软件测试，二是游戏本身的测试。由于游戏特别是网络游戏，它相当于网上的虚拟世界，是人类社会的另一种方式的体现，所以测试的面很广。

3. Flash 游戏的种类

（1）动作类游戏。

凡是在游戏的过程中必须依靠玩家的反应来控制游戏中角色的游戏都可以被称为“动作类游戏”，在目前的 Flash 游戏中，这种游戏是最常见的一种，也是最受大家欢迎的一种，如图 3-0-3~图 3-0-5 所示。这类游戏的操作方法，既可以使用鼠标来操作，也可以使用键盘来操作。

图 3-0-3　大闹旋风岛

图 3-0-4　愤怒的小鸟

图 3-0-5　植物大战僵尸

（2）益智类游戏。

此类游戏也是 Flash 比较擅长的游戏，主要用来培养玩家在某方面的智力和反应能力。此类游戏的代表非常多，如牌类游戏、拼图类游戏和棋类游戏，等等，如图 3-0-6~图 3-0-8 所示。

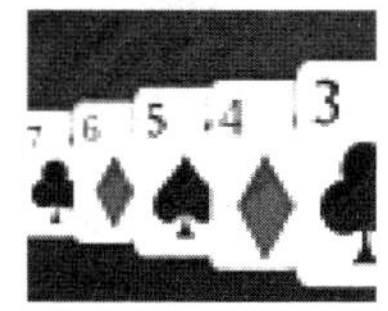
图 3-0-6　纸牌接龙

图 3-0-7　超级玛丽拼图

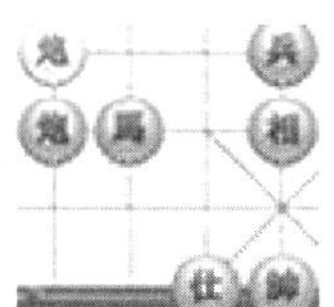

图 3-0-8　中华豪华象棋

（3）有奖竞猜类游戏和角色扮演类游戏。

有奖竞猜类游戏可以让玩家充分融入游戏，体会在游戏中的乐趣，如图 3-0-9 所示。角色扮演类游戏就是由玩家扮演游戏中的主角，按照设定好的剧情来进行游戏，游戏过程中会有一些解密或者和敌人战斗的情节，这类游戏在技术上不算难，但是因为游戏规模非常大，所以在制作上也会相当复杂，如图 3-0-10 和图 3-0-11 所示。

图 3-0-9　问答兔斯基

图 3-0-10　开心西游

图 3-0-11　武林传奇

（4）射击类游戏。

射击类游戏在 Flash 游戏中占有绝对的数量优势，通过鼠标或键盘控制对象发射的速度和角度等参数，如图 3-0-12~图 3-0-14 所示。

图 3-0-12　冲锋战队

图 3-0-13　火线风暴

图 3-0-14　狙击精英

4. Flash 游戏制作的经验与技巧

游戏是比动画更加复杂而具有连续的剧情、灵活的交互方式的一种动画形式。所以设计游戏时一定要一气呵成，形成一个有机的整体。

（1）美术设计的技巧。

游戏都离不开美术设计。因此，在使用 Flash 制作游戏之前，应该先使用相关的图形处理软件进行界面设计。其实，到目前为止，Flash 本身的矢量绘制功能已经很强大了，所以也可以直接在 Flash 中进行美术设计。对于复杂的处理，推荐使用 Photoshop 等处理软件。而如果需要大量的矢量图片，推荐使用 Illustrator、Freehand、CorelDRAW 等矢量绘制软件。在进行美术设计的时候，先将整个 Flash 游戏中的关键场景和相关元素的效果图绘制出来，如游戏界面、各种游戏角色等，如图 3-0-15 所示。在绘制的过程中，风格统一是关键。

图 3-0-15　游戏角色

（2）动画设计的技巧。

动画的流畅程度直接决定了游戏是否流畅。要做到动画流畅，需要使动画有明显的节奏感，并在结构上有明显的过渡，且过渡也要合理、流畅，不能生硬、唐突。要按照设计好的效果图来具体设计整个动画，其实也就是用各种动态效果把静态效果图中的元素串联起来。

（3）声音设计的技巧。

游戏结构设计完成后，声音设计就可以开始了，可以和美术设计同步。声音的设计与处理最重要的原则就是协调。如果素材库的声音不能满足要求，就可以使用电脑音乐处理软件进行处理，如 Audition、Sound Forge、Cake walk、TT 作曲大师等软件。

（4）游戏片头动画制作的技巧。

游戏片头可以使玩家了解游戏，也能够起到吸引玩家的作用，所以应该重视游戏片头的制作。一个游戏片头动画，动画的开始一般是一段渐起的音乐，风格柔和唯美；随着音乐的渐强达到高峰，也就进入了动画的第二个阶段，这是动画主题也是信息传达的主要时期；在连续高速的动画过后音乐戛然而止，进入结束画面，即整个动画的结尾。这种节奏适合做游戏的片头动画，叙事性强。

节奏起伏还可以有很多种，如快慢交替，但不管是什么节奏，都是为游戏的风格服务的。在制作 Flash 游戏片头动画时，一定要注意整体节奏，以及节奏与传达概念之间的联系。

（5）游戏的特效节奏控制的技巧。

Flash 游戏需要对特效的节奏进行控制。不同的动画节奏，需要不同的动画效果来处理。节奏悠扬舒缓，元素的动画效果则多采用移动、淡入淡出、条形遮罩、单线条等表现方式；节奏紧张、快捷的动画效果则多采用闪动、迅速位移、旋转、耀眼光芒等表现形式。

（6）动态内容变换技巧。

Photoshop 有动态模糊滤镜，动态模糊是模拟人眼看到运动的物体时的样子。由于人眼的视觉停留现象，运动的物体都会沿着它的运动路径被拉长， Flash 可以模拟动态模糊效果。

当需要物体位移时，可以采用经过高斯模糊处理后的物体替代。在运动结束时都可以应用在 Flash 中，如表现镜头的高速缩放、高速旋转等。

（7）游戏的速率设置技巧。

游戏的速率即每分钟播放的帧数，速率设置合适与否直接影响了动画的播放速度、占用的 CPU 资源大小，最重要的是关系到游戏是否流畅。游戏的速度越高，占用的 CPU 资源越多。Flash 的默认 FPS 为 12，但是一般情况下 12～48 是一个合理的取值范围，在这个速率段内的动画显得非常流畅，同时耗费资源也不是很严重。

（8）游戏的加速度处理技巧。

现实世界的物理、数学原理经常被应用到游戏中模拟现实。这里以加速度为例，讲解如何处理加速度。加速度就是速度的变化率，在讲解 Motion 动画时已经讲过如何设置。加速度在动画中的应用，是使元素的运动更接近自然界的运动，例如，物体呈上抛运动的时候，速度应该是越来越慢的，而下落的物体则应该是越来越快的。从运动到静止的物体由于摩擦力的影响都是逐渐减速的，反之是逐渐加速的。掌握好物体运动的加速度，是把握物体运动更自然、更人性化的重要因素。

（9）速度产生视觉冲击的技巧。

速度本身就产生了视觉冲击，但在众多高速运动的物体中，缓慢运动的物体反而更引人注目。因此高速、变速、跟周围环境差异大的运动速度，都能给人带来一定的视觉影响。

5. ActionScript

1）ActionScript 的常用术语

与任何脚本编写语言一样，AcitonScript 也使用自己的术语。以下将对 AcitonScript 的术语进行介绍。

动作：播放 SWF 文件时指示 SWF 文件执行某些任务的语句。例如，gotoAndStop()可将播放头放置到特定的帧或标签。

布尔值：有 true 或 false 值。

类：可以创建并定义类的属性和方法的函数，是类定义中与类同名的函数。例如，可以用以下代码定义一个 Circle 类并实现一个构造函数。

```
//文件 Circle.as
 class Circle{
     private var radius:Number
     private var circumference:Number
     //构造函数
     function Circle(radius: Number)
       circumference=2*Math.PI*radius;
     }
 }
```

在基于特定的类创建对象时，也会使用构造函数。以下语句是内置 Array 类和自定义 Circle 类的构造函数。


```
my_array: Array = Array();
my_circle: Circle = new Circle;
```

数据类型：描述变量或 ActionScript 元素可以包含的信息种类。ActionScript 数据类型包括字符串、数字、布尔值、对象、影片剪辑、函数、空置、未定义等。

事件：SWF 文件播放时发生的动作。例如，在加载影片剪辑、播放头进入帧、用户单击按钮或影片剪辑，或者用户按下键盘按键时均会产生不同的事件。

事件处理函数：管理注入 MouseDown 或 load 等事件的特殊动作，ActionScript 事件处理函数共有两类：事件处理函数方法和事件侦听器（还有两种事件处理函数 on()和 onClipEvent()可以将它们直接分配给按钮和影片剪辑元件）。在“动作”工具箱中，每个具有事件处理函数方法或事件侦听器的 ActionScript 对象都有一个名为 Events 或者是 Listeners 的子类。

表达式：代表值的 ActionScript 元件的任意合法组合。表达式由运算符和操作数组成。例如，在表达式“X+2”中，“X”是操作数，“+”是运算符。

函数：可以向其传递参数并能返回值的可重复使用的代码块。

标示符：用于表示变量、属性、对象、函数或方法的名称。它的第一个字符必须是字母、下画线“_”或美元记号“＄”。每个后续字符必须是字符、数字、下画线或美元符号。例如，firstName 就是一个变量的名称。

实例：属于某个类的对象。类的每个实例均包含该类的所有属性和方法。例如，所有的影片剪辑实例都是 MovieClip 类的实例，因此可以将 MovieClip 类的任何方法或属性用于任何影片剪辑实例。

实例名称：脚本中用来表示影片剪辑实例和按钮实例的唯一名称。可以使用“属性”面板为舞台上的实例指定实例名称。例如，“库”中的主元件可以命名为 counter，而 SWF 文件中该元件的两个实例可以使用实例名称 scorePlayer1_mc 和 scorePlayer2_mc。下面的代码用于实例名称

```
_root. scorePlayer1_mc.score+=1;
_root. scorePlayer2_mc.score-=1;
```

设置每个影片剪辑实例中命名为 score 的变量。

可以在命名实例时使用特殊的后缀，以便在编写代码时显示代码提示。

关键字：有特殊含义的保留字。例如，var 是用于声明本地变量的关键字。不能使用关键字作为标识符，var 不是合法的变量名。

方法：与类关联的函数。例如，getByterLoaded()是与 MovieClip 类相关联的内置方法。

也可以为基于内置类的对象或为基于创建类的对象创建充当方法的函数。例如，在以下所示的代码中，clear()成为先前定义 conroller 对象的办法；

```
function reset(){
    this.x_pos = 0;
    this.x_pos = 0;
}
conteoller.clear = reset;
controller.clear();
```

对象：属性和方法的集合；每个对象都有其各自的名称，并且都是特定类的实例。内置对象是在 ActionScript 语言中预先定义的。例如，内置的 Date 对象可以提供系统时钟的信息。

运算符：通过一个或多个值计算新值的术语。例如，加号“+”的运算符可以将两个或多个值相加，从而产生一个新值。运算符处理的值称为操作数。

参数：也称为参量，适用于向函数传递值的占位符。例如，下面的 welcome()函数使用方法参数 firstName 和 hobby 中接收到的两个值。

```
function welcome(firstName, hobby){
    welcomeText = “Hello, ”+firstName+“I see you enjoy”+ hobby;
}
```

包：位于指定的类路径目录下，包含一个或多个类文件的目录。

属性：定义对象的特性。例如，_visible 是定义影片剪辑是否可见的属性，所有影片剪辑都有此属性。

目标路径：SWF 文件中影片剪辑实例名称、变量和对象的分层结构地址。可以在影片剪辑实例“属性”面板中对影片剪辑实例进行命名（主时间轴的名称始终为_root）。可以使用目标路径引导影片剪辑中的动作，或者获取设置变量的值。例如，下面的语句就是指向影片编辑 stereoControl 内的变量 volume 的目标路径。

```
_root.stereoControl.voume;
```

变量：包含任何数据类型的值的标识符。可以创建、更改和更新变量，可以检索变量中存储的值是否在脚本中。在下面的语句中，等号左侧的标识符是变量。

```
var x = 5;
var name = “Lolo”
var c_color = new Color (mcinstanceName);
```

2）ActionScript 的语法规则

与其他的脚本语言一样，Flash 的 Action 语句也定义了一套自己的语法规则。

（1）点操作。

在 ActionScript 中，一个点“.”被用来指明与某个对象或影片剪辑元件相关的属性和方法，它也被用于标记一个媒体对象和变量对象的路径。

点语法表达式由对象或影片剪辑实例名称组成，其后加点，最后指定属性和方法。

例如：

m._x=0；m. _y=0; 是由对象 m 的_x 和_y 的属性或者变量构成的。

其中，“m”表示在“属性”面板中为该对象命名的名称。“_x”表示对象在舞台中的 *x* 轴坐标。“_y”表示对象在舞台中的 *y* 轴坐标。

在“动作”面板中输入“m._x=0；m. _y=0;”，然后执行“控制→测试影片”命令，即会发现无论该对象在制作时放在何处，在播放时显示的位置总是(0,0)。

点语法用了两个特殊的别名“_root”创建了一个绝对路径。例如，下面的语句用来指明完成影片剪辑元件 tiao 的 stop 方法。

```
_root . tiao.stop();
```

（2）定界符。

① “/”语法：在 Flash 版本较低时使用的，用于指定路径，如将 fruit.banana: _y 表示为 frui/banana：_y。

虽然用“/”语法也可以指定路径，但是现在它已经不是标准语法了，所以在编辑中最好不使用“/”语法。

② “{}”和“()”语法：动作中的一组语句可以被一对花括号“{}”括起来，成为一个语句组。在由多个动作状态组成的语句中，使用花括号可以有效地区分各语句的层级和从属关系。

例如，下面的语句

```
On(release){
  mydate=new date();
  currentmonth=mydate.getmonth();
}
```

在上述语句中有“{}”和“()”，其中“{}”用来将脚本划分为不同的模块，而“()”是用来放置参数。若“()”为空则表示没有任何参数传递，如 data 中的“()”就是空的，这就表示 data 中没有参数传递。另外，“()”也可以用来改变 ActionScript 的运算优先级，或者使用自己编写的 ActionScript 语句，这样更容易阅读。

③ “;”语法：ActionScript 语句用分号作为结尾。但是并不严格要求遵守这一规则，也可以将后面的分号省略。

④ “//”语法：主要用来注释脚本的代码，这样可以方便其他人员阅读或修改脚本，也能提高脚本的共享性和可维护性。例如，下面的语句

```
On(release){
  //单击跳转到第5帧
   gotoAndPlay(5)
}
```

“//”语法指示脚本注释的开始。任何出现在注释分隔符“//”和行结束符之间的字符都

被动作脚本解释程序解释为注释并忽略。

```
//记录ball影片剪辑的x位置
ballX = ball. _x;
//记录ball影片剪辑的y位置
ballY = ball. _y;
//记录bat影片剪辑的x位置
ballX = bat. _x;
//记录bat影片剪辑的y位置
ballY = bat. _y;
```

除了用“//”来添加代码的注释，也可以使用“/*”和“*/”的组合来添加脚本代码的注释。用这种方法可以对多行代码注释，因为“//”只能注释单行代码，而任何出现在注释开始标签“/*”和注释结束标签“*/”之间的字符都被动作脚本解释程序解释为注释并忽略。在使用注释分隔符时，如果不使用结束标签“/*”就会返回一个错误信息。例如，下面的脚本在脚本的开头就用了注释分隔符。

```
/* 记录ball和bat影片剪辑的x和y位置*/
ballX = ball. _x;
ballY = ball. _y;
ballX = bat. _x;
ballY = bat. _y;
```

（3）字母大小写。

在 Flash 中，对命令、关键词和标签等是区分大小写的，即标签 A 和 a 是不同的两个对象，但对于其余的 ActionScript 元素则不区分大小写。例如，下面两条语句的含义相同。

```
AIR.hilite=true; / air. hilite=rrie;
```

使用一致的大小写是一个良好的习惯，这样在阅读 ActionScript 代码时更容易理解区分函数和变量的名称。

（4）表达式。

表达式就是将数值、变量、运算符以及关键字组合起来的 ActionScript 语句。可以通过表达式来执行多项任务，如设置变量的值、定义要控制的目标、确定要跳转的帧编号等。例如，下面的脚本就是利用表示式计算要跳转的帧编号。

```
On(rollover)
 frameNumber=random(50)
 gotoAndPlay(frameNumber)
}
```

在表达式中，表达式计算的优先级就是指表达式运算的先后顺序，ActionScript 语句中的优先级顺序同数字中的运算顺序是一样的。例如，计算表达式（10+15）*2/4 的值时，应先计算括号中的“10+15”，其值为“25”，再计算 25*2，值为 50，最后计算 50/4。

3）基本语句

（1）if 语句。

当 ActionScript 执行到这里时，会先判断条件式中的条件是否为真，若结果为真，则执行“{}”内的语句，执行完毕后再继续执行后续的语句；若结果为假，则跳过 if 语句，而直接执行后续语句。

例如，下面的条件语句：

```
If(weather== “hot” ){
  gotoAndPlay( “home” );
}
```

（2）if…else 语句。

if…else 的语法格式如下：

```
if(condition){statement(a); }
else{statement(b); }
```

当 if 语句的条件式（condition）的值为真时，执行 if 语句的内容，跳过 else 语句；反之，将跳过 if 语句，直接执行 else 语句的内容。例如，下面的条件语句：

```
input= “film”
if(input==Flash&&passward==123){gotoAndPlay(play);}
else{gotoAndPlay(wrong);}
```

这个例子和上一个例子相比多了个 else，但第 1 种 if 语句和第 2 种 if 语句（if…else）在控制流程上是有区别的。在第 1 个例子中，若条件式值为真，将执行 gotoAndPlay(play) 语句，然后执行 gotoAndPlay(wrong) 语句。而在此例中，若条件式值为真，将只执行 gotoAndPlay(play) 语句，而不执行 gotoAndPlay(wrong)语句。

（3）if…else if…语句。

if…else if…的语法格式如下：

```
  if(condition1){
      statement(a);
}
else if(condition1){
      statement(b);
}
```


这种形式 if 语句的原理如下：当 if 语句的条件式 condition1 的值为假时，判断接下来的一个 else if 的条件式，若仍为假，则继续判断下一个 else if 条件式，直到某一个 else if 的条件式值为真，执行{}中的语句之后跳出 if 条件判断，执行后续语句。

（4）while 语句。

该语句用来实现“当”循环，即当满足条件时就执行循环{}内的语句，否则就跳出这个循环。ActionScript 执行这个语句时，会先判断条件表达式的值是否为真，若为真，则执行循环体中的语句，且每次执行完成后都会再一次判断条件以决定是否继续执行循环体中的语句，否则就会跳过此语句。例如，下面的语句：

```
i=0;
myphrase= “”;
while(I<=6){}
```

（5）For 语句。

for 循环用于循环访问某个变量以获得特定范围的值。必须在 for 语句中提供 3 个表达式：一个设置了初始值的变量，一个用于确定循环何时结束的条件语句，以及一个在每次循环中都更改变量值的表达式。其语句格式如下：

```
For(初始值; 条件){
循环语句;
  }
```

任务背景

Flash 作为一款目前最流行的网络动画制作软件，其强大的功能不仅可以轻松地制作动画，还可以完成其他意想不到的工作。例如，制作简单的小游戏，这项任务对大多数学生来说是非常有趣的。

任务分析

学生已经有了一定动画制作基础，掌握了“属性”面板、工具箱的使用方法。通过本任务的教学，将掌握实例声效的添加和色调的变化设定，并通过巧妙的设计以实现生动、有趣、好玩的动画效果。

任务实施

1. 新建文件，导入素材

（1）启动 Flash 软件。

（2）确立文档属性。设置动画尺寸为 400 像素×550 像素，其他为默认设置，如图 3-1-1 所示。单击“确定”按钮，进入“场景 1”工作区。

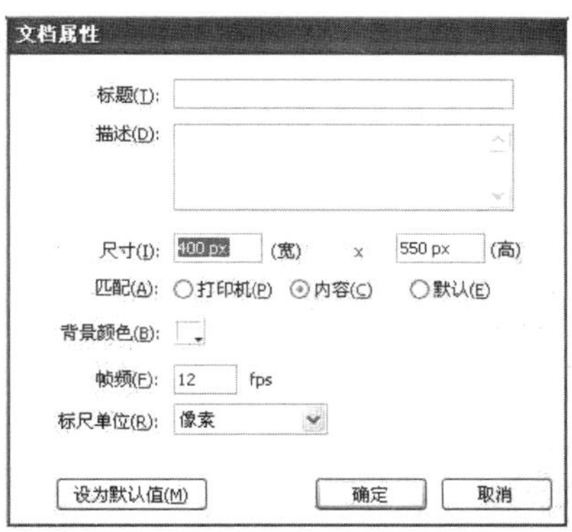

图 3-1-1 “文档属性”对话框

（3）将准备好的素材导入到库中。

2. 创建影片剪辑元件

（1）执行“插入→新建元件”命令，建立一个名为“虎啸”的影片剪辑元件，单击“确定”按钮，进入元件编辑区。选中“图层 1”中的第 1 帧，从库中拖动“虎啸.mp3”到舞台，按 F5 快捷键播放，待播放完时松开。

（2）执行“插入→新建元件”命令，建立一个名为“怪笑”的影片剪辑元件，单击“确定”按钮，进入元件编辑区。选中“图层 1”中的第 1 帧，从库中拖动“怪笑.mp3”到舞台，按 F5 快捷键播放，待播放完时松开。

（3）双击库中的“小精灵”影片剪辑元件，进入该元件编辑区。其素材图如图 3-1-2 所示，该 GIF 动画一个图层 2 帧，选中第 1 帧，用文本工具在小精灵的下边输入“逗你玩”，颜色、字体、规格随意。选中第 2 帧，选中“逗你玩”实例，按方向键向右移动两个像素，上锁。复制这 2 帧，一直向后粘贴至第 74 帧。添加一个“声效”图层，选中第 1 帧，从库中拖动“怪笑”影片剪辑元件到舞台，在第 74 帧插入帧，上锁，如图 3-1-3 所示。

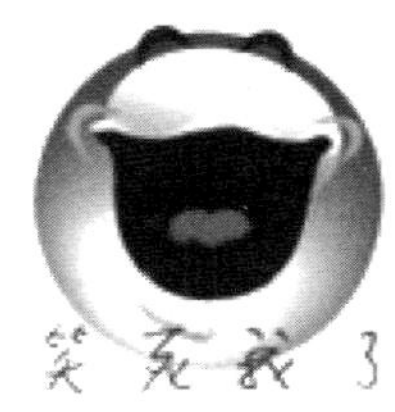

图 3-1-2　小精灵

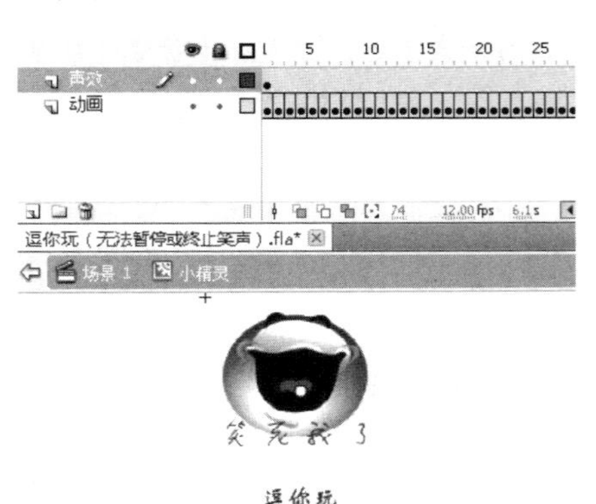

图 3-1-3　添加图层效果图

（4）执行“插入→新建元件”命令，建立一个名为“美女”的影片剪辑元件，单击“确定”按钮，进入元件编辑区。添加两个图层，共 3 个图层。下层命名为“美女”，中层命名为“提示”，上层命名为“as”。

① 选中“美女”图层第 1 帧，从库中拖动“美女”素材到舞台，设置其规格为 400 像素×550 像素，全居中。在第 20 帧处插入帧，上锁。其素材如图 3-1-4 所示。

图 3-1-4　“美女”素材

图 3-1-5　输入文本

② 选中“提示”图层第 1 帧，用文本工具在美女两侧输入竖向的“看着我的眼睛，会有意外惊喜”字样，颜色、字体、规格随意。框选该实例将其转换为图形元件，在第 10 帧处插入关键帧，选中第 1 帧上的实例，在“属性”面板设置其 Alpha 值为 0%，并创建本区域间的运动补间动画，上锁。

③ 选中“as”图层的第 10 帧，插入空白关键帧。选中该帧，按“F9”快捷键，打开动作面板，在 as 编辑区输入停止指令：stop();，如图 3-1-5 所示。

（5）使用“插入→新建元件”命令，建立一个名为“老虎”的影片剪辑元件，单击“确定”按钮，进入元件编辑区。添加一个图层，共两个图层。下层命名为“老虎”，上层命名为“声效”。

① 选中“老虎”图层的第 1 帧，从库中拖动“老虎”位图到舞台，设置其规格为 400*550（像素），全居中。框选该实例将其转换为图形元件。在第 5 帧、第 10 帧处插入关键帧，选中第 5 帧上的实例，在“属性”面板调整为“色调”、“30%”，并将其规格放大为 500*688（像素），上锁。

② 选中“声效”图层的第 1 帧，从库中拖“老虎”影片剪辑元件到舞台，在第 10 帧处插入关键帧，上锁，如图 3-1-6 所示。

3. 编辑制作场景

返回场景 1，添加 3 个图层，共 4 个图层。自下而上分别命名为“美女”“老虎”“边框”“as”。

（1）选中“美女”图层的第 1 帧，从库中拖动“美女”影片剪辑元件到舞台，居中，如图 3-1-7 所示。

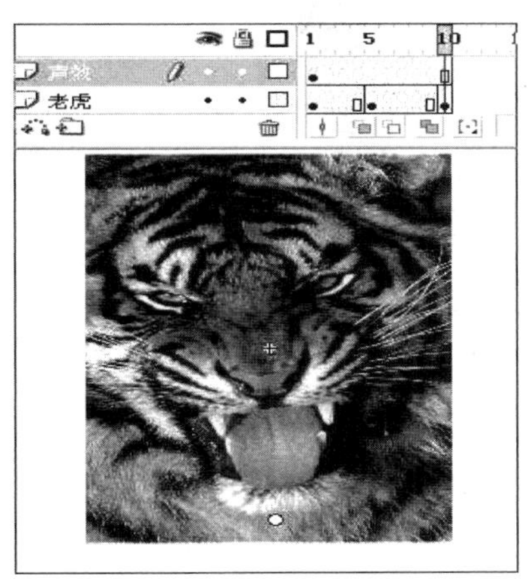

图 3-1-6 添加“老虎”素材

图 3-1-7 添加“美女”影片剪辑元件

（2）在第 125 帧处插入空白关键帧，再在第 240 帧处插入一个空白关键帧，从库中拖动“小精灵”影片剪辑元件到舞台上方场景之外，水平对齐。在第 250 帧处插入关键帧并将该实例等比放大一些，选中第 240 帧上的实例，在“属性”面板设置其 Alpha 值为“0%”，并创建本区域间的补间动画，上锁，如图 3-1-8 所示。

（3）选中“老虎”图层的第 120 帧，插入空白关键帧，从库中拖动“老虎”影片剪辑元件到舞台，全居中。在第 125 帧、第 240 帧、第 245 帧处插入关键帧。选中第 120 帧上

的实例设置其 Alpha 值为“0%”，并创建本区域间的补间动画，如图 3-1-9 所示。

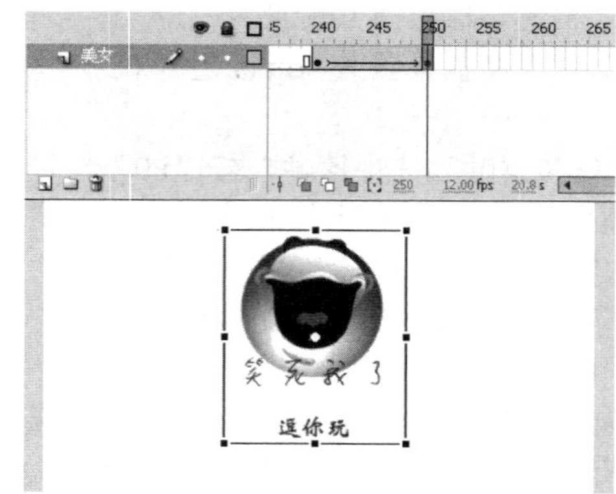

图 3-1-8　补间动画

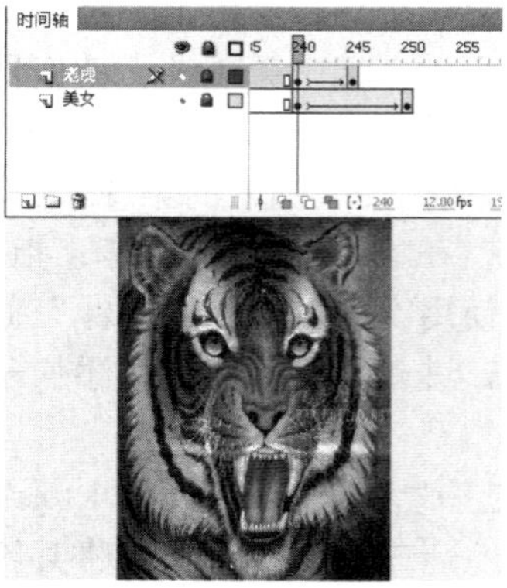

图 3-1-9　“老虎”动画

（4）再选中第 245 帧上的实例，设置其 Alpha 值为“0%”。选中第 240 帧，创建本区域间的补间动画，上锁。

（5）选中“边框”图层的第 1 帧，导入或制作一个边框，规格为 400 像素*550 像素，居中，在第 250 帧处插入帧，上锁，如图 3-1-10 所示。

图 3-1-10　边框位置

（6）选中“as”图层的第 250 帧，插入空白关键帧，按“F9”快捷键，打开“动作”面板，在 AS 编辑区输入停止指令“stop();”，锁定该图层。

4. 测试存盘

完成后的时间轴应如图 3-1-11 所示，测试后保存。

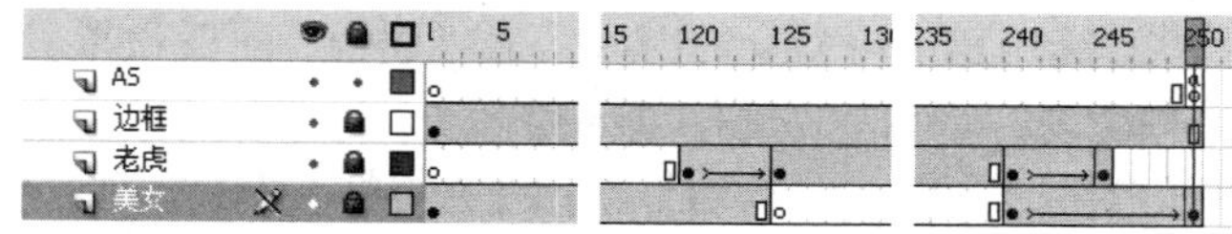

图 3-1-11　时间轴

归纳提高

（1）本任务难度不大，是一个简单有趣的动画小品，其关键在于取材和创意。

（2）如果要使小品更加恐怖，则可将老虎换成鬼脸并加入光亮，声效也可以换成更为恐怖的 MP3 音效。

活动任务 2　乘法游戏

任务背景

有一个学生从小就对计算器充满了好奇，一心想弄明白：为什么计算机能将输入的数值计算得又快又准确？为拨开学生心中的谜团，设计乘法小游戏，用以解决学生的疑问。

任务分析

在主场景中制作动态文本框，用于输入数字，制作结果提示信息的影片剪辑元件，再制作结果按钮元件，显示计算结果。把所有元件拖动到主场景中布置场景。最后，给每个影片剪辑元件和结果按钮元件编写脚本，实现它们的功能。

任务实施

1. 数字文本框的创建

（1）运行 Flash 以后，按“Ctrl+N”组合键，新建一个文件。

（2）为了创建九九乘法表的问题部分，在工具箱中选择“文本工具” T。在“属性”面板中选择“动态文本”选项，如图 3-2-1 所示。

（3）在舞台上创建可以放入一位数字的文本框，如图 3-2-2 所示。在“属性”面板的实例名称文本框中输入“Text1”，如图 3-2-3 所示。

图 3-2-1　动态文本

图 3-2-2　数字文本框

（4）利用同样的方法，再创建一个文本框，如图 3-2-4 所示。

图 3-2-3　Text1

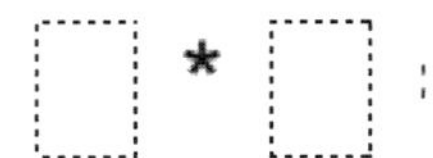

图 3-2-4　动态文本框

（5）在“属性”面板的实例名称文本框中输入“Text2”，如图 3-2-5 所示。

图 3-2-5　Text2

（6）在“属性”面板中选择“静态文本”选项以后，在字符和字符之间输入“*”和“=”符号，如图 3-2-6 所示。

图 3-2-6　静态“*”和“=”

2. 动态文本框的创建

（1）在“属性”面板中选择“输入文本”选项以后，在“最多字符数”文本框中输入“2”。单击“在文本周围显示边框”按钮，并在实例名称文本框中输入“userText”，如图 3-2-7 所示。

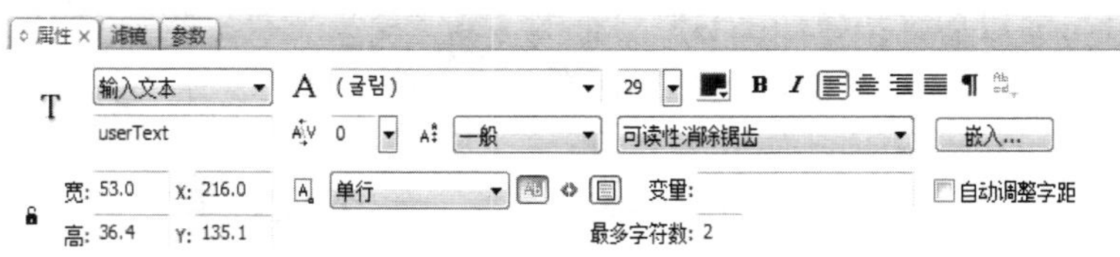

图 3-2-7　userText

（2）在“=”字符后面创建一个可输入两位数字大小的文本框，如图 3-2-8 所示。

（3）在“库”面板中将 Result 按钮拖动到舞台上，如图 3-2-9 所示。

图 3-2-8　文本框　　　图 3-2-9　按钮

3. 拖入元件设置实例名称

（1）将“ok”影片剪辑元件和“fail”影片剪辑元件拖动到舞台上，如图 3-3-10 所示。

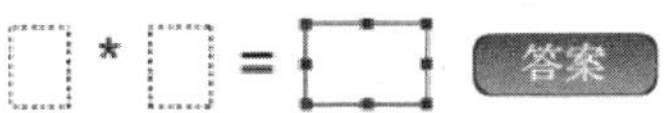

ok

fail

图 3-2-10　拖放影片剪辑元件

（2）在“属性”面板中将“ok”影片剪辑元件实例名称设置为“ok”，并把“fail”影片剪辑元件的实例名称设置为“fail”，如图 3-2-11 所示。

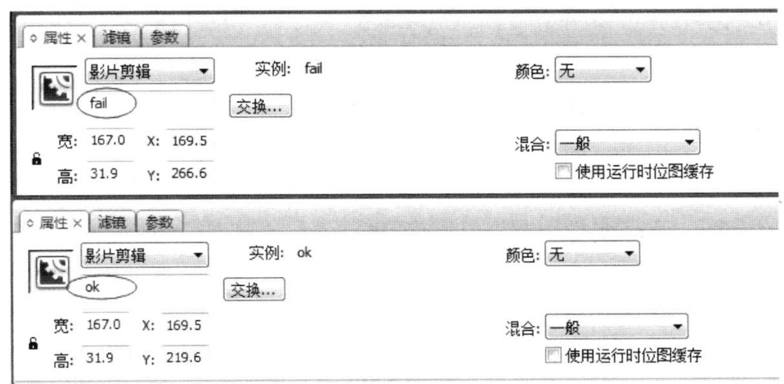

图 3-2-11　命名实例名称

4. 代码命令设置

（1）创建一个新图层后，选中新图层上的第 1 帧，并按下 F9 快捷键，打开动作面板后，再输入下一个 ActionScript，如图 3-2-12 所示。

```
on(release){
    if(multi == userText.text){
        _root.ok._visible = true;
    }else{
        _root.fail._visible = true;
    }
}
```

图 3-2-12　第 1 帧代码

（2）在舞台上选中 Result 按钮后，按下 F9 快捷键，打开“动作”面板后，输入以下的 ActionScript，如图 3-2-13 所示。

（3）按“Ctrl+Enter”组合键，测试影片。在输入窗口中输入答案后，单击“确定”按钮，确认是不是正解。

```
stop();

for(i=1; i<=2; i++){
    _root["Text"+i].text = random(10);


multi = _root.Text1.text * _root.Text2.text;

_root.ok._visible = false;
_root.fail._visible = false;
```

图 3-2-13　Result 按钮代码

归纳提高

循环语句

与条件判断语句一样，循环语句也是最具有实用性的语句，在满足条件时程序会不断重复执行，直到设置的条件不成立才结束循环，继续执行下面的语句。

最常用的 for 循环语句和两个动作语句 nextFrame()、prevFrame()。

1. for 循环语句格式

For 循环语句的格式如下：

For(变量初始值；循环条件；进入下一循环){

条件成立时执行的动作}

其中，nextFrame()进入下一帧并停止在该帧。

prevFrame()表示返回前一帧并停止在该帧。

2. for () 循环语句应用

图 3-2-14 所示为简单的线条变幻特效，单击“删除”按钮，线条会全部消失，单击“向右”按钮，会显示另一个特效，如果不单击“删除”按钮而直接单击“向右”按钮，会显示另一个特效。这个效果就是运用 for 循环语句对一个含有简单动作补间动画、实例名称为“line”的影片剪辑元件进行循环复制实现的。下面简单介绍代码部分。

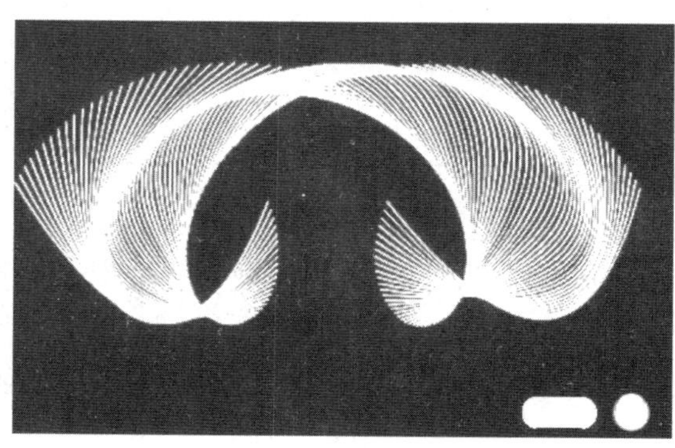

图 3-2-14　“变幻曲线”效果图

1）场景分析

场景上建立“按钮”“mc”“as” 3 个图层，如图 3-2-15 所示。

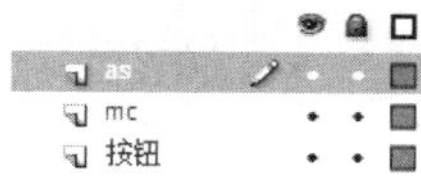

图 3-2-15 图层设置

在“按钮”图层的第 1 帧上添加一个“删除”按钮和一个“向右”按钮，在第 2 帧上添加一个“返回”按钮；在“mc”图层上是一个实例名为“line_mc”的影片剪辑元件，如图 3-2-16 所示。

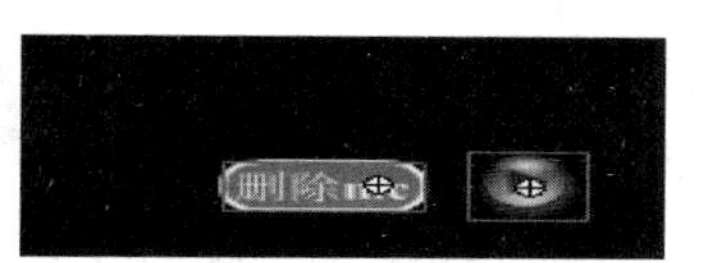

（a）第 1 帧元件

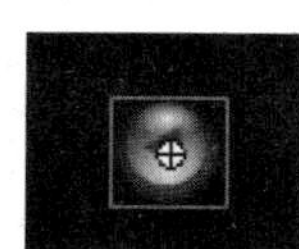

（b）第 2 帧元件

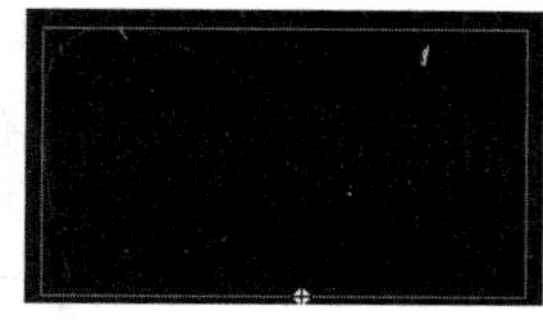

（c）“line_mc”影片剪辑

图 3-2-16 元件

2）代码设置

（1）在“as”图层第 1 帧上的语句：

```
stop();
line_mc._x=120;
line_mc._y=220;
line_mc._visible= 0; //设置作为父本的影片剪辑“line_mc”不可见
for (i=1; i<100; i++) { /*设定变量i的初始值为1，设定循环条件为i<100，进入下一循环时变量i自加1*/
line_mc.duplicateMovieClip("line_mc"+i, i); //复制新影片剪辑元件
_root["line_mc"+i]._x = line_mc._x+3*i; //设置新复制的影片剪辑的横坐标
_root["line_mc"+i]._rotation = 3.6*i; //设置新复制的影片剪辑的旋转参数
}
```

（2）“删除”按钮上的语句：

```
on (release) {
for (i=1; i<100; i++) {
removeMovieClip("line_mc"+i);
}
}
```

（3）“向右”按钮上的语句：

```
on (release) {
nextFrame(); // 进入并停止在下1帧
}
```

（4）在“as”图层第 2 帧上的语句。

```
for (i=2; i<100; i=i+2) {
line_mc.duplicateMovieClip("line_mc"+i, i);
```

```
_root["line_mc"+i]._x = line_mc._x+3*i;
}
```

（5）“返回”按钮上的语句：

```
on (release) {
prevFrame(); //返回前一帧
}
```

3）语句的执行过程分析

影片开始播放时停留在第 1 帧上，将被复制的父本影片剪辑元件在场景上的坐标定义到（120，200）位置，并使其不可见，接下来根据 for 语句小括号“()”里设置的参数，开始执行循环体内的语句。第 1 个参数定义了变量 i 被赋予初始值为“1”，第 2 个参数定义了循环的条件为 i<100，当满足这个条件时，将循环执行大括号“{}”内的语句块，第 3 个参数 i++，定义了在每一次循环结束时 i 的值加 1，直到超过 i<100 的条件停止循环。

循环体大括号“{}”内的动作是复制实例名称为“line_mc”的影片剪辑元件，并将新复制的影片剪辑元件命名为“line_mci”，层深度为“i”，设置其横坐标位置为场景上的父本“line_mc”影片剪辑元件的横坐标加上“3*i”像素，并旋转 3.6*i 度。

当循环开始时，i 的值为 1，符合 i<100 的条件，于是复制出第一个新影片剪辑元件，名称为“line_mc1”，在父本元件“line_mc”的位置上右移 3 个像素，并旋转 3.6 度。至此第一次循环结束，i 的值加 1。继而进行下一轮循环。

如此不断地循环，直至 i 的值为 100 时，超出了设置的条件，于是循环结束，停止复制“line_mc”影片剪辑元件。

此时，场景上新复制出的影片剪辑元件以横向相差 3 像素、旋转相差 3.6 度等距排列并同时播放，从而形成了有规律、奇妙变幻的特效。

再来分析“删除”按钮上的语句，与第 1 帧上的循环条件一样，差别只是循环体内执行的动作不同，当满足条件时，循环删除上一步新复制出的所有影片剪辑元件。

单击“向右”按钮时，播放头进入第 2 帧，再按照新的循环条件循环复制线条，并为新复制的线条赋予新的属性值。

可以看到，第 2 帧的语句里，循环条件里面 i 的初始值为 2，每循环一次 i 递增 2，设置的层深度为 i，即每个复制出的新影片剪辑元件所占用的都为偶数深度层。

新影片剪辑元件的属性设置与第 1 帧上所不同的仅仅是减去了旋转属性的设置，我们看到的也是第 2 种特效。

如果在第 1 帧不单击“删除”按钮而直接单击“向右”按钮，我们会看到第 3 种特效。这是由于上一次复制的影片剪辑元件没有删除，在第 2 帧上所有偶数深度层上的线条被新复制出的线条替换掉了，而奇数深度层上原来的线条则保留了下来，由此就组合出了另一种效果。

单击第 2 帧上的“返回”按钮，播放头回到第 1 帧，再一次按照第 1 帧的动作脚本循环复制“line_mc”影片剪辑元件，于是第 1 种特效又出现在场景上。

在设置循环语句的条件时，必须注意条件的逻辑性和合理性，特别要避免程序陷入死循环。

任务拓展

利用实例“变换曲线”源文件，按以下要求完成练习。

（1）在第 1 帧用 for 语句复制出 60 根线条，通过设置旋转属性形成一个变幻的圆环状特效，并居中显示。

（2）单击“向右”按钮，即可在第 2 帧复制出 100 根线条，通过设置其 Y 坐标属性、横向缩放属性和旋转属性形成第 2 个特效，并居中显示。

（3）单击第 2 个特效画面的“向左”按钮，返回第 1 个特效；单击“向右”按钮，显示第 3 个组合特效。

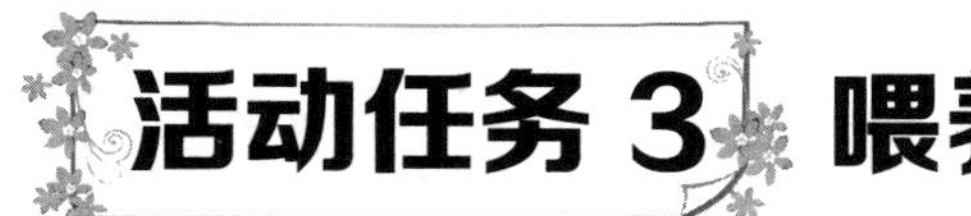

活动任务 3 喂养小动物

任务背景

鉴于学生对网络中较为流行的鼠标拖动类配对游戏比较感兴趣，学生也已经熟练掌握了影片剪辑元件的创建方法，对 for()语句也有了初步的认识，本任务将解密此类游戏的简单制作方法。

任务分析

本任务通过设置几组影片剪辑元件，通过代码实现鼠标拖动达到相互匹配的效果，同时设置一个“再玩一次”按钮，实现多次“食物”与“宠物”间的联系，同时，每次拖动匹配成功后都会获得积分奖励，以激发学生对这一任务的好奇心。

任务实施

1. 创建鱼元件

（1）使用组合键“Ctrl+F8”，在弹出的“创建新元件”对话框中设置“名称”为“鱼”，类型为“影片剪辑”，单击“确定”按钮，如图 3-3-1 所示。

图 3-3-1 新建“鱼”元件

图 3-3-2 “鱼”素材

（2）导入“鱼”素材，如图 3-2-2 所示。

2. 创建其他元件

（1）使用组合键“Ctrl+F8”，在弹出的“创建新元件”对话框中设置“名称”为“胡萝卜”，“类型”为“影片剪辑”，完成后单击“确定”按钮。

（2）导入“胡萝卜”素材，如图 3-3-3 所示。

（3）使用组合键“Ctrl+F8”，在弹出的“创建新元件”对话框中设置“名称”为“骨头”，“类型”为“影片剪辑”，完成后单击“确定”按钮。导入“骨头”素材，如图 3-3-4 所示。

图 3-3-3 “胡萝卜”素材

图 3-3-4 “骨头”素材

3. 设置实例名称

（1）在舞台中选中小狗图形，在“属性”面板中设置“影片剪辑”的实例名称为 mc1，如图 3-3-5 所示。将舞台中的“兔”影片剪辑元件命名为 mc2，“猫”影片剪辑元件命名为 mc3，如图 3-3-6 所示。

图 3-3-5 mc1

图 3-3-6 mc2

（2）单击“插入图层”按钮，新建“图层 3”，然后从库中分别拖动“骨头”“胡萝卜”和“鱼”影片剪辑元件到舞台中，并调整好位置，并分别设置“骨头”“胡萝卜”和“鱼”的实例名称为 f1、f2、f3，如图 3-3-7 所示。

图 3-3-7 “图层 3”属性

4. 输入文字

单击“插入图层”按钮，新建“图层 4”，再单击“文本工具”按钮 T，在舞台中输入相关文字，文字大小、颜色以及字体根据画面效果进行设置。

5. 添加动作

（1）新建“图层 5”，按下 F9 快捷键，在打开的动作面板中双击“时间轴控制”中的“stop”动作，添加相应语句到右侧的脚本文本框中，如图 3-3-8 所示。继续设置动作，完成后，在动作面板中继续添加如图 3-3-9 所示的代码。

（2）为骨头添加动作，在舞台中选中“骨头”元件，然后在动作面板中添加代码，如图 3-3-10 所示。

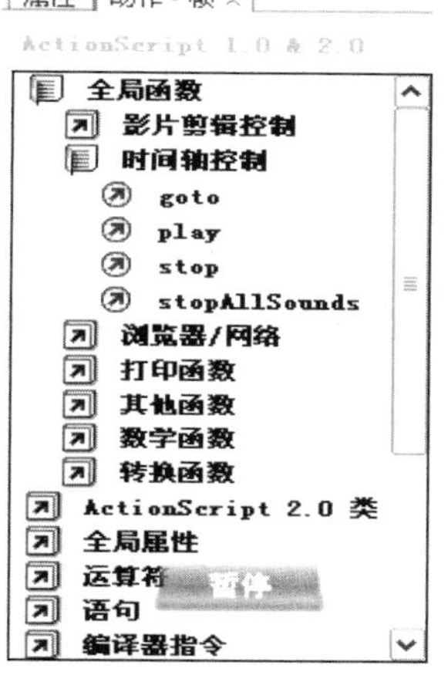

图 3-3-8　动作面板

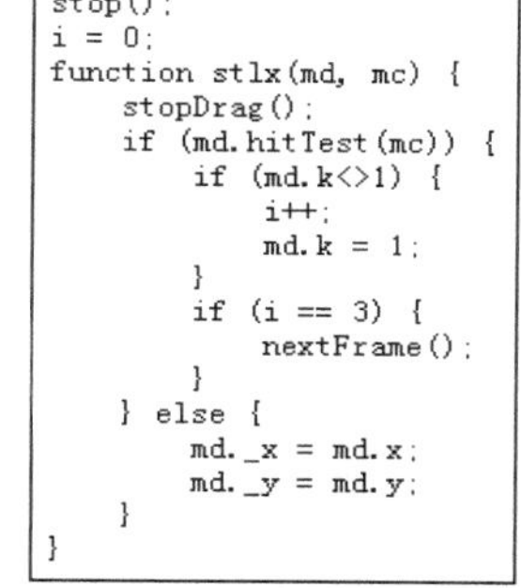

```
stop();
i = 0;
function stlx(md, mc) {
    stopDrag();
    if (md.hitTest(mc)) {
        if (md.k<>1) {
            i++;
            md.k = 1;
        }
        if (i == 3) {
            nextFrame();
        }
    } else {
        md._x = md.x;
        md._y = md.y;
    }
}
```

图 3-3-9　动作面板代码

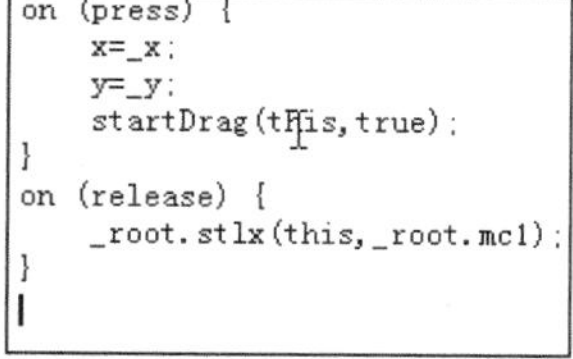

```
on (press) {
    x=_x;
    y=_y;
    startDrag(this,true);
}
on (release) {
    _root.stlx(this,_root.mc1);
}
```

图 3-3-10　“骨头”代码

（3）为胡萝卜添加动作。在舞台中选中“胡萝卜”元件，然后在动作面板中添加代码，如图 3-3-11 所示。

（4）为鱼添加动作。在舞台中选中“鱼”，在动作面板中添加代码，如图 3-3-12 所示。

```
on (press) {
    x=_x;
    y=_y;
    startDrag(this,true);
}
on (release) {
    _root.stlx(this,_root.mc2);
}
```

图 3-3-11　“胡萝卜”代码

```
on (press) {
    x=_x;
    y=_y;
    startDrag(this,true);
}
on (release) {
    _root.stlx(this,_root.mc3);
}
```

图 3-3-12　“鱼”代码

6. 添加其他按钮元素

（1）分别选中“图层 1”“图层 2”和“图层 3”的第 2 帧，按 F7 键，插入空白关键帧，然后在“图层 3”的第 2 帧处输入相关文字，字体大小和颜色根据画面效果调整，从库中拖动“按钮”元件到“图层 2”的第 2 帧处，如图 3-3-13 和图 3-3-14 所示。

Win

图 3-3-13　第 2 帧文字

图 3-3-14　按钮

（2）给按钮添加动作，选中舞台中的按钮元件，打开“库”面板，在面板中输入代码，如图 3-3-15 所示。

```
on (release) {
prevFrame();
}
```

图 3-3-15　“按钮”代码

7. 最终效果

完成后的效果图如图 3-3-16 所示，完成后将文件另存为“喂养小宠物.fla”，然后使用组合键“Ctrl+Enter”，重新打开窗口。

图 3-3-16　完整效果图

归纳提高

本任务用到了 if 条件语句，需要注意以下几点。

（1）else 语句和 else if 语句均不能单独使用，只能在 if 语句之后伴随存在。

（2）if 语句中的条件式不一定只是关系和逻辑表达式，其实作为判断的条件式也可以是任何类型的数值。

例如，下面的语句也是正确的。

```
If(8){
  fscommand(“fullscreen”,“true”);
}
```

如果上式中的 8 是第 8 帧的标签，则当影片播放到第 8 帧时将全屏播放，这样可以随意控制影片的显示模式。

活动任务 4　找不同

任务背景

本任务在学生掌握了一定动画制作基础后，对工具箱、属性面板、动作面板、as 语句和相关界面都有所了解的情况下，综合运用所学知识制作的一个综合实例。通过本任务，了解和掌握隐形按钮的制作运用、动作面板及 as 语句的添加、鼠标跟随等，并通过此原理创造生动有趣的找不同游戏的动画效果。

任务分析

本任务主要利用隐形按钮来设置不同的区域，单击一幅图的不同处即可圈出另一幅图对应的部分，每找到一处不同便可在积分处显示所得成绩。其中综合了动作面板的使用、as 语句设置鼠标和按钮动作及 Alpha 值的灵活设置与运用。

任务实施

1. 新建文档

启动 Flash 软件，确立文档属性。设置动画尺寸为 550 像素×400 像素，颜色为白色，其他为默认设置，单击“确定”按钮，进入场景 1。

2. 导入素材到库

将准备好的所有素材导入到库中，待用。素材如图 3-4-1 所示。

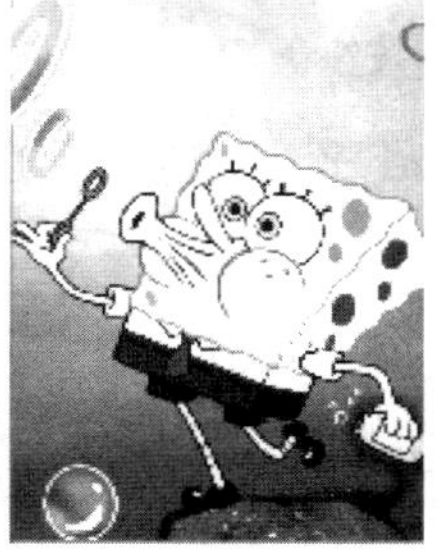

图 3-4-1　素材

3. 创建影片剪辑

（1）执行“插入→新建元件”命令，建立一个名为“放大镜”的影片剪辑元件，单击“确定”按钮，进入元件编辑区。只有一个图层。使用椭圆形工具和矩形工具，在舞台绘制一个放大镜，使其圆的中心点和舞台的中心点重合，如图 3-4-2 所示。

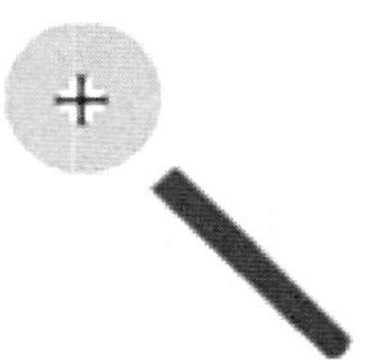

图 3-4-2　放大镜

（2）执行“插入→新建元件”命令，建立一个名称为“圆圈”的影片剪辑元件，单击“确定”按钮，进入元件编辑区。添加一个图层，共两个图层。下层为“圆圈”图层、上层为“停止”图层。

① 选中“圆圈”图层的第 2 帧，插入空白关键帧，使用椭圆形工具在舞台绘制一个笔触高度为 2、无填充色的红色圆圈，全居中，如图 3-4-3 所示。

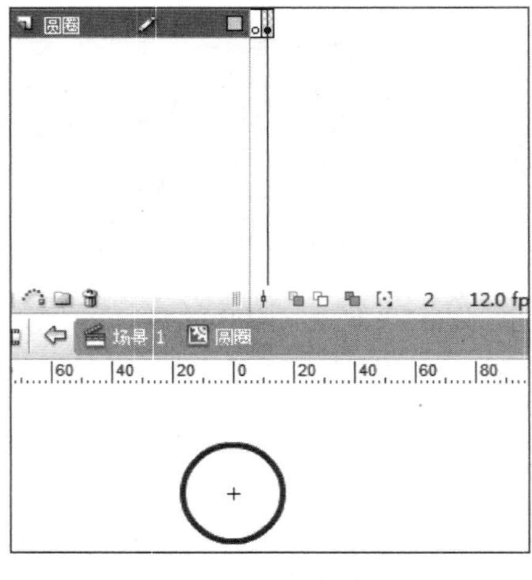

图 3-4-3　圆圈

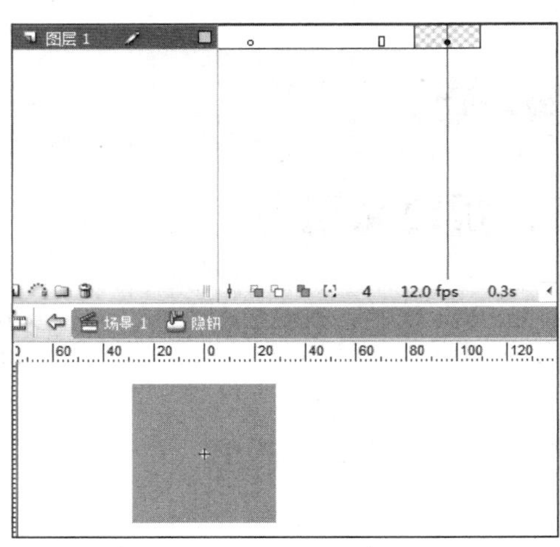

图 3-4-4　隐形按钮

② 选中“停止”图层的第 1 帧，按 F9 快捷键，打开动作面板，在 AS 编辑区输入停止指令：stop();；在第 2 帧插入空白关键帧，按 F9 快捷键，打开动作面板，在 AS 编辑区输入停止指令：stop();。

4. 创建按钮元件

执行“插入→新建元件”命令，建立一个名为“隐钮”的按钮元件，单击“确定”按钮，进入元件编辑区。只有一个图层。

选中第 4 帧，插入空白关键帧，使用矩形工具在舞台绘制一个无边线的矩形，颜色随意，全居中，如图 3-4-4 所示。

5. 编辑制作场景

返回场景 1，添加 8 个图层，共 9 个图层，自下而上分别命名为“背景”“内容”“返回”“按钮”“圆圈”“积分”“鼠标”“鼓励”和“as”。

（1）在“背景”图层中，拖入“背景.png”图片素材作为游戏背景。选中“内容”图层的第 1 帧，使用矩形工具，在舞台绘制一个笔触高度为 4、无填充色、规格约为 450 像素×300 像素的金黄色的矩形框，全居中。使用文本工具在边框内输入作品题目和相关说明，字体、规格、颜色随意，其水平居中，稍上；再在其下方输入文本“开始”，字体、规格、颜色随意，其位置水平居中，如图 3-4-5 所示。

图 3-4-5　输入文字

在第 2 帧处插入空白关键帧，从库中拖动那两张具有 5 处不同点的素材图到舞台，规格均为 220 像素×320 像素，并列偏下，水平居中摆放，在第 3 帧处插入关键帧（普通帧也可），锁定，如图 3-4-6 所示。

图 3-4-6　有不同点的素材

（2）选中“返回”图层的第 3 帧，插入空白关键帧，使用文本工具在两张图下方输入文本“返回”，字体、规格、颜色随意，水平居中，锁定，如图 3-4-7 所示。

图 3-4-7 返回

（3）选中“按钮”图层的第 1 帧，从库中拖动一个隐形按钮元件到舞台，将其放置在“开始”按钮之上，调整好规格，锁定，如图 3-4-8 所示。

图 3-4-8 “开始”按钮

单击该按钮，按 F9 快捷键，打开动作面板，在 AS 编辑区输入如下语句：

```
on (release) {
 gotoAndStop(2);
}
```

选中“按钮”图层第 2 帧，从库中依次拖动 10 个隐形按钮元件到舞台，分别放置在两张图片的不同点之上，如图 3-4-9 所示。

图 3-4-9 添加隐形按钮

依次在“属性”面板中设置五个按钮实例名称：“a1”“a2”“a3”“a4”“a5”，如图 3-4-10 所示。

再依次在“属性”面板中设置五个按钮实例名称：“b1”“b2”“b3”“b4”“b5”，如图 3-4-11 所示。

图 3-4-10　a1

图 3-4-11　b1

为按钮实例输入指令语句。

实例名称为“a1”“b1”的按钮语句如下。

```
on(release){
  if (Number(btu1)==0){
  tellTarget("a11"){
   play();
  }
  tellTarget("b11"){
  play();
  }
  btu1=1;
   count=Number(count)+1;
  jifen=count*20;
   }
  if(Number(count==5)) {
   gotoandstop(3);
   }
}
```

实例名称为“a2”“b2”的按钮语句如下。

```
on(release){
   if (Number(btu2)==0){
  tellTarget("a22"){
  play();
   }
  tellTarget("b22"){
  play();
   }
  btu2=1;
  count=Number(count)+1;
  jifen=count*20;
  }
  if(Number(count==5)) {
```

```
    gotoandstop(3);
    }
}
```

同理，实例名称为“a3”“b3”;“a4”“b4”;“a5”“b5”的按钮语句同上，所不同的只是将阿拉伯数字改为了相对应的 3、4、5。

选中第 3 帧，插入空白关键帧，从库中拖动一个隐形按钮元件到舞台中，将其放置在“返回”之上，调整好规格，如图 3-4-12 所示。

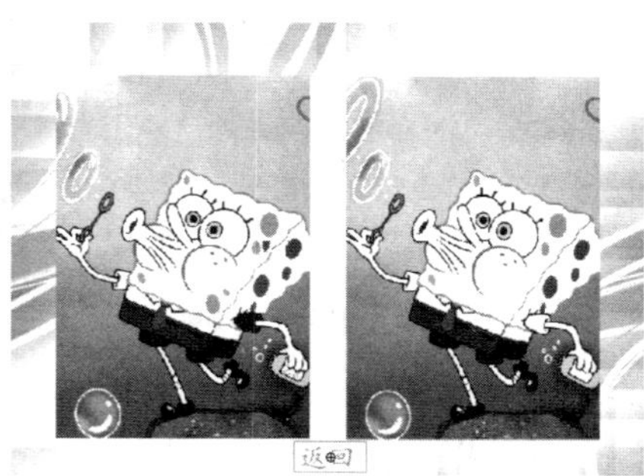

图 3-4-12　在“返回”上加“隐形按钮”

为该按钮元件输入如下指令语句后，锁定该图层。

```
on (release) {
gotoAndStop(1);
}
```


（4）选中“圆圈”图层的第 2 帧，插入空白关键帧，从库中依次拖动 10 个圆圈影片剪辑元件到舞台，依次放置在 10 个按钮之上（一定要对准不同点），如图 3-4-13 所示。

图 3-4-13　添加圆圈

依次在“属性”面板中设置五个圆圈的实例名称：“a11”“a22”“a33”“a44”“a55”，如图 3-4-14 所示。

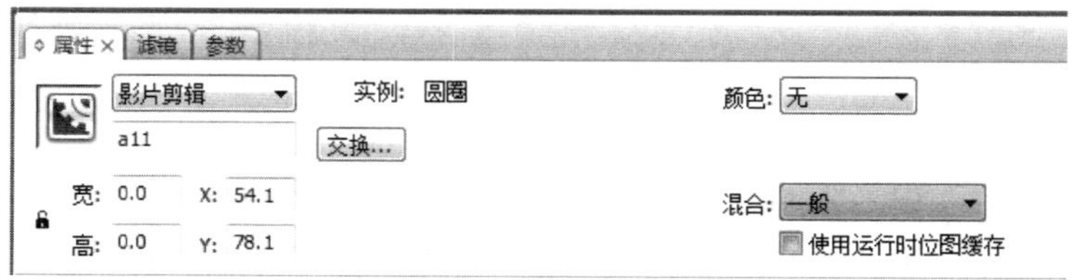

图 3-4-14　a11

再依次在“属性”面板设置五个圆圈实例名称：“b11”“b22”“b33”“b44”“b55”，如图 3-4-15 所示。在第 3 帧处插入帧，锁定。

图 3-4-15　b11

（5）选中“积分”图层第 2 帧，插入空白关键帧，用静态文本在两张图上方中间输入文本“积分”，再在积分的右侧用动态文本添加一个文本框，字体、规格、颜色随意，如图 3-4-16 所示。

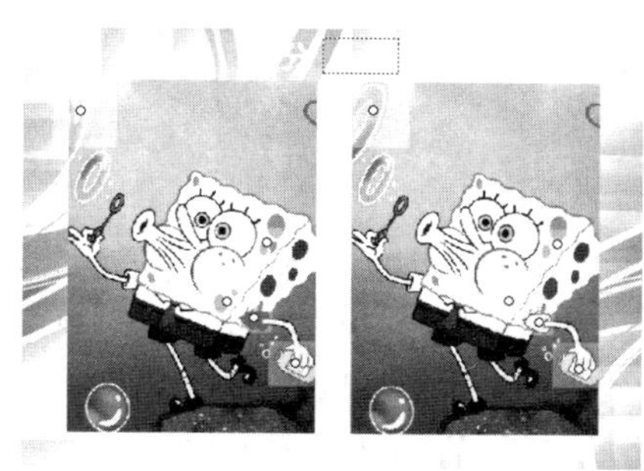

图 2-4-16　积分

选中动态文本框，在“属性”面板设置其变量为“jifen”。在第 3 帧处插入帧，锁定。如图 3-4-17 所示。

图 3-4-17　设置“积分”变量名

（6）选中“鼠标”图层的第 1 帧，从库中拖动“放大镜”影片剪辑元件到舞台，位置随意，如图 3-4-18 所示。

图 3-4-18　添加放大镜

选中该实例，在“属性”面板设置其实例名称为“shubiao”，并设置其 Alpha 值为“50%”，如图 3-4-19 所示，在第 3 帧处插入帧，锁定。

图 3-4-19　鼠标设置

（7）选中“鼓励”图层的第 3 帧，从库中拖动“鼓掌”影片剪辑元件到舞台，放置在两图中间，规格约为 120 像素×120 像素，锁定，如图 3-4-20 所示。

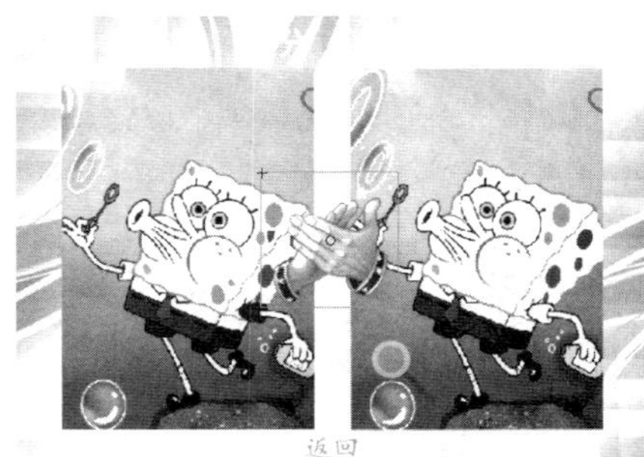

图 3-4-20　添加“鼓掌”元件

（8）选中“as”图层的第 1 帧，按 F9 快捷键，打开动作面板，在 AS 编辑区中输入如下语句。

```
stop();
btu1=0;
btu2=0;
btu3=0;
btu4=0;
btu5=0;
jifen=0;
count=0;
startDrag("shubiao", true);
Mouse.hide();
```

在第 3 帧处插入帧，锁定。

6. 时间轴

本任务完成后的时间轴如图 3-4-21 所示。测试影片。

图 3-4-21 时间轴

归纳提高

添加动作

本任务综合运用 Flash 中的 ActionScript 代码设计实现相关功能，反复用到为按钮和帧添加动作的操作。

Flash 中的 ActionScript 添加动作的操作只能在以下 3 种情况中使用。

（1）为按钮元件添加动作。

为按钮元件添加动作，通常这类动作或程序都是在特定按钮元件发生某些事件时才会执行的，如按钮按下、松开或鼠标经过时。有了这类按钮元件，就可以很容易地完成互动式的界面。制作多个按钮元件就可以形成为菜单。每个按钮元件的实例都可以有自己的动作，即使用的是同一个元件的实例也不会互相影响。

为按钮元件添加动作的方法如下。

① 选中按钮元件，执行“窗口→开发面板→动作”命令，打开“动作”面板。

② 在“动作”面板的动作工具箱中双击“on”动作。

③ 在设置按钮元件的动作时，必须要明确鼠标事件的类型。在动作面板中输入“on”，就会出现代码提示，显示按钮元件的相关鼠标事件。

按钮元件的各类鼠标事件的具体含义如下。

Press：按下鼠标左键。

Release：按下鼠标左键后放开。

Release Outside：按下鼠标左键后在按钮外部放开。

Key Press：响应键盘按键。

Roll Over：鼠标滑过。

Roll Out：鼠标滑出。

Drag Over：鼠标滑出按钮的触发区。

Drag Out：鼠标拖动滑出按钮的触发区

（2）为影片剪辑元件添加动作。

为影片剪辑元件添加动作，其方法与给按钮元件添加动作的方法一致。可以通过单击按钮，在弹出的级联菜单中选择动作。

onClipEvent(movieEvent)中的事件如下。

load：表示影片剪辑元件一旦被载入并出现在时间轴中即触发此动作。

Unload：在从时间轴中删除影片剪辑元件之后，此动作在第 1 帧中启动。在向受影响的帧附加动作之前，先处理与 Unload 影片剪辑事件相关联的动作。

enterFrame：先处理与 enterFrame 剪辑事件相关联的动作，然后才处理附加到受影响帧的所有帧动作。

mouseMove：每一次移动鼠标时触发事件。_xmouse 和_ymouse 属性用于确定当前鼠标的位置。

mouseDown：当按下鼠标左键时触发此动作。

mouseUP：当松开鼠标左键时触发此动作。

KeyDown：当按下鼠标某个键时触发此动作。

KeyUp：当松开鼠标某个建时触发此动作。

Data：当在 loadVariables()或 loadMovie()动作中接收数据时触发此动作。当与 loadVariables()动作一起指定，data 事件只在加载最后一个变量时发生一次。当与 loadVariables()动作一起指定，接收数据的每一部分时 data 事件都重复发生。

（3）为帧添加动作。

如果需要给帧添加动作，帧的类型必须是关键帧（包括空白关键帧）。为关键帧添加一个新动作，可以使影片达到需要的效果。此类型的动作会根据影片的播放而执行。只要带有动作的帧都会显示一个“a”形状。

在主场景的“时间轴”面板中添加帧的动作时，此时的动作将作用于整个电影。例如，给主场景的“时间轴”面板上的某一帧设置动作“stop”，那么当影片播放到这一帧时整个影片将停止播放。

由于帧代表的是时间点，所以它没有事件。其所在的动作是通过影片的播放触发的，即当影片播放到定义过动作的关键帧时就触发。

Flash 广告设计

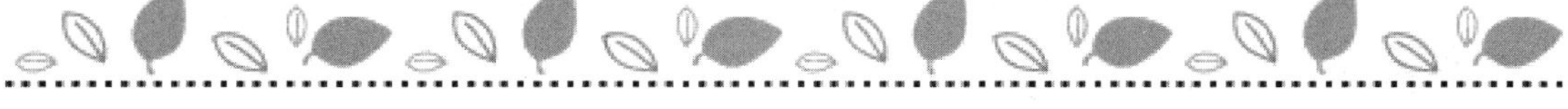

Flash 广告设计概况

网络广告几年前就已出现在公司商业计划的盈利模式中，现在已逐渐显示出越来越强大的发展潜力。Flash 广告在网络广告中占有绝对的主导地位，如果想涉及网络商业制作领域，就必须对网络广告技术有一个基本的了解，而其中最主要的就是 Flash 技术的应用。实际上，现在电视广告也越来越多地应用了 Flash 技术。

1. 广告设计基础知识

随着网络的发展以及 Flash 应用软件的问世，广告媒体又多了一种创作形式。可以通过一对一、一对多或多对多的形式将产品信息通过 Flash 广告传递给目标用户，使目标用户在潜移默化中对产品进行了解，而且不容易对传统产品广告产生反感。和传统形式的广告相比，Flash 广告更容易让人们接受，并能够更轻松地抓住人们的视线，从而使消费者对所宣传的产品信息产生深刻的印象和强烈的认同感。

2. 广告设计定义和发展趋势

广告是为了某种特定的需要，通过某种形式的媒体，并消耗一定的制作费用、宣传费用，公开而广泛地向公众传递信息的宣传手段。广告一词起源于拉丁语“advertere”，有“注意”“诱导”的意思。“广”是阔的意思，“告”是告知的意思，合起来便是“广而告之”的意思。

广告的分类方式相当多，基本可分为非经济广告和经济广告两大类。

非经济广告是指不以营利为目的的宣传，如公益宣传广告。

经济广告专指以营利为目的的宣传，又称为商业广告。日常生活中，大部分的广告属于经济广告，如车世界广告、钢琴学校招生培训广告、汽车网站广告等。

从现在铺天盖地的广告宣传中，大家不难看出广告的发展趋势。未来的广告必须要有独特的创意，能给人耳目一新的感觉，否则将无法起到良好的宣传效果。

3. 网络广告的特点与类型

由于 Flash 广告发布的主要载体是网络，因此下面将重点介绍网络广告的特点与类型。

1）网络广告的特点

网络广告具有以下几个特点。

（1）传播范围广。

传统媒体都受发布地域、发布时间的限制，相比之下，网络广告的传播范围就会比较广泛，只要具备上网条件，任何人在任何时间、任何地点都可以随时浏览到网络上的广告信息；同时，网络技术的提高使得用户还可以按关键词来搜索相关的广告内容。

（2）针对性强。

传统媒体广告具有强迫性，都是要千方百计地吸引受众的视觉和听觉，强行灌输给受众。而网络广告则属于按需广告，具有报纸分类广告的性质却不需要彻底浏览，它可让受众自由查询，将要查找的资讯集中呈现在用户的面前，这样节省了受众的时间，避免无效的、被动的注意力集中。

（3）交互性强。

在传统媒体中，受众只是被动地接收广告信息；而在网络上，受众是广告的主人，他们可以仅观看自己感兴趣的信息，而厂商也可以在线获得大量的用户反馈信息，从而提高统计效率。随着带宽的增加，虚拟现实等新技术必然要应用到网络中来，这样受众就可以身临其境般地感受商品或服务，并能在网上预订、交易与结算，这将大大增强网络广告的实效。

（4）实施灵活、节约成本。

传统媒体广告费用高昂，而且发布后很难更改，即使更改也要付出很大的经济代价；而网络广告则能根据客户的要求，制订广告计划，随时改变广告的投入形式，更改广告的内容或广告的错误，使广告成本大大降低。另外，在取得同等广告效应的前提下，网络广告的投资成本远远低于传统广告媒体的成本。

（5）富有创意、感官性强。

传统媒体往往只能采用片面单一的表现形式，而网络广告则可以以多媒体、超本文格式为载体，传送集图、文、声、像等于一体的多媒体信息，使受众能够更好地了解商品或服务。

（6）受众数量可准确统计。

通过公正的访客流量统计系统可精确地统计出浏览过该广告的用户数量，以及这些用户查阅的时间分布和地域分布，从而有助于客户正确评估广告效果，审定广告投放策略。

（7）形式多样。

在尺寸上，网络广告可以采用旗帜广告、巨型广告的形式；在技术上，可以使用动画、游戏等方式；在形式上，可以在线收听、收看、试玩等。总之，网络广告可以集各种传统媒体形式的精华于一体，从而达到传统媒体所无法具有的效果。

（8）可指定性。

网络广告可以在合适的时间将合适的广告发送给合适的用户，它可以按照用户的身份（如性别、年龄、地理位置、国家等）进行精确定向，亦可以按照时间、计算机平台或浏览器类型进行定向。

2）网络广告的类型

网络广告主要有 13 种类型，下面分别进行介绍。

（1）伸缩通栏广告。

伸缩通栏广告是一种比较新的广告形式，通过小通栏来吸引浏览者，单击伸缩通栏按钮，从而弹出相应的广告内容，使整个通栏成为一个整体。它具有界面友好、灵活的特点，给设计人员以更大的创意空间。

（2）通栏广告。

该类广告是当今网络媒体中应用比较多的一种广告形式，它是位于新闻栏目之间的一种广告形式，狭长且经常处于文字块的中间地带，具有广告、分割和点缀等作用，从而将网络媒体较之传统媒体的优势演绎得更加淋漓尽致。

（3）擎天柱广告。

擎天柱广告与通栏广告恰好相反，它提供给广告设计人员的空间是纵向的，通常放置在页面的左侧或右侧，能够满足客户的要求放置在新闻最终页面。

（4）流媒体按钮广告。

流媒体按钮广告首先是播放一段 Flash 动画，并在动画结束的部分收缩成为一个传统的按钮。这种广告形式充分利用了 Flash 的流媒体特征，并且将广告的形式突破了传统的矩形限制，在表现手法上更加丰富多彩，是非常容易吸引受众眼球的一种广告形式。

（5）流媒体移动图标广告。

媒体移动图标与流媒体按钮广告的基本思路相似，不同的是，流媒体移动图标最终收缩成一个移动的图标。

（6）鼠标响应按钮广告。

鼠标响应按钮广告是交互类型的广告之一，当用户将鼠标指针移动到按钮上时，广告将弹出一个更大面积的动画，从而增加广告显示区域，增强广告效果。

（7）鼠标响应移动图标广告。

鼠标响应移动图标广告与鼠标响应按钮广告类似，只不过具有交互功能的是移动图标而不是按钮。

（8）全屏广告。

全屏广告，顾名思义，就是广告面积占据几乎全部屏幕的广告形式。它首先利用全部屏幕的空间来播放广告，等到播放完毕的时候广告就收缩成为一个小通栏。全屏广告是一种具有强制性的广告，效果好，但是对用户并不友好。

（9）画中画广告。

画中画广告也是位于新闻内容页面的广告，但是和擎天柱广告不同的是，画中画广告

是插入在新闻文字的中间，而擎天柱广告是位于新闻页面的左右侧辅助栏内。

（10）按钮式广告。

按钮式广告又称“图标广告”，将公司或产品图像与图标相结合，形象鲜明，通常被放置在页面左右两边缘，抑或灵活地穿插在各个栏目板块之间。

（11）插页式广告。

插页式广告又称“弹跳广告”，广告主选择自己喜欢的网站和或栏目，在该网站或栏目出现之前插入一个新窗口显示广告。它的缺点是弹出式广告有可能被用户屏蔽，无法使受众所知。

（12）浮动广告。

浮动广告采取游走图标的形式，随着鼠标指针的拖动而移动，突破了传统的定式，具有新颖活泼的动画效果，可给网络访客留下深刻印象，引起用户单击的兴趣，特别适合活动信息发布、产品推广、庆典等。

（13）屏幕固定位置广告。

屏幕固定位置广告随着纵向滚动条的移动而移动，所以可以保证始终出现在屏幕的固定位置。其优点是由于位置和屏幕相关，所以被注意的几率更大；缺点是有时会干涉用户对网页的访问。

除此之外，还有很多网络广告形式，如对联广告、直邮广告、墙纸式广告、分类广告、纯文字连接广告、静态图文广告、主题广告、网络调查广告、聊天室广告灯等。虽然这些形式看起来很繁杂，但实际上大部分都是 Flash 与 JavaScript 结合的结果。

4. 广告设计师的基本素质

要成为一名成功的 Flash 广告设计师，除了熟练掌握 Flash 软件的使用，还应具备一些必要的知识和能力。下面将简要介绍 Flash 广告设计师应具备的基本素质。

（1）具有良好的沟通和协调能力。

在制作 Flash 商业广告时，需要通过一定的媒介来使人们对商家或产品信息进行了解，可以说广告设计师就是进行信息传递的工作人员。这就需要设计师具有良好的沟通和协调能力，能够使产品信息清晰明了地被人们所了解，因此设计师本身就需要准确无误地了解广告主的广告要求。

（2）具有把握受众心理的良好能力。

一个好的广告作品，必须是能让受众接受、能实现广告业务目标的作品。只有准确地把握目标用户的欣赏心理，才能设计出合适的广告作品。

（3）具有开拓创新能力。

Flash 商业广告是一个新兴的、并极具挑战性的行业，只有具有创新的广告才能引人注目。

（4）具有百折不挠的精神。

做任何事情想要成功都必须具有百折不挠的精神，Flash 广告设计师也不例外。很多事情不会一次成功的，只有不断地吸取失败的教训，才能取得最后的胜利。

（5）具有良好的团体精神。

一个团体的运作要求每个人都要有良好的团队精神，才能够集思广益，取人之长，补己之短。

（6）具有敏锐的信息发现和处理能力。

要能够从细微处观察，善于提取有用的信息，并运用到广告的设计当中。

（7）具有较高的审美品位。

美的动画能够给人较强的视觉冲击力，并使人对画面的记忆深刻，因此，一个 Flash 广告设计师必须具有认识美、发现美和创造美的能力。

（8）丰富的知识体系。

这是一个设计师必须具备的基本条件，没有基本的动手能力，是不可能设计出较好的作品来的。

（9）较强的心理和体力承受力。

从事设计会面临各种各样的打击，如缺乏设计灵感、良好的创意不被认同、客户中断合同、团队不够合作等，以及加班、出差、不断地与客户沟通等，这就要求设计师必须具备良好的心理和体力承受能力，这就是一切工作的基础。

5. 广告设计原则

（1）主题。

无论什么样的商业广告，都会有一个主题，也就是它宣传什么、希望从广告的宣传中得到什么样的效果。因此，在制作商业广告时，一定要把握好主题，根据主题来制作 Flash 广告。主题不明确的广告是很难达到好的宣传目的的。

一般再做 Flash 广告前，必须有一个关于广告的整体构思，包括应使用什么样的广告手法，如何突出广告主题等。在做整体构思的时候，可以将初步的设想画在纸上，这样就能对这个广告效果有一个比较直观的概念，然后对其进行修改，直到满意为止，最后使用 Flash 应用软件进行制作。

（2）色彩。

世界是充满色彩的，否则世界将会变得索然无味，因此，色彩也就成了广告的一个重要表现因素，具有一定的象征意义。通过独特的色彩语言，可以使消费者更容易识别和对商品产生亲切感，同时，商品的色彩效果对消费者也有一定的诱导力。

不同的色彩能够带给人们不同的感觉。黄色给人快乐、希望、智慧和轻快的感觉；红色有着强烈的刺激效果，给人热情、奔放、喜悦、活力的感觉；橙色也是一种激奋的色彩，给人轻快、热烈、温馨、时尚的感觉；蓝色是最具有凉爽、清新的色彩；绿色介于冷暖两种色彩的中间，给人和睦、宁静、健康的感觉；白色给人洁白、明快、纯真的感觉；黑色代表着深沉、神秘、寂静、压抑和悲哀；灰色则给人平凡、温和、谦让的感觉。

（3）结构的搭配。

结构的搭配在 Flash 广告中显得尤为重要，不要使版面太拥挤，应给人以清新、简洁、明快的感觉。

活动任务 1 饮料广告设计

任务背景

在广告中，饮品的广告非常多，而用 Flash 制作的广告却很少，主要是实际拍摄后期制作而成，用 Flash 制作的饮品广告有很多镜头是喝饮料的过程，这个过程的制作在 Flash 中至关重要。本任务是一个用于饮料广告的设计的一部分内容，主要是体现学生的绘画和动画制作基础知识的能力。本任务中主要应用遮罩功能制作喝饮料的过程。

任务分析

实现目标：

- 掌握水杯和水的绘制过程。
- 掌握管水和水的下降的绘制过程。

任务实施

1. 建立文档、创建“背景”

新建一个 450 像素×200 像素的 Flash 文档，白色背景。

2. 创建元件杯子

在场景中绘制一个杯子，充分应用钢笔工具，按 F8 键，将绘制的杯子转换为图形元件，如图 4-1-1 所示。

图 4-1-1 绘制杯子

3. 建立图层“酒”

新建“图层 2”，将其命名为“酒”，把杯子的中间部分填充上酒的颜色（利用渐变填充），如图 4-1-2 所示。

图 4-1-2 绘制杯子中的酒

提 示

绘制水杯需要有一定的美术基础，美术基础差的学生可以在网站上下载杯子的图片，导入到舞台后用钢笔工具勾勒出来。

4. 创建水波图层

再新建“图层 3”，将其命名为“水波”，放置在“酒”图层的下面，利用铅笔绘出水波的模样，如图 4-1-3 所示。

图 4-1-3 绘制水波图层

5. 制作明暗关系

把“水波”复制一下，将原水波向上移动一点，按“Shift+F9”组合键，将复制的“水波”的不透明度调到 60%左右，再按“Ctrl+Shift+V”组合键复制并原处粘贴一份“水波”（这样就可以绘制明暗关系），如图 4-1-4 所示。

图 4-1-4 绘制明暗关系

6. 制作遮罩效果

回到场景，在“水波”图层第 40 帧处，按 F6 键，将水波拖动到右边，并创建补间动画。让水波从左到右移动。右击“酒”图层，在快捷菜单中执行“遮罩层”命令。用“酒”图层遮蔽“水波”图层，如图 4-1-5 所示。

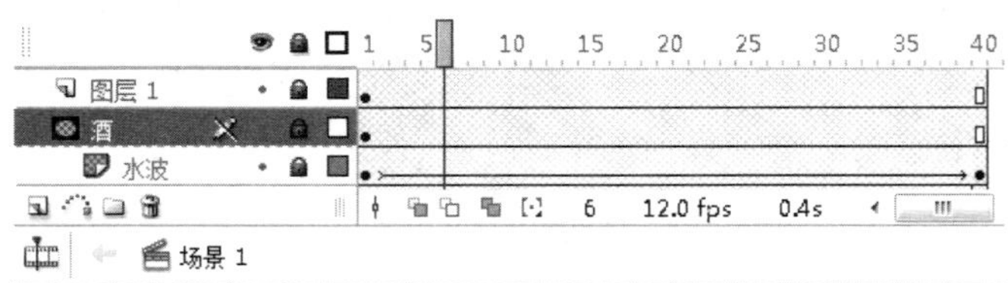

图 4-1-5　制作遮罩效果

7. 创建水管图层

新建图层，将其命名为“管”，在里面填充上颜色（注意填色的时候要把“管”两头封闭，为了区分可以先填黑色）。将管中填充部分选中并剪切，新建 “管水”图层，再按“Ctrl+Shift+V”组合键进行原处粘贴，并将管中颜色改回饮料色，如图 4-1-6 所示。

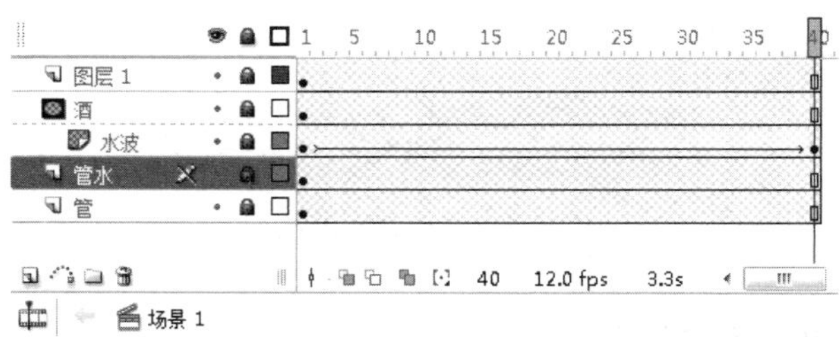

图 4-1-6　绘制水管图层

8. 制作遮罩层遮住管水

新建图层，将其命名为“遮罩层”。画一个矩形，并制作从下到上的补间动画遮住“管水”。这样就完成了吸管的效果制作，如图 4-1-7 所示。

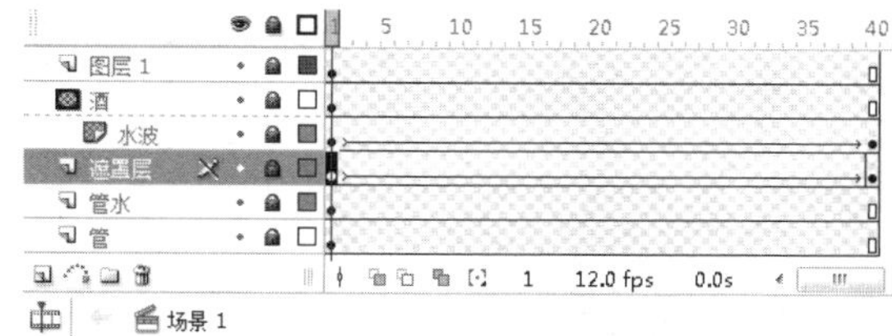
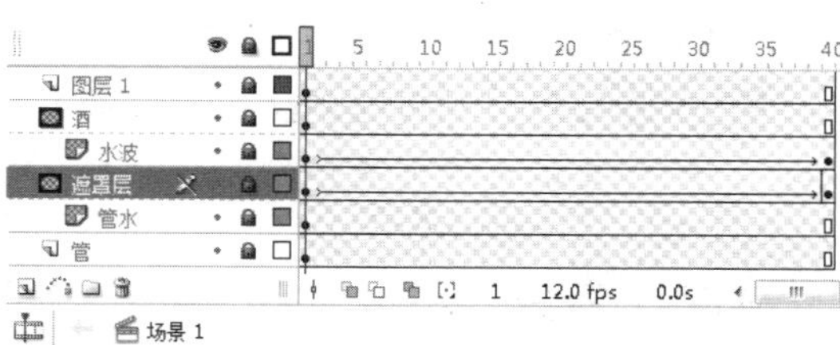

图 4-1-7　绘制管水遮罩

9. 完成动画测试

按“Ctrl+Enter”组合键进行测试。

归纳提高

本任务主要是制作喝饮料过程中的动画，主要体现学生的绘画功底和遮罩层的应用能力，任务制作比较简单，但要求学生考虑问题要全面，制作的过程中要求学生与前面的知识进行联系。

任务拓展

在本任务的基础上制作出拿起水杯，倾斜杯子喝水的过程。

活动任务 2　广告式文字动画设计

任务背景

一个 Flash 广告的美观程度可以吸引观看者的眼球，在现在的广告制作当中，尤其是公益广告的制作当中，Flash 起到了至关重要的作用。在 Flash 广告中，文字的动画效果尤

为重要。本任务主要制作一个广告式文字动画效果，通过学习，读者可以了解如何利用基本动画制作出复杂的动画效果。

任务分析

实现目标：

- 制作矩形，利用遮罩功能实现动画效果。
- 制作文本不规则显示的动画效果。

任务实施

1. 建立文档、创建“背景”

执行“文件→新建”命令，新建一个大小为450像素×200像素的白色背景Flash文档。

2. 创建元件

新建“名称”为“矩形动画”的“影片剪辑”元件，如图4-2-1所示。使用矩形工具，在场景中绘制“宽度”值为1像素、“高度”值为40像素的矩形，如图4-2-2所示。

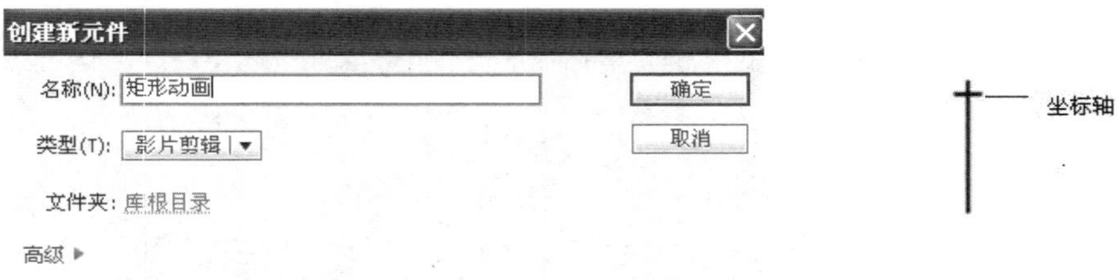

图4-2-1 “创建新元件”对话框

图4-2-2 绘制矩形

3. 制作动画

在第20帧处插入关键帧，使用任意变形工具将图形拉长，在第1帧处创建形状补间动画，如图4-2-3所示。新建“图层2”，在第20帧处插入关键帧，在“动作-帧”面板中输入“stop();”脚本语言。“时间轴”面板如图4-2-4所示。

图4-2-3 图形效果

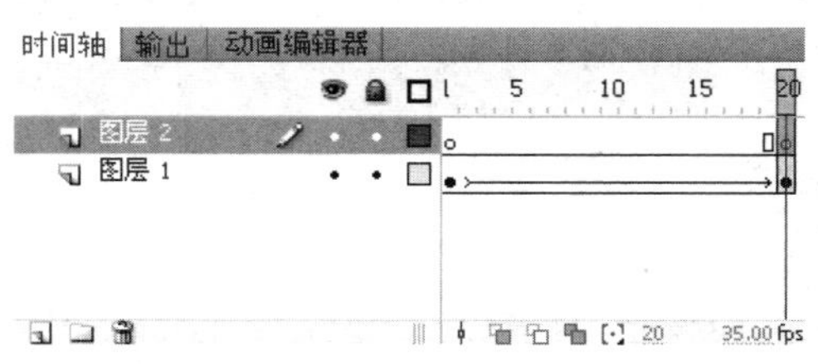

图4-2-4 “时间轴”面板

提示

在调整矩形时，不调整矩形的位置和高度，如果调整了位置和高度，则创建的“补间形状”就有可能创建图形的变形动画，而不是拉长动画。

4. 创建整体矩形动画

新建“名称”为“整体矩形动画”的“影片剪辑”元件，将“矩形动画”元件从“库”面板拖入到场景中，如图 4-2-5 所示。在第 50 帧处插入帧，新建“图层 2”，在第 2 帧处插入关键帧，将“矩形动画”元件从“库”面板拖入到场景中，如图 4-2-6 所示。

图 4-2-5　拖入元件 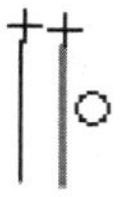　　　　图 4-2-6　拖入元件

5. 制作图层 3 动画

根据“图层 1”和“图层 2”的制作方法，制作出“图层 3”～“图层 31”，完成后的场景效果如图 4-2-7 所示。新建“图层 32”，在“动作-帧”面板中输入“stop();”脚本语言。

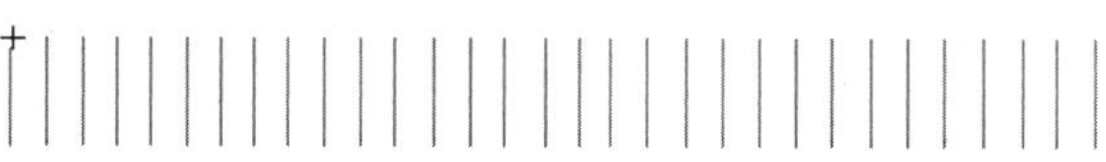

图 4-2-7　完成后的场景效果

6. 文本分离

新建“名称”为“文本动画 1”的“影片剪辑”元件，在“属性”面板中设置参数，如图 4-2-8 所示，在场景中输入文本，如图 4-2-9 所示，执行两次“修改→分离”命令，将文本分离成图形。

图 4-2-8　“属性”面板

美肤美白护肤霜

图 4-2-9　输入文本

7. 创建遮罩层

新建“图层 2”，将“整体矩形动画”元件从“库”面板中拖入到场景中，如图 4-2-10 所示。将“图层 2”设置为“遮罩层”，完成后的“时间轴”面板如图 4-2-11 所示。

坐标轴

美肤美白护肤霜

图 4-2-10　拖入元件

时间轴　输出　动画编辑器

图层 2

图层 1

图 4-2-11　“时间轴”面板

根据“文本动画 1”元件的制作方法，制作出“文本动画 2”元件和“文本动画 3”元件，元件效果如图 4-2-12 所示。

适合干燥的女性皮肤，美容护肤的最佳选择！

图 4-2-12　元件的效果

8. 导入图层 2 素材

返回到“场景 1”的编辑状态，将图像素材导入到场景中，如图 4-2-13 所示，在第 300 帧处插入帧。新建“图层 2”，将“文字动画 1”元件从“库”面板拖入到场景中，如图 4-2-14 所示。

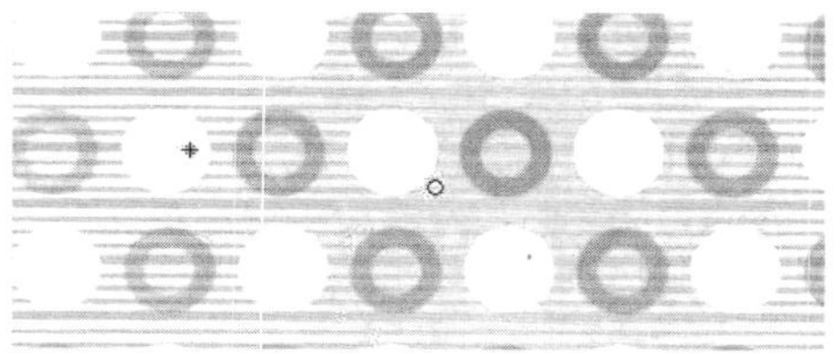

图 4-2-13　导入图像

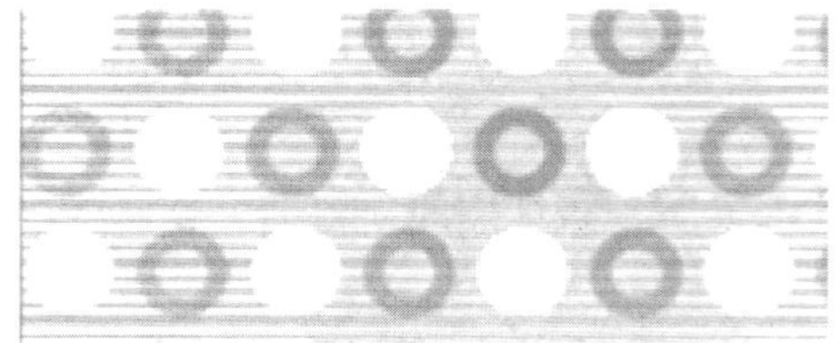

图 4-2-14　拖入元件“文字动画 1”

在第 100 帧处插入空白关键帧，将“文字动画 2”元件从“库”面板拖入到场景中，如图 4-2-15 所示。在第 200 帧处插入空白关键帧，将“文字动画 3”元件从“库”面板中拖入到场景中，如图 4-2-16 所示。

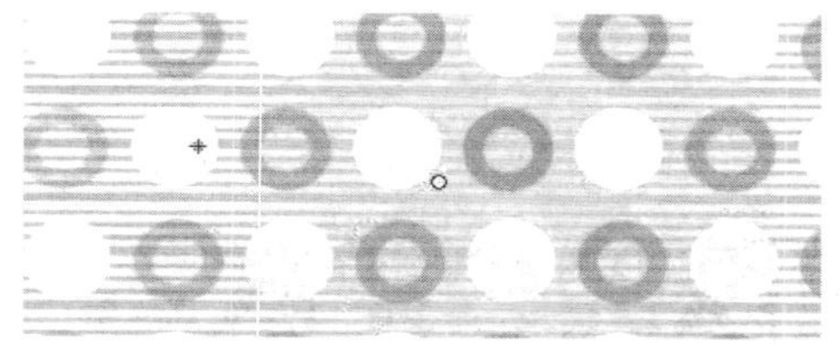

图 4-2-15　拖入元件“文字动画 2”

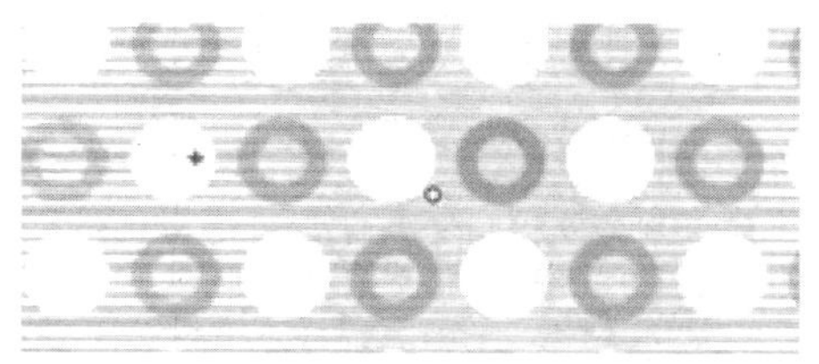

图 4-2-16　拖入元件“文字动画 3”

9. 完成动画测试

完成广告式文字动画的制作，执行“文件→保存”命令，将文件保存为“广告.fla”，测试动画效果，如图 4-2-17 所示。

图 4-2-17　测试动画效果

本任务首先制作矩形由大变小的动画，再新建文本动画元件，在场景中输入文本，将矩形动画导入到元件中，制作遮罩动画，最终制作出广告式文字动画效果。

任务拓展

现在有很多电子屏的叶片广告，根据今天所学的知识，尝试制作电子屏叶片广告。

活动任务 3　京剧行当——生旦净末丑

任务背景

京剧是“唱念做打”于一体的戏剧表演形式，19 世纪中期孕育于我国民间，融合了中国南北方戏剧元素，最终在北京发展成熟，并流行于全国。京剧表达了中国传统社会的戏剧美学理想，保留了被广泛认可的国家文化遗产要素。

2010 年 11 月 16 日，京剧被联合国列入联合国教科文组织非物质文化遗产名录。说明了其文化价值与内涵，在世界范围内得到了充分的肯定，这是一份荣誉，更是一份沉甸甸的责任。希望通过本任务的学习，为京剧的传承与保护尽一份绵薄之力。

任务分析

本任务将主要学习应用脚本语言设置鼠标经过时跳转到某一帧的方法，制作一个以欣赏和宣传为目的的网络广告。其脚本语言如下所示。

```
on(rollOver){           //当鼠标经过时
gotoAndStop(n);         //播放第n帧
}
on(rollOut){            //当鼠标离开时
```

```
    play()                      //继续播放
  }
```

任务实施

1. 插入文字部分

将当前图层重命名为“文字”，并输入如图 4-3-1 所示文字。

京剧行当

生旦净末丑

图 4-3-1 输入文字

选中“生旦净末丑”，按“Ctrl+B”组合键，将其打散成单个的字，分别转换成按钮元件。

2. 图片动画

导入生旦净末丑的素材图片，分别将其转换成元件，如图 4-3-2 所示。

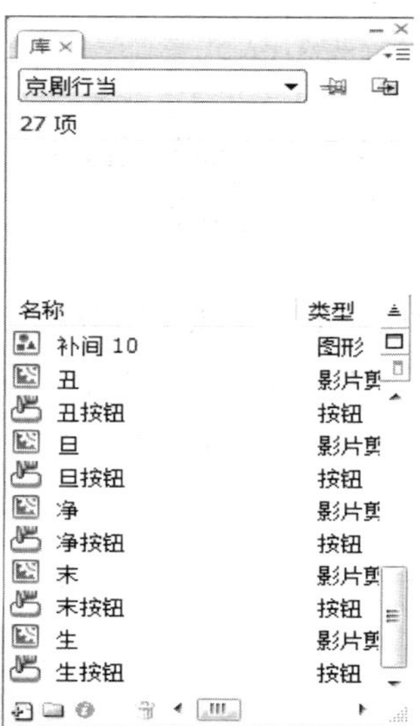

图 4-3-2 导入素材

新建“生”图层，将“生”元件拖动到舞台上，放置到舞台之外，做一个从左边进入场景的补间动画，如图 4-3-3 所示。

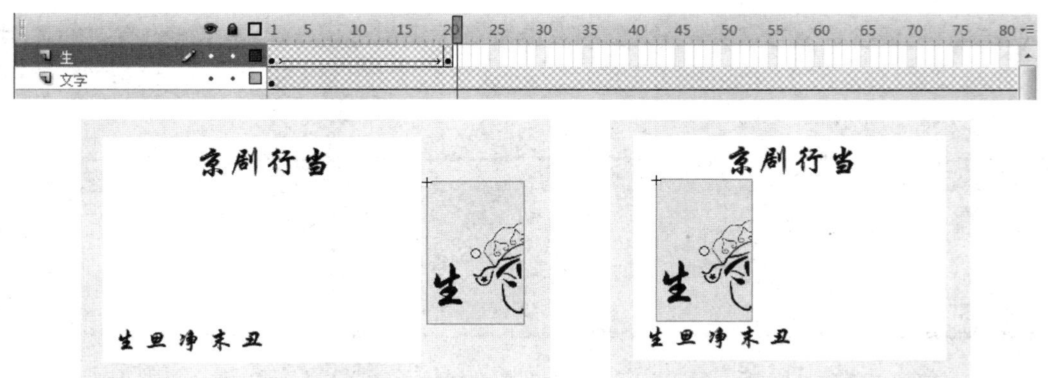

图 4-3-3　创建“生”动画

在第 100 帧处插入关键帧，延续第 20 帧的画面，在第 120 帧处插入关键帧，将“生”元件拖动出场景，并创建补间动画。为对齐画面，可使用“视图→标尺”命令调出标尺，拖动设置参考线，如图 4-3-4 所示。

图 4-3-4　设置标尺及创建补间动画

3. 文字动画

新建“生-字”图层，在第 20 帧处插入关键帧，输入“生”行的介绍，如图 4-3-5 所示。

图 4-3-5　建立“生-字”图层

在第 30 帧处插入关键帧，在第 20 帧～第 30 帧之间插入补间动画，将第 20 帧处的文字的颜色 Alpha 值修改为“0%”，做出文字原地淡入效果，如图 4-3-6 所示。在第 100 帧处

插入关键帧，延续文字的出现时间，在第 120 帧处插入关键帧，在第 20 帧～第 30 帧之间插入补间动画，将第 20 帧处的文字的颜色 Alpha 值修改为“0%”，做出文字的原地淡出效果，如图 4-3-7 所示。

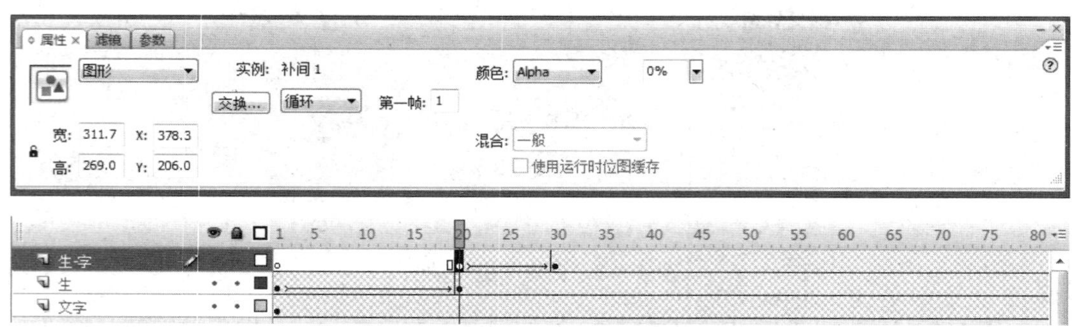

图 4-3-6　第 20 帧处的文字的颜色 Alpha 值变为 0%

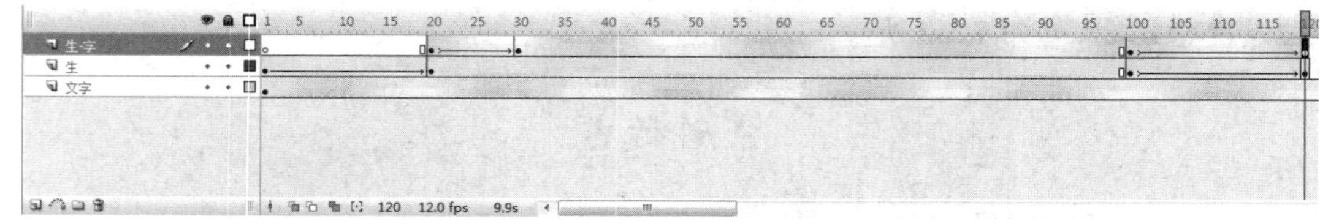

图 4-3-7　创建动画

4. “旦”行动画

新建“旦”图层，在第 100 帧处插入关键帧，将“旦”元件拖动到舞台上，放置到舞台之外，做一个从左边进入场景的补间动画，如图 4-3-8 所示。

图 4-3-8　建立“旦”图层

此处我们要设置一个“生”元件退出，“旦”元件进入的画面。因此在“生”元件将要开始退场的第 100 帧处，“旦”是在场景外的，在“生”元件退出场景的第 120 帧处，“旦”元件完全进入场景，位置与“生”元件进入场景时是一样的，如图 4-3-9 所示。

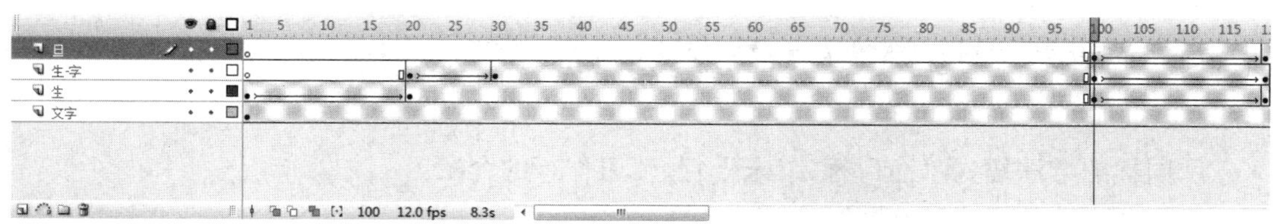

图 4-3-9 设置进退动画

同“生”行的做法一样，在“旦”元件的第 200 帧和第 220 帧处插入关键帧，在第 220 帧处将“生”元件拖动出场景，如图 4-3-10 所示。

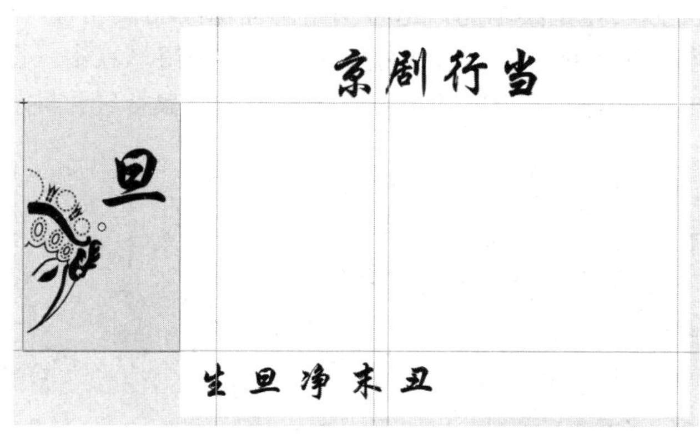

图 4-3-10 设置“生”动画

以同样的方法新建文字图层“旦-字”，在 120 帧处插入关键帧，输入“旦”行的介绍，在第 130 帧、第 200 帧、第 220 帧处插入关键帧，在第 120 帧～第 130 帧之间和第 200 帧～第 220 帧中创建补间动画，在第 120 帧和第 220 帧处“旦-字”图层的内容是看不见的，应将其颜色 Alpha 值修改为“0%”。在“旦”元件退出场景的第 220 帧处，将“旦-字”图层颜色的 Alpha 值修改为“0%”，使其完全透明，如图 4-3-11 所示。

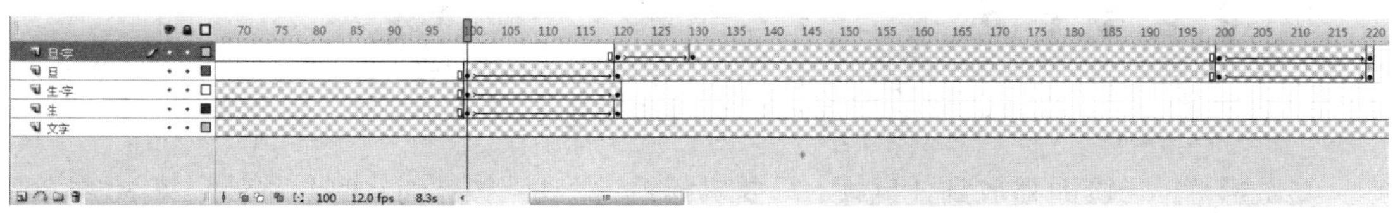

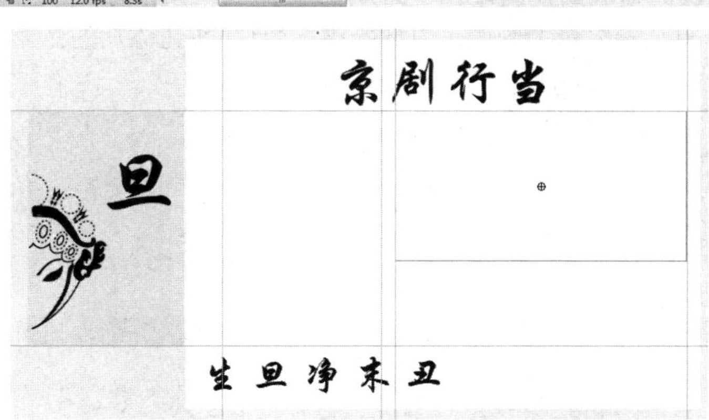

图 4-3-11 设置“旦”动画

5. “净”、“末”、“丑”行动画

用同样的方法插入“净”行、“末”行、“丑”行的介绍。

6. 按钮动作

无论画面怎么变，文字层始终都要存在。因此回到“文字”图层，要在画面最后一帧（此处是第 520 帧）处插入帧延续画面。这种用于画面延续的帧叫做“延续帧”。

在“文字”图层选中“生”字，此时它应该是一个按钮。右击，在弹出的快捷菜单中选择“动作”选项，在弹出的“动作-按钮”命令框中插入鼠标经过跳转语句，如图 4-3-12 所示。

```
on(rollOver){
gotoAndStop(30);
}
on(rollOut){
play()
}
```

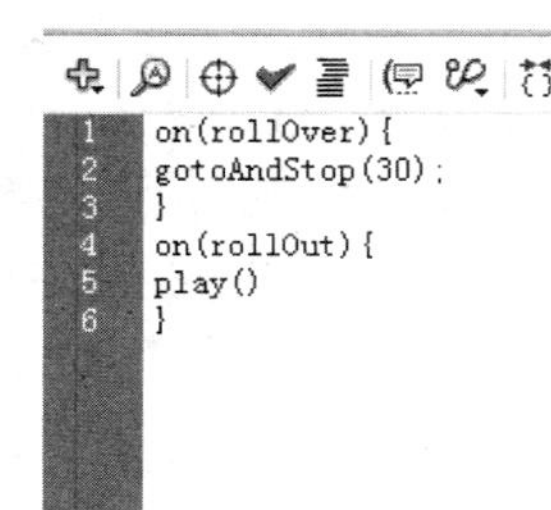

图 4-3-12　制作按钮

测试影片，当画面播放到任意帧，只要鼠标经过“生”按钮时，都会跳转到第 30 帧处，此时是“生”行资料全部显示的画面。以此类推，“旦”按钮添加的命令是：

```
on(rollOver){
gotoAndStop(130);
}
on(rollOut){
play()
}
```

“净”按钮添加的命令是：

```
on(rollOver){
gotoAndStop(230);
}
on(rollOut){
play()
```

```
    }
```

“末”按钮添加的命令是：

```
    on(rollOver){
    gotoAndStop(330);
    }
    on(rollOut){
    play()
    }
```

“丑”按钮添加的命令是：

```
    on(rollOver){
    gotoAndStop(430);
    }
    on(rollOut){
    play()
    }
```

测试影片，完成任务。

归纳提高

Flash 是一种创作工具，设计人员和开发人员可使用它来创建演示文稿、应用程序和其他允许用户交互的内容。Flash 可以包含简单的动画、视频内容、复杂演示文稿和应用程序，以及介于它们之间的任何内容。Flash 特别适用于创建通过 Internet 提供的内容，因为它的文件非常小。Flash 是通过广泛使用矢量图形做到这一点的。熟练应用脚本语言设置可以给我们的作品增加很多互动效果。熟悉其中一些简单常用的知识，可以制作出简单的动画，以及漂亮的课件和 Web 页中常用的动画。

任务拓展——电子相册

任务分析

刚刚学习了鼠标经过动作的使用，下面再来学习一下鼠标单击动作的使用，借此来学习一下电子相册的制作。

Flash 电子相册是将照片链接起来，形成动态的影片，在 Internet 上和朋友们共同分享的一种方式。通过这种方式可以记录幸福的时光，表达对生活的热爱。

本任务将主要介绍 Flash 电子相册中导入照片并制作相册的方法，学习应用脚本语言设置相册的观看方法。

任务实施

1. 文字片头动画

新建文件，将其命名为“电子相册”。准备好需要的图片，这里用几张婚纱照代替。

以当前图层为文字层，先加入电子相册的标题，此处命名为“缘定今生”。

在第 1 帧处插入文字“缘定今生”（44 号字，华文行楷，黄色），将其放置在舞台中间，

按 F8 键将其转化为元件，如图 4-3-13 所示。

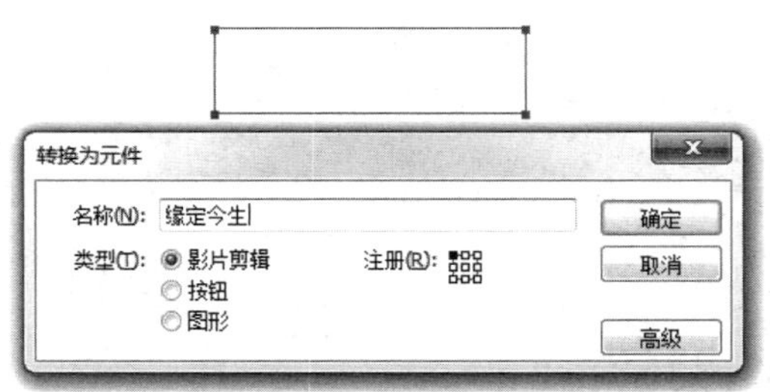

图 4-3-13　输入文本并转换为元件

在第 5 帧和第 10 帧处插入关键帧，将第 1 帧文字颜色的 Alpha 值修改为“0%”，文字变为透明。在第 10 帧处使用任意变形工具将文字放大 3 倍，然后在第 1 帧～第 10 帧中创建补间动画，如图 4-3-14 所示。

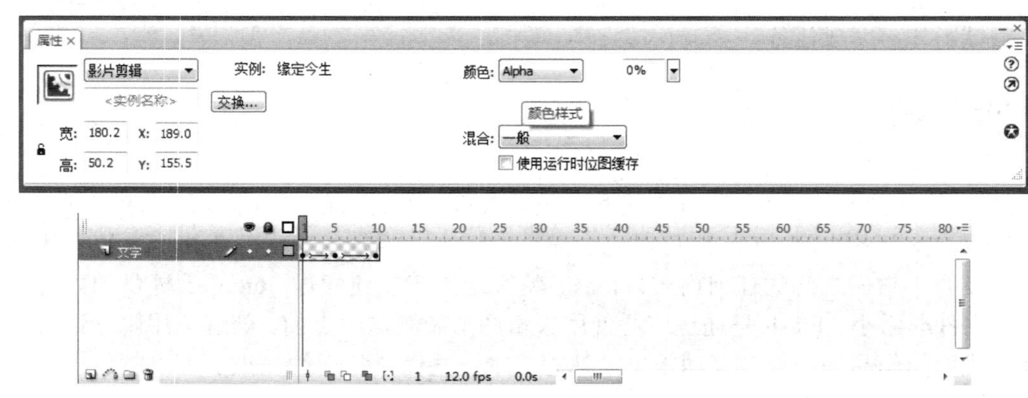

图 4-3-14　设置透明度并创建补间动画

在第 20 帧处插入关键帧，让放大文字时间延续。在第 30 帧处插入关键帧，缩小文字并将文字颜色的 Alpha 值修改为“0%”，如图 4-3-15 所示。

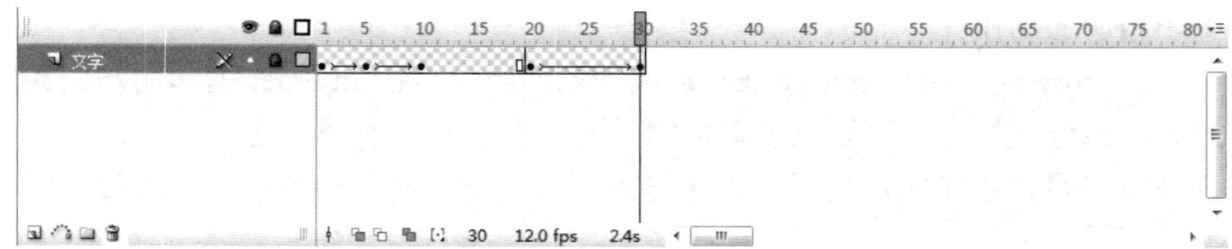

图 4-3-15　在第 20 帧～第 30 帧中创建补间动画

2. 图片转换动画

新建图层，在第 20 帧处插入关键帧，拖入一张图片，在第 30 帧、第 40 帧处插入关键帧，并在第 20 帧～第 40 帧中插入补间动画，如图 4-3-16 所示。在第 20 帧和第 40 帧处，选中图片，在“属性”面板中将颜色的 Alpha 值修改为“0%”，制作图片淡入淡出的效果。在第 40 帧处同样将颜色的 Alpha 值修改为“0%”。

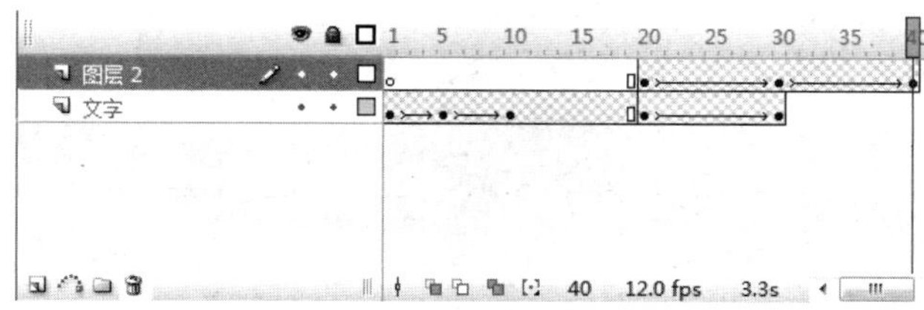

图 4-3-16　在第 20 帧～第 40 帧之间创建补间动画

新建图层，在第 40 帧处插入关键帧，插入另一张图片。在第 50 帧、第 60 帧处插入关键帧并创建第 40 帧～第 60 帧中的补间动画，如图 4-3-17 所示，将第 40 帧、第 60 帧的图片颜色的 Alpha 值修改为“0%”。

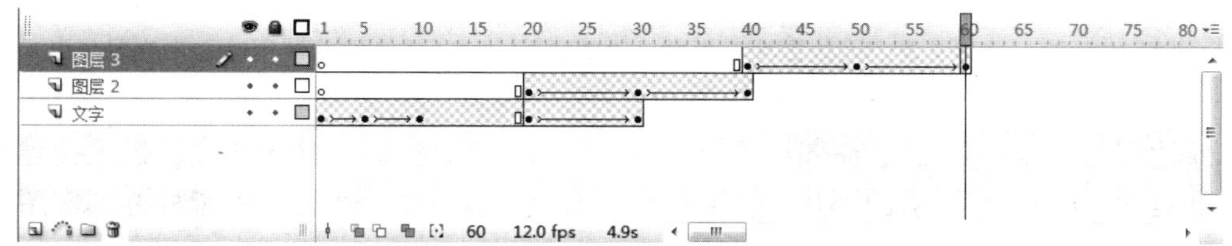

图 4-3-17　在第 40 帧～第 60 帧之间创建补间动画

根据上面的步骤，同样插入其他图片并制作图片渐现渐隐的效果，如图 4-3-18 所示。

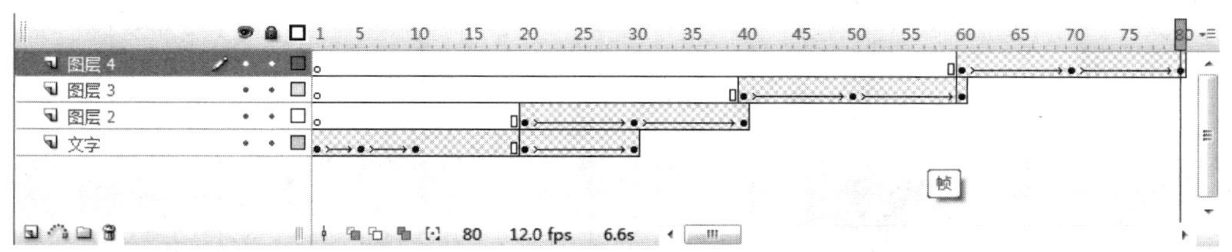

图 4-3-18　在第 60 帧～第 80 帧之间创建补间动画

3. 图片轮番转换

新建图层，将其命名为“轮换层 1”，在上一个画面结束的位置插入关键帧，此处是第 80 帧。选择竖版的照片，放置在场景左侧。像前面一样插入关键帧，在第 80 帧～第 100 帧之间创建补间动画，制作出图片淡入淡出的效果，如图 4-3-19 所示。

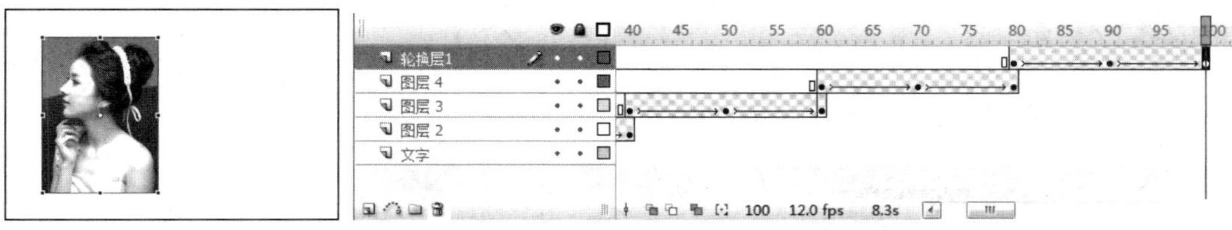

图 4-3-19　在第 80 帧～第 100 帧之间创建补间动画

在 101 帧处插入空白关键帧，在 102 帧处插入关键帧，在上一张图片的位置插入其他竖版图片，可根据“属性”面板中的图片属性对其进行调整。在第 110 帧、第 120 帧处插入关键帧并在第 101 帧～第 120 帧中创建补间动画，将第 102 帧、第 120 帧处图片颜色的 Alpha 值修改为“0%”，如图 4-3-20 所示。

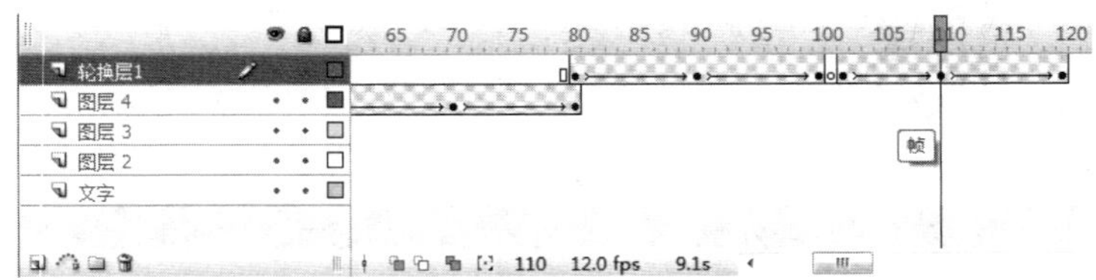

图 4-3-20　在第 102 帧～第 120 帧之间创建补间动画

以同样的方式插入其他竖版图片。

提示

我们要设计的场景是，左边图片消失时，右边图片出现，右边图片消失时，左边图片出现。

新建图层“轮换层 2”，在图层“轮换层 1”第一个画面完全显示的位置插入关键帧，此处是第 90 帧。选择竖版的照片，放置在场景右侧。像前面一样插入关键帧并制作图片淡入淡出的效果，如图 4-3-21 所示。

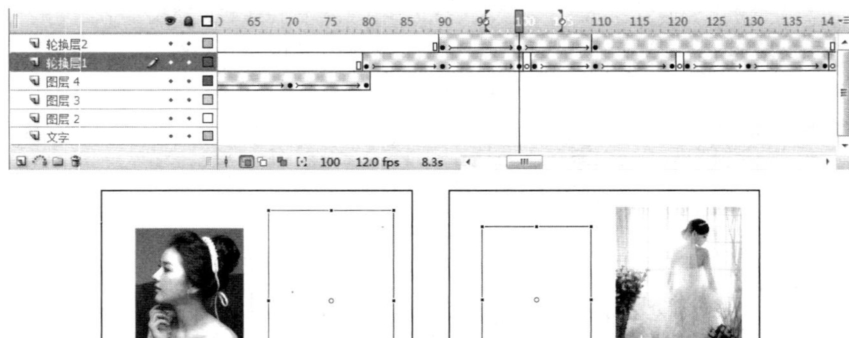

图 4-3-21　在第 90 帧～第 110 帧之间创建补间动画及其效果

在 111 帧处插入空白关键帧，在 112 帧处插入关键帧，在上一张图片的位置插入其他竖版图片，可根据“属性”面板中的图片属性对其进行调整。在第 120 帧、第 130 帧处插入关键帧并创建补间动画，将第 102 帧、第 120 帧处图片颜色的 Alpha 值修改为“0%”，如图 4-3-22 所示。

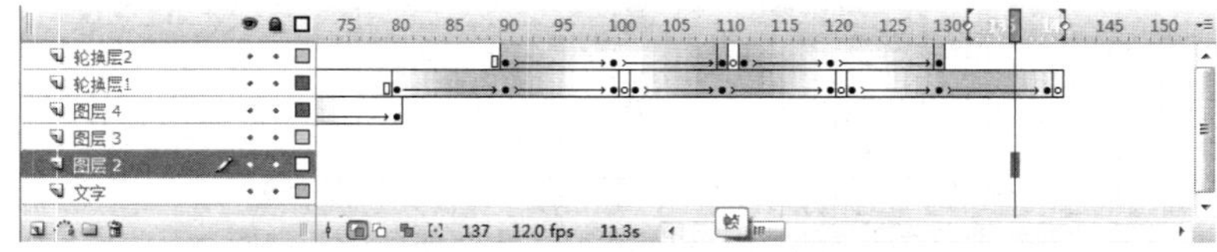

图 4-3-22　在第 102 帧～第 120 帧中创建补间动画

可以根据需要，使用同样的方法插入多张图片，也可以在片中插入一些解说文字，并给文字制作一些特殊效果。

4. 插入按钮

新建图层，将其命名为“按钮”。

可以绘制图形或者使用文字，按 F8 键将其转换为按钮。这里我们要绘制一个泡泡按钮。

新建按钮“元件 1”，再新建 “图层 1”。在“图层 1”的“弹起”帧处，使用椭圆工具，按住“Shift+Alt”组合键，以舞台为中心绘制一个中心透明，四周 50%半透明的蓝色泡泡，如图 4-3-23 所示。

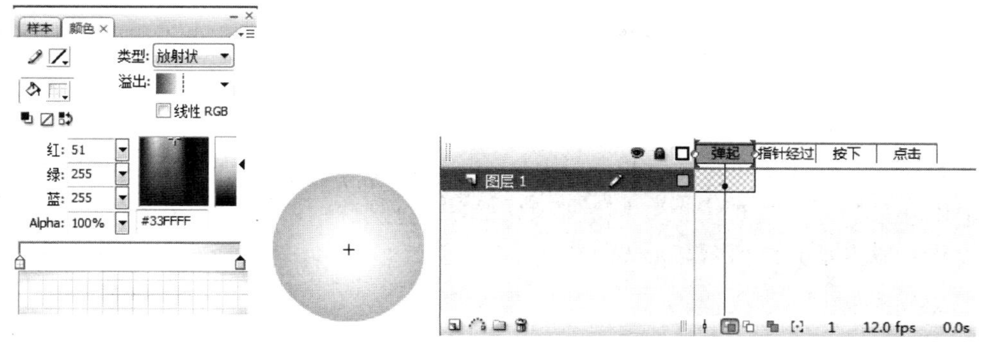

图 4-3-23　泡泡的设置

在“指针经过”帧处插入关键帧，选中图形，在“颜色”面板中，将淡蓝色换成其他颜色，变换气泡颜色。同样在“按下”和“单击”帧处插入关键帧，并修改气泡颜色。

在按钮中新建“图层 2”，在其中绘制气泡的高光部分，如图 4-3-24 所示。为方便观察，可以把画布暂时设置成黑色。为了使图层之间的元素不互相妨碍，可以将“图层 1”锁定，再绘制高光。

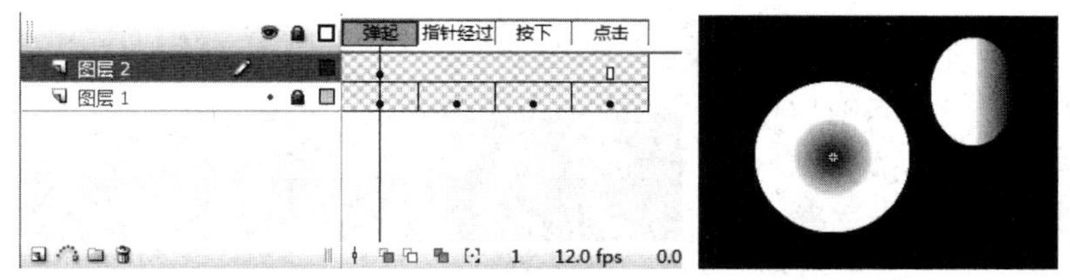

图 4-3-24　绘制泡泡高光

选择任意变形工具调整渐变的方向和位置，如图 4-3-25 所示。其他帧不需要插入关键帧，在按钮中如果不添加其他关键帧，“弹起”帧的画面会延续到单击帧处。

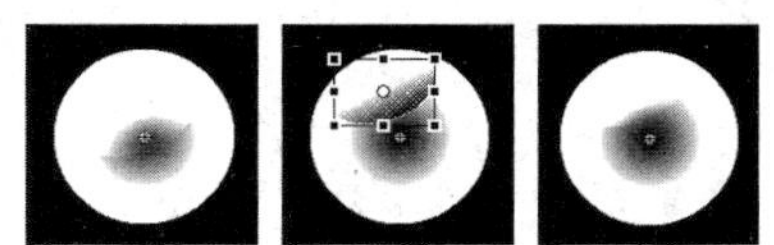

图 4-3-25　泡泡高光调整

恢复场景背景色为白色。在按钮中插入新图层，绘制灰色三角形。

创建中间是方块的按钮“元件 2”和反方向三角的“元件 3”。可以复制按钮“元件 1”中的“图层 1”和“图层 2”到按钮“元件 2”和“元件 3”中。效果如图 4-3-26 所示。

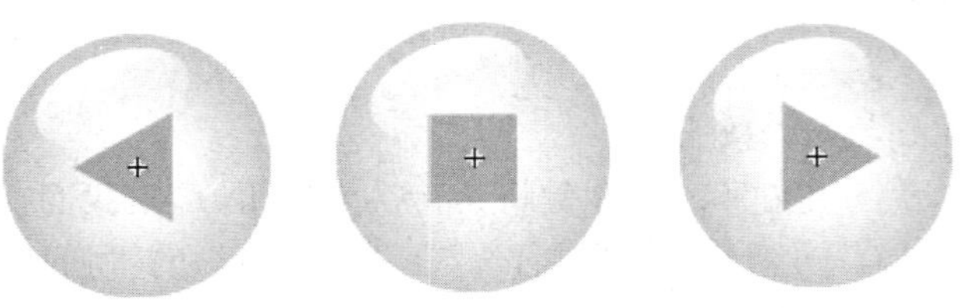

图 4-3-26　泡泡按钮效果

5. 给按钮插入代码

回到“场景 1”，在“按钮”图层中拖入按钮“元件 1”“元件 2”“元件 3”。

选中这 3 个按钮，先执行“修改→对齐→垂直居中”命令，再执行“修改→对齐→按宽度平均分布”命令，可以将 3 个按钮排列整齐。全部选中，使用任意变形工具修改其大小和位置，如图 4-3-27 所示。

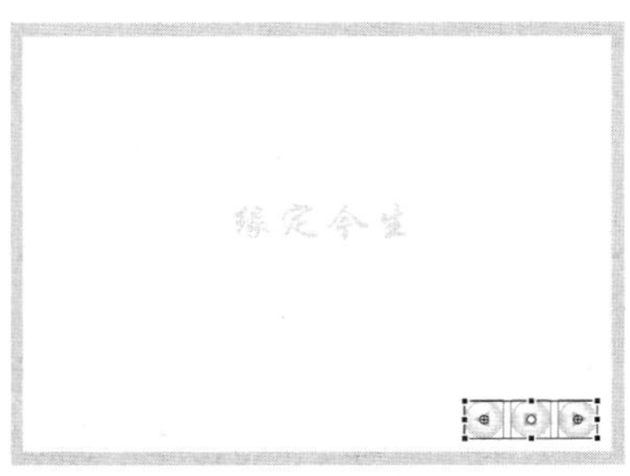

图 4-3-27　泡泡放置位置

选中“元件 1”按钮并右击，在弹出的快捷菜单中执行“动作”命令，在弹出的动作按钮命令插入框中插入播放语句代码：

```
on(release){
play();
}
```

同样，选中“元件 2”按钮，插入停止动作语句代码：

```
on(release){
stop();
}
```

选中“元件 2”按钮，插入跳转帧语句代码，使影片跳转到第 1 帧处：

```
on (release) {
gotoAndPlay(1);
}
```

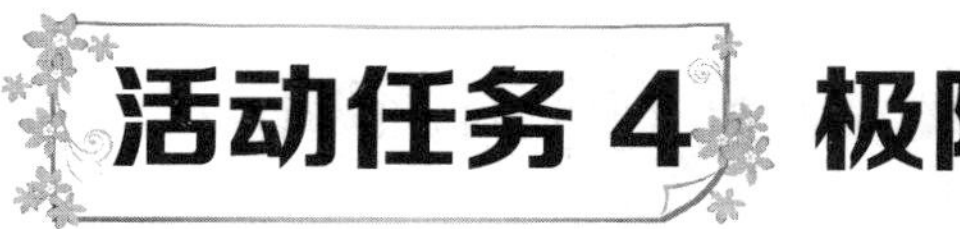

活动任务 4 极限运动迷

任务背景

广告可以帮助公司树立品牌、提升知名度、提高销售量。本任务以制作运动主题的广告为例，介绍广告的动感设计方法和制作技巧。通过学习本任务的内容，可以帮助学生掌握广告的设计思路和制作要领，从而制作出完美的网络广告。

任务分析

实现目标：

- 使用遮罩层将光泽闪过动画的范围限制在文字轮廓内。
- 使用遮罩层隐藏图层中的物体、元件、动画不需要出现的部分。
- 只有矢量图形、Flash 点阵图形或由这两者转换成的元件才能在遮罩层中起到遮蔽作用。

任务实施

1. 建立文档、创建“背景”

新建一个文件，将画布尺寸设置为宽 400 像素、长 400 像素，帧频调至 24FPS（每秒 24 帧），背景色设置为#000000。新建图层，将其命名为“背景”，置入“背景.jpg”素材，与画布对齐。

2. 创建空间感文字

（1）在“背景”图层上方新建图层，将其命名为“空间文字”。在第 1 帧处使用文字工具，在“属性”面板中选择“静态文本”，输入文本“CHANNEL EFFECT”，使用“Arial Black”这类较粗的黑体英文字体，字号大小为“50”，字体颜色为黑色，字体呈现方式选择“动画消除锯齿”，如图 4-4-1 所示。

（2）按两次“Ctrl+B”组合键，分离文字，使用任意变形工具旋转每个字母，使文字按 S 形波浪排列，如图 4-4-2 所示。选中所有字母，执行“修改→变形→扭曲”命令使文字变形。

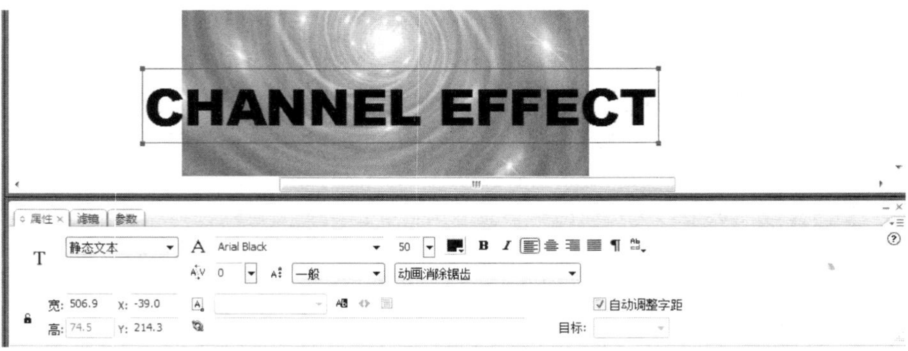

图 4-4-1　创建文字

提 示

Flash 8 以上版本的文字工具新增了字体呈现方式的选择，包括“使用设备字体”“位图文本”“动画消除锯齿”“可读性消除锯齿”“自定义消除锯齿”5 种选项，用于不同的需要，如下图所示。

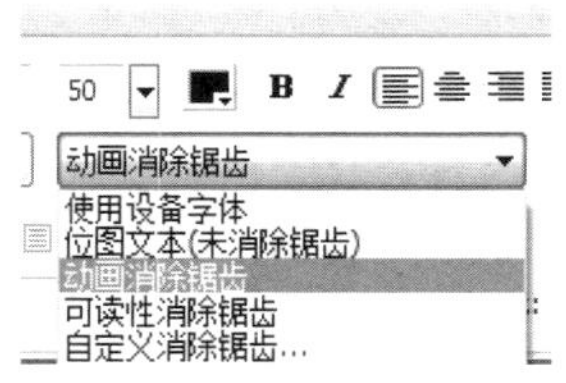

图 4-4-2　文字变形

提 示

建议在排 S 形波浪文字时，先用钢笔工具绘制一根 S 形波浪线作为辅助参照物，这样排列出来的文字就更加流畅了，如下图所示。

（3）依据视觉透视的原理，将文字以从左向右、由大变小的形状拉伸，如图 4-4-3 所示。随后群组扭曲变形后的文字，使用任意变形工具以圆形轨迹一边复制一边旋转文字直到复制的文字组成一个完整的圆，如图 4-4-4 所示。

图 4-4-3 文字扭曲　　　　图 4-4-4 复制文字

提 示

想轻松按圆形复制文字，比较方便的方法是先绘制一个圆形范围，使用任意变形工具将文字群组的注册点移动到圆形的圆心处，这样复制出来的文字就能较为精准地围绕成圆形了，如下图所示。

（4）选中复制的所有文字，按“Ctrl+B”组合键分离所有的群组，将填充色修改为#009944，并重新群组。将其转换为影片剪辑元件，命名为“文字遮罩动画”，如图 4-4-5 所示。

图 4-4-5 制作遮罩

提 示

排列成圆形的透明文字仿佛具有隧道般的空间感。无论用何种方式制作，必须保证文字是矢量的，或者是 Flash 点阵图形，不然下面的遮罩动画就无法制作了。

3. 创建文字遮罩动画

（1）进入“文字遮罩动画”影片剪辑元件的编辑状态，将圆形空间文字群组所在的图层命名为“底层”，并在其上方新建一图层，将其命名为“遮罩”。复制圆形文字群组，原位粘贴到“遮罩”图层，如图 4-4-6 所示。在“遮罩”图层下方，新建一图层，将其命名为“光晕”，如图 4-4-7 所示，绘制一个圆环，填充为白色，与圆形文字群组中心对齐。

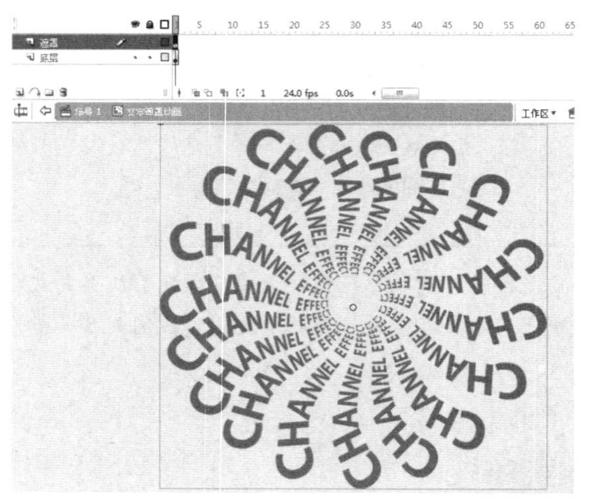

图 4-4-6 复制遮罩

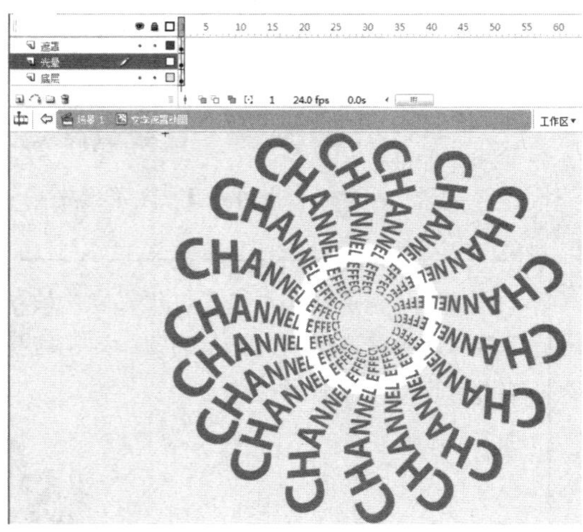

图 4-4-7 绘制光晕

提 示

制作圆环的方法是先绘制一个圆形，复制并原位粘贴该圆形，在不取消选中状态的情况下立即缩小复制的圆形，更换填充色，随后取消被选中状态一次，然后删除复制的圆形，如此我们就能得到一个圆环，如下图所示。

（2）将圆环转换为影片剪辑元件，将其命名为“光晕”，缩小“光晕”到如图 4-4-8 所示大小，使用滤镜模糊功能，“模糊 X”“模糊 Y”值均为“10”。

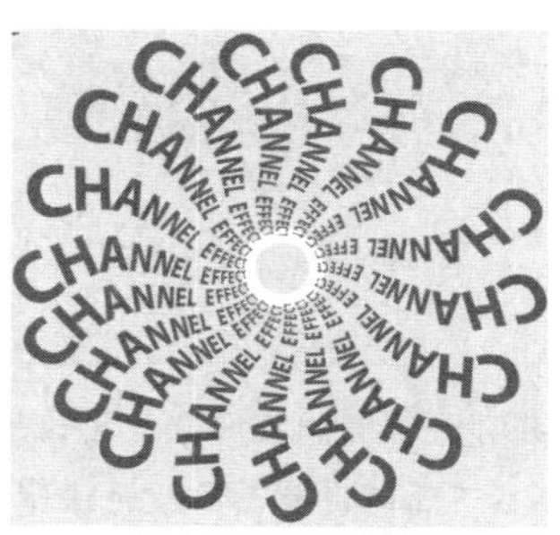

图 4-4-8 滤镜模糊

（3）在“光晕”图层第 55 帧处插入关键帧，如图 4-4-9 所示，放大“光晕”元件。将“滤镜”面板中的“模糊 X”“模糊 Y”值均设为“2”，在第 1 帧～第 55 帧中创建补间动画，如图 4-4-10 所示。

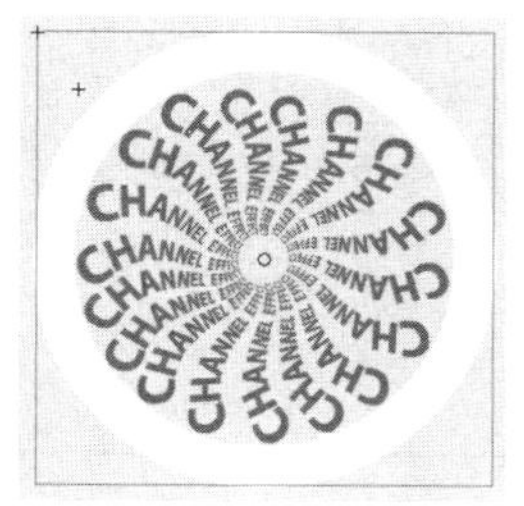

图 4-4-9 插入关键帧

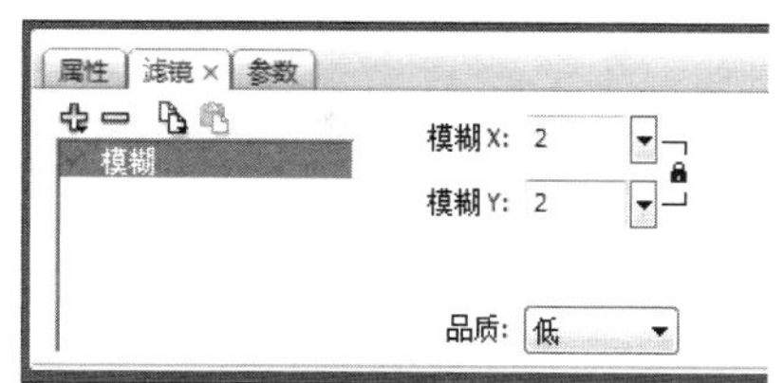

图 4-4-10 创建模糊动画

提 示

充满整个舞台的带滤镜效果的动画会严重影响影片的播放速度，具体受影响程度取决于电脑配置的优劣。综合考虑，把放大以后的“光晕”的模糊值设置得低一些，可以保证播放流畅。

（4）选中“遮罩”图层，右击，在弹出的快捷菜单中执行“遮罩层”命令。执行了“遮罩层”命令后可以发现“遮罩”图层关联了它下方的图层“光晕层”，并且文字范围外的光晕被遮挡了，如图 4-4-11 所示。

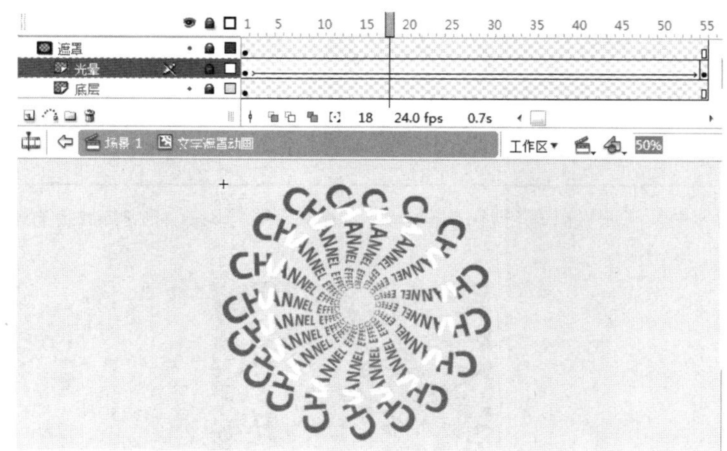

图 4-4-11 制作遮罩

提 示

将一个图层变成遮罩层后，Flash 会默认将这个图层下方的第一个图层作为遮罩关联对象。关联后，遮罩层与被遮罩层均会被锁定。随后我们可以手动解除关联，或者将一个遮罩层关联多个图层，如下图所示。

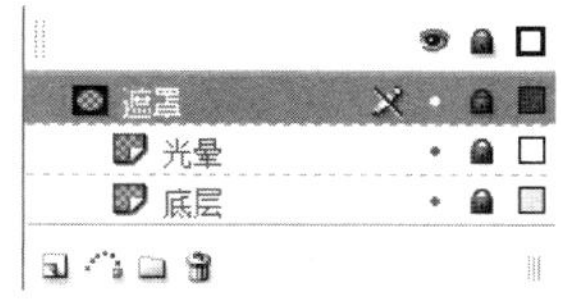

（5）确保遮罩层的帧数也是 55 帧，并且没有空白帧存在。如此一来，光晕穿梭的动画就全部被遮罩在文字范围内了，如图 4-4-12 所示。

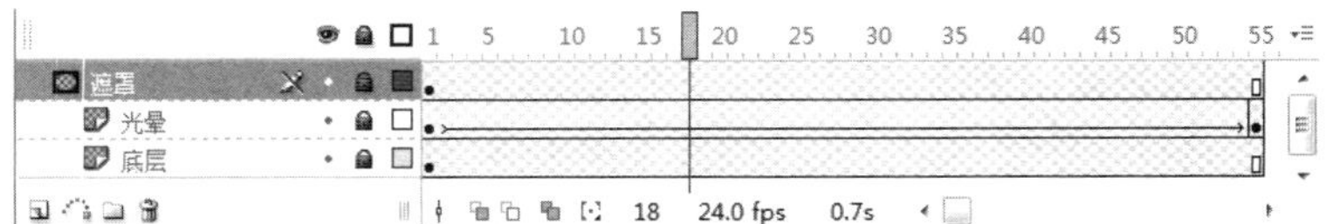

图 4-4-12　遮罩效果

提　示

遮罩层非空白帧数必须与被遮罩层一致，如果遮罩层出现空白帧或者无帧情况，那么对被遮罩对象的效果会失效。

（6）返回到场景编辑状态，在“空间文字”图层的第 300 帧处插入关键帧，在“背景”图层的第 300 帧处插入帧。在“空间文字”图层第 1 帧～第 300 帧中创建补间动画，并在“属性”面板中设置旋转方式为“顺时针”，次数为 1 次，如图 4-4-13 所示。

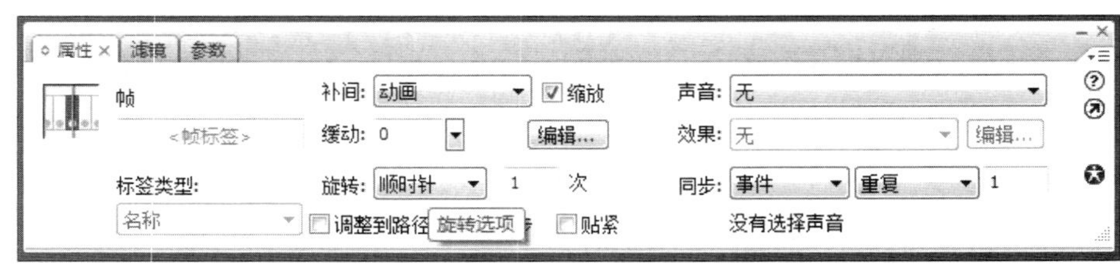

图 4-4-13　编辑属性

提　示

在补间动画中设置顺时针或逆时针旋转方式，并赋予旋转次数，则 Flash 会自动生成旋转动画，如下图所示。

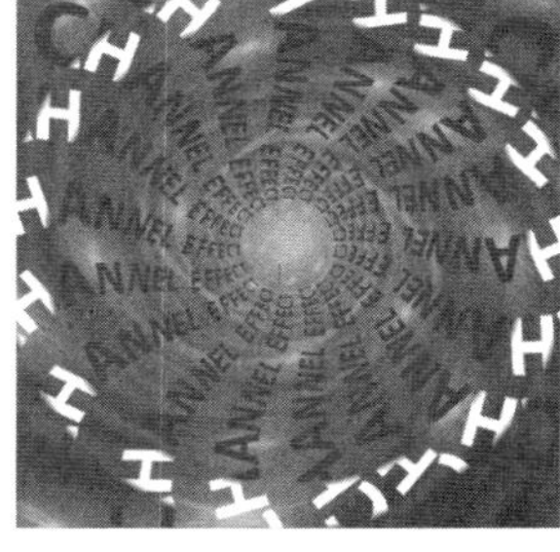

4. 创建标题动画

（1）在“空间文字”图层上方新建一图层，命名为“标题”。在该图层第 25 帧处插入关键帧，置入标题矢量素材，将其转换为影片剪辑元件，命名为“标题”。在第 70 帧处插入关键帧，并在第 25 帧～第 70 帧中创建 Alpha 淡入补间动画，步骤略，如图 4-4-14 所示。

（2）在第 90 帧处插入关键帧，选择“标题”元件，为其添加滤镜外发光效果，相关设置如下：“模糊 X”“模糊 Y”均为 42，强度为 280%，再切换到“属性”面板，赋予该元件亮度值为 100%，并在第 70 帧～第 90 帧中创建补间动画，如图 4-4-15 和图 4-4-16 所示。

图 4-4-14　透明度动画　　图 4-4-15　设置模糊强度　　图 4-4-16　发光效果

提 示

外发光是 Flash 的又一种滤镜效果，它与“属性”面板中的颜色亮度同时使用，可以产生强光闪烁的效果，如下图所示。

（3）在第 110 帧处插入关键帧，选择“标题”元件，将其外发光滤镜的“模糊 X”“模糊 Y”均设置为“0”，强度为“0%”，然后切换到属性面板，取消亮度，并在第 90 帧～第 110 帧中创建补间动画，如图 4-4-17 所示。

图 4-4-17　设置属性

5. 创建人物引导路径动画

新建两个图层，分别命名为“运动员 01”“运动员 02”，在对应图层分别置入位图素材“运动员 01.png”“运动员 02.png”，将其转换为图形元件，分别命名为“运动员 01”“运动员 02”，如图 4-4-18 所示。为这两个元件制作两段时长 60～70 帧的由画面中心淡入画面外的引导路径动画。引导路径动画的具体步骤不再复述，如图 4-4-19 所示。

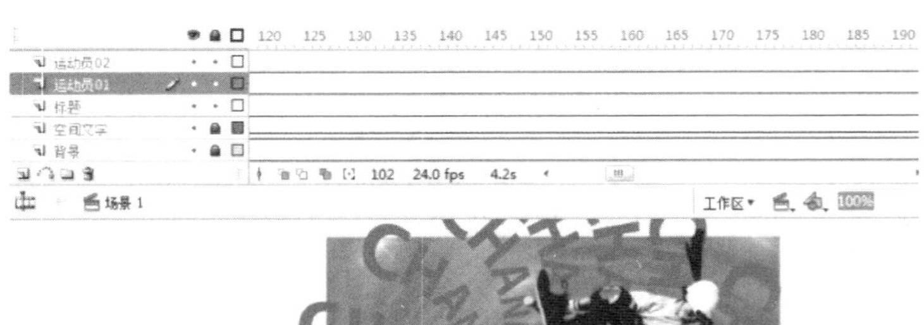

图 4-4-18　建立元件

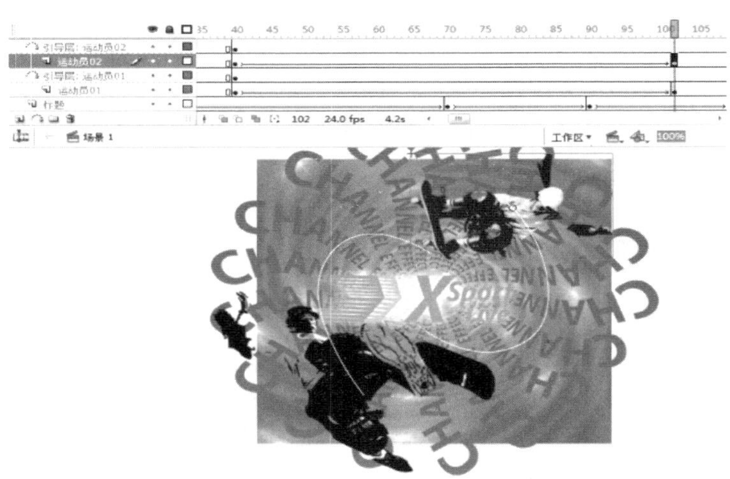

图 4-4-19　引导动画

提 示

为了使运动员感觉像是从隧道中滑行出来，毫无疑问，采用引导路径动画是最合适的。关于两条引导路径形状与运动员的旋转角度，详细情况可参考下图。

6. 发布影片

至此，整个影片制作完毕了，按“Ctrl+Enter”组合键发布影片即可。

归纳提高

在这个任务中，我们初步接触了遮罩层的运用。只有矢量图形或 Flash 点阵图形才能作为遮罩，遮罩层默认情况下会自动关联其下方第一个图层为被遮罩层，也可以手动解除关联，或添加更多关联的被遮罩层。遮罩层中有空白帧或帧数少于被遮罩层的部分，不会有遮罩效果。在 Flash 文件制作过程中，只有将遮罩层与被遮罩层都锁定，才能看到遮罩效果，但这不影响影片的发布效果。

随着网络的普及和发展。网络上的信息越来越丰富，表现方式也更加多样化。人们对网络的追求也不再是单纯的图片与文字的结合，而是基于网络基础的动态效果和交互性。为了顺应这种潮流，各种网页制作软件不断升级，其中，Flash 是制作二维动画的首选软件。无论是动画、广告、游戏，还是整个网站，强大、灵活、易用的 Flash 都是绝大多数专业设计师首选的创作工具。Flash 动画说到底就是“遮罩+补间动画+逐帧动画”与元件（主要是影片剪辑元件）的混合物，通过这些元素的不同组合，可以创建千变万化的效果。Flash 作为一个优秀的传播载体，由于把音乐、动画、声效及交互成功地融合为一体，已成为一种全新的文化传播方式并具有较大的市场潜力。

任务拓展

为标题进入画面使用分段式闪光，使其更绚丽、更富动感，并对标题采用遮罩效果，以产生立体的效果，如图 4-4-20 所示。

图 4-4-20　效果图

Flash 网站设计

情境背景描述

1．职业概述

Flash 动画设计师的工作就是配合脚本将音乐、声效、动画、按钮，以及漂亮而个性的图片拼合在一起，制作出酷炫、高品质的交互动画。达到客户要求的效果是 Flash 动画设计师的最终目的。

2．工作内容

（1）负责 Flash 动画情境的创意设计与开发。

（2）独立完成 Flash 演示短片、Flash 网站设计等制作。

（3）能够与程序有效配合，将 Flash 动画与程序后台接口有效结合。

（4）和平面设计师沟通协作。

（5）制定高标准的代码规范，控制质量。

3．职业要求

教育培训：Flash 动画设计师需要拥有大专以上学历，美术、动画、计算机专业背景。

工作经验：具体要求包括热爱动画，具备美术功底和优良的创新意识；精通 Flash 动画制作技巧，能够熟练使用 Flash、Illustrator 或 CorelDRAW，以及 AfterEffects 和 Premiere 应用软件；能够独立完成动画设计创意和美术设计工作，包括 Flash 片头、网络广告及 Flash 产品演示、Flash 动画短片、多媒体界面设计等相关设计工作；能够进行页面的设计和包装，具有交互界面设计能力；工作高效精益、条理清晰，具备较好的团队合作精神和较强的沟通能力。

活动任务 1　网站 Logo 标识

任务背景

1. Logo 简介

Logo 是标志、徽标的意思，是互联网上各个网站的网络图形标识。

2. Logo 的用途

1）Logo 是网站形象的重要体现。

就一个网站来说，Logo 即是网站的名片。而对于一个追求精美的网站，Logo 更是它的灵魂所在，即所谓的“点睛”之处。图 5-1-1 所示为一些知名网站的 Logo。

图 5-1-1　知名网站 Logo

2）Logo 是网站链接的重要标志。

Logo 是与其他网站链接以及让其他网站链接的标志和门户。各个网站之间可以相互链接，这种链接通常都是靠 Logo 来提供的。Logo 图形化的形式，特别是动态的 Logo，比文字形式的链接更能吸引人的注意。

一个好的 Logo 往往会反映网站及制作者的某些信息，特别是对一个商业网站来说，用户可以从中基本了解到这个网站的类型或者内容。在一个布满各种 Logo 的链接页面中，这一点会突出表现出来。用户要在海量的网站中寻找自己想要的特定内容的网站时，一个能让人轻易看出它所代表的网站的类型和内容的 Logo 会有多重要也就不言而喻了。

3. Logo 的国际标准规范

为了便于 Internet 上信息的传播，关于网站的 Logo 的设计，有着一整套统一的国际标准。其中，目前常用的 Logo 有以下三种规格。

- 88×31（像素）：这是互联网上最普遍的 Logo 规格，主要用于网页链接或网站小型 Logo。
- 120×60（像素）：一般网站自身的 Logo 都是这样的大小，主要用于制作本站的 Logo。
- 120×90（像素）：这种规格用于制作较大的 Logo，主要应用于产品演示或大型 Logo。

4. 一个好的 Logo 应具备的条件

- 符合国际标准。
- 精美、独特。
- 与网站的整体风格相融。
- 能够体现网站的类型、内容和风格。

任务分析

利用绘图工具绘制一个 Logo，使用遮罩动画给 Logo 添加有光在流动的动画效果。

任务实施

1. 新建文件

打开 Flash，新建一个文件，画布大小为 200 像素×250 像素，背景颜色为白色。

2. 绘制 Logo

（1）使用矩形工具，选择“基本矩形工具”，在舞台上绘制一个 180 像素×180 像素的圆角矩形。使用颜料桶工具填充颜色，笔触颜色为无填充，填充颜色类型为“放射状”，颜色分别是#C70000 和#910000，如图 5-1-2 所示。

图 5-1-2 绘制圆角矩形

（2）使用圆角矩形工具，选择任意变形工具，在“变形”面板上设置放大参数为 80%，旋转 45 度，如图 5-1-3 所示。

（3）在圆角矩形上画出如图 5-1-4 所示的线条并把这些线条再复制一遍调整好其位置。

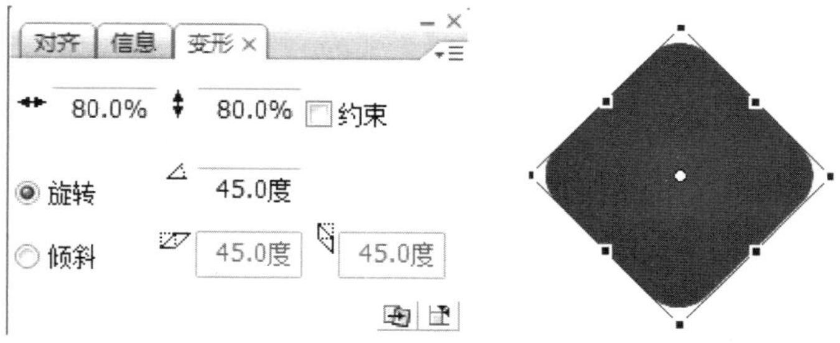

图 5-1-3 设置变形参数

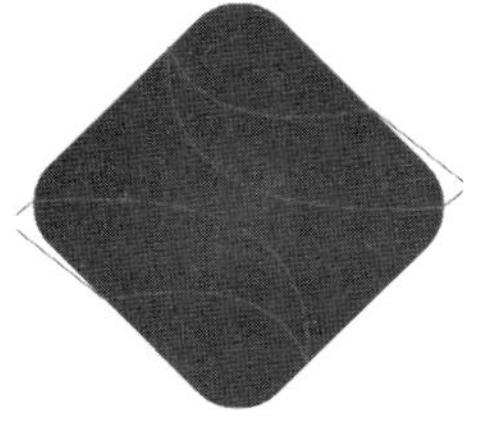

图 5-1-4　绘制线条

（4）选中线条内的区域并删掉，并把不需要的线条也删除，如图 5-1-5 所示。

图 5-1-5　删掉多余线条

3. 用遮罩做流动的光

（1）把该图层重命名为“图形 1”，然后新建一个图层，使用矩形工具绘制一个带有光感的矩形，参数值如图 5-1-6 所示。然后将该形状稍加倾斜，让它显得不那么生硬。

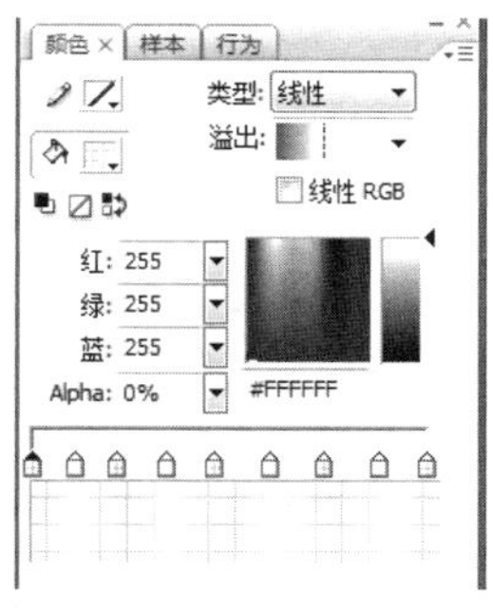

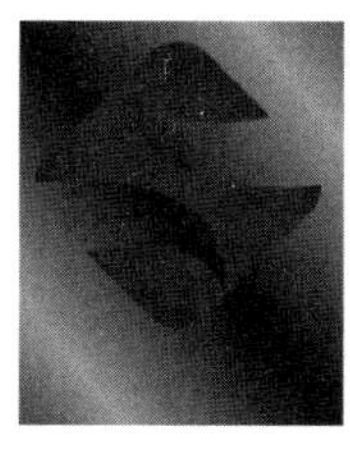

图 5-1-6　绘制半透明带有光感的矩形

（2）选中“图层 1”的第 1 帧，右击，在弹出的快捷菜单中执行“复制帧”命令，复制选中的帧，然后新建一个图层，选中第 1 帧，右击，在弹出的快捷菜单中执行“粘贴帧”命令，粘贴复制的帧，如图 5-1-7 所示。

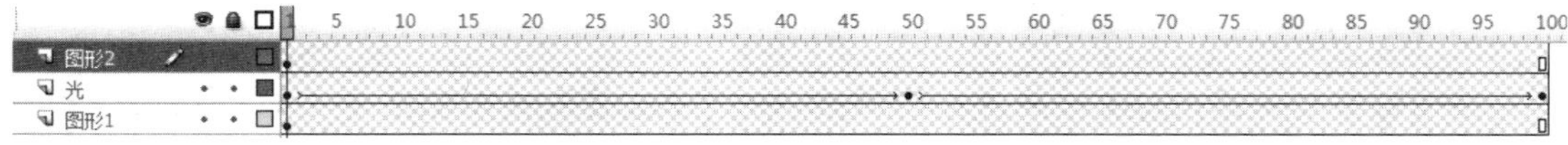

图 5-1-7　新建图层

（3）选中“图层 2”，右击，在弹出的快捷菜单中执行“遮罩层”命令，将其设置为遮罩层，如图 5-1-8 所示。

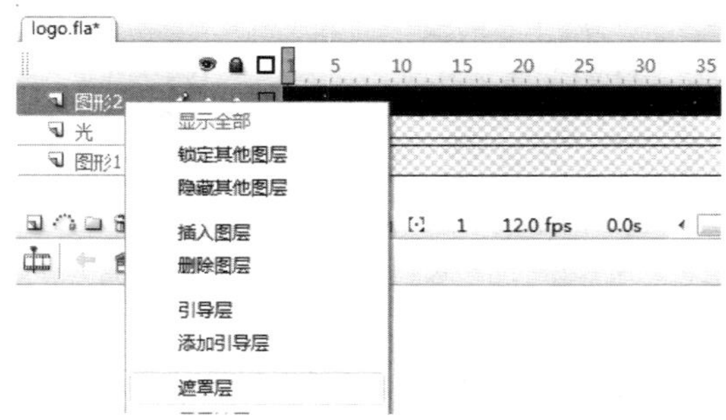

图 5-1-8 设置为遮罩层

（4）这样一个动态的 Logo 就制作完成了，如图 5-1-9 所示。

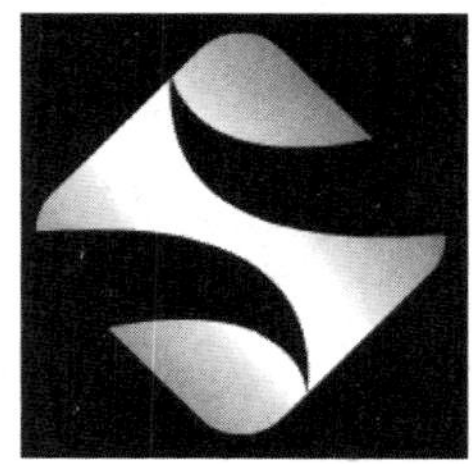

图 5-1-9 效果图

归纳提高

Logo 的设计技巧很多，概括起来要注意以下几点。

① 保证视觉的平衡，讲究线条的流畅，使整体形状美观。

② 用反差、对比或边框等强调主题。

③ 选择恰当的字体。

④ 注意留白，给人想象空间。

⑤ 运用色彩。因为人们对色彩的反映比对形状的反映更为敏锐和直接，更能激发情感。

活动任务 2 网页 Banner 广告

任务背景

1．Banner

在网络营销术语中，Banner 是一种网络广告形式，通常是以 GIF 和 JPG 等格式建立的图像，或 SWF 格式的 Flash 动画影片。Banner 一般放置在网页上的不同位置，在用户浏览网页信息的同时，吸引用户对广告信息的关注，从而获得网络营销的效果。

通常，在大多数情况下，在网站建设、网站设计、网页设计和网页制作中所说的 Banner 如没有特别指明，多数是指较大横幅的广告及其设计和制作方面的服务。

2. Banner 标准规格

Banner 有多种表现规格和形式，其中最常用的是 468 像素 × 60 像素的标准标志广告，由于这种规格曾处于支配地位，在早期有关网络广告的文章中，如没有特别指明，通常都是指标准标志广告。这种标志广告有多种不同的称呼，如横幅广告、全幅广告、条幅广告、旗帜广告等。通常采用图片、动画、Flash 等方式来制作 Banner。

除了标准标志广告，早期的网络广告还有一种比较小的广告，称为按钮式广告（Button），常用按钮式广告的尺寸有四种：125 像素 × 125 像素（方形按钮），120 像素 × 90 像素，120 像素 × 60 像素和 88 像素 × 31 像素。随着网络广告的不断发展，新形式和新规格的网络广告也不断出现，因此美国交互广告署（IAB）也在不断颁布新的网络广告标准。常见的 Banner 和 Button 广告规格如表 5-2-1 所示。

表 5-2-1　常见的 Banner 和 Button 广告规格

名　　称	规格/像素	名　　称	规格/像素
全幅标志广告	468×60	小型广告条	88×31
半幅标志广告	234×60	1 号按钮	120×90
垂直 Banner	120×240	2 号按钮	120×60
宽型 Banner	728×90	方形按钮	125×125

任务分析

企业网站设计旗舰广告的主要用途是将其投放于网站以传递企业信息、宣传企业形象，吸引更多的浏览者访问企业的网站，了解企业或进行网上交易，要想得到以上效果，专业的设计是很有必要的。

本任务采用了红色的主色调，和网页的绿色有所区别，这样突出了广告的视觉形象，易于吸引观众。另外，使用遮罩动画为图像制作了波纹扩散效果，使画面更具有趣味性，增加了广告的说服力。

任务实施

1. 设置背景

（1）新建一个大小为 410 像素×80 像素、背景颜色为#E73029 的文档。

（2）执行“文件→导入→导入到舞台”命令，在弹出的“导入”对话框中选择文件“bg.jpg”，单击“确定”按钮，将图片导入文档中，如图 5-2-1 所示。

图 5-2-1　导入图片

（3）选中图像，在“属性”面板中，设置图片的 X 轴和 Y 轴坐标都为 0，使图片完全覆盖文档，如图 5-2-2 所示。

图 5-2-2　设置图片位置

（4）在时间轴的第 90 帧的位置处插入帧，将动画延长。

2. 动感波纹背景制作

（1）单击时间轴上“插入图层”图标，新建“图层 2”并打开“库”面板，从库中将刚刚置入的图片再次拖动到舞台上，如图 5-2-3 所示。

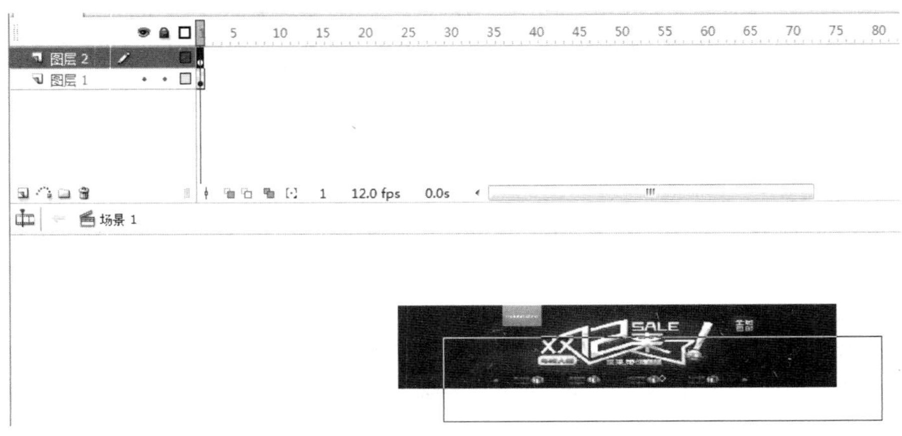

图 5-2-3　将图片拖曳到舞台上

（2）选中图像，在“属性”面板中，同样设置图片的 X 轴和 Y 轴坐标都为 0，如图 5-2-4 所示。

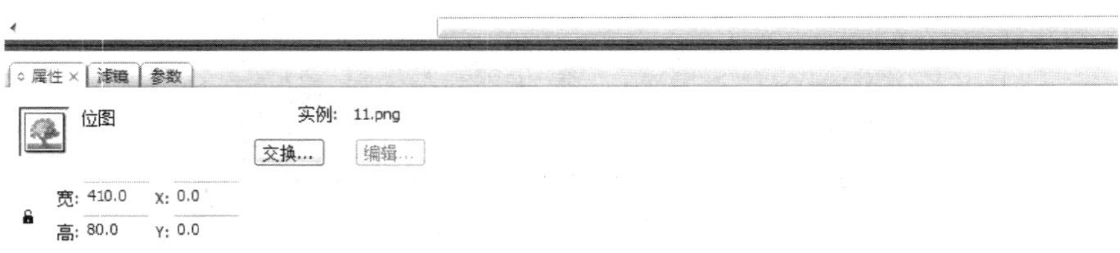

图 5-2-4　设置图片位置

（3）在“图层 2”的第 16 帧处右击，在弹出的快捷菜单中执行“插入空白关键帧”命令。

（4）执行“窗口→变形”命令，在右边打开的“变形”面板中勾选“约束”复选框，在“宽度”文本框中输入 98%，按“Enter”键确认，变形效果如图 5-2-5 所示。

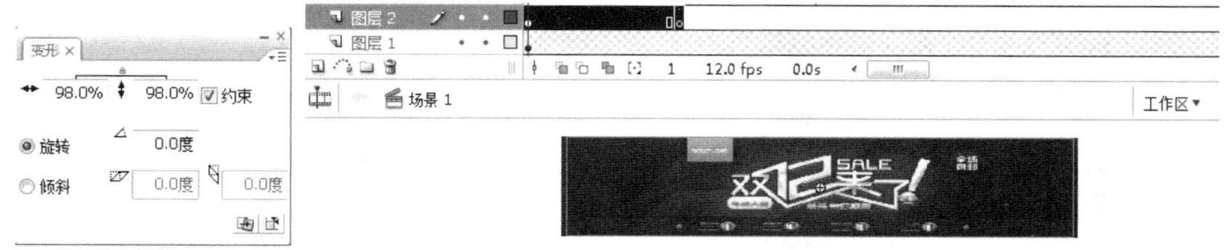

图 5-2-5　设置变形

（5）新建“图层 3”，将边线设为蓝色，填充设为无色，使用工具箱中的椭圆工具在场景中绘制一个椭圆。

（6）使用选择工具选择该椭圆，在“属性”面板中设置边线的宽度为“6.75”，如图 5-2-6 所示。

图 5-2-6　设置椭圆属性

（7）使用同样的方法，绘制另外两个圆，使它们共用同一个圆心，边线依次缩小，如图 5-2-7 所示。

图 5-2-7　依次绘制圆

（8）选中时间轴上的“图层 3”，选中所有的圆，执行“修改→形状→将线条转换为填充”命令，如图 5-2-8 所示。

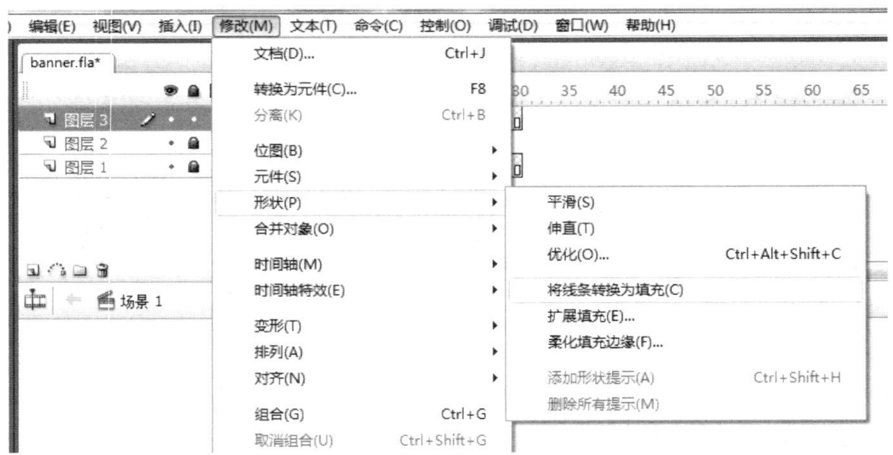

图 5-2-8　将所有圆的线条转换为填充

（9）选择工具箱中的“任意变形”工具，将圆压扁，并将圆移动到背景图案的上方，如图 5-2-9 所示。

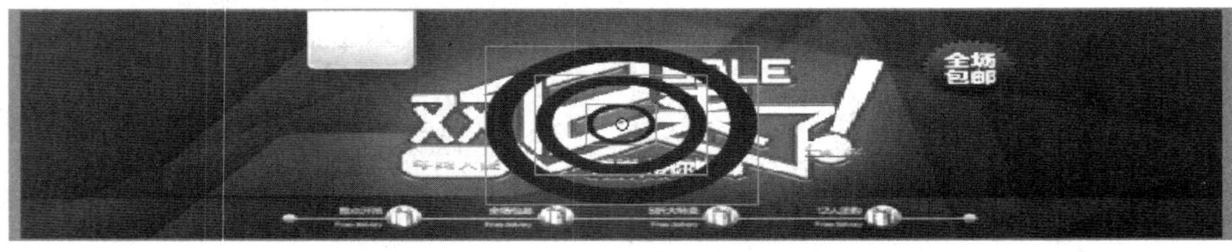

图 5-2-9　将圆变形

提 示

在 Flash 中，我们不能将边线作为遮罩层，也就是说，边线不能作为遮罩。因此我们必须在制作遮罩前将边线转换为填充。

（10）在“图层 3”的第 16 帧处右击，在弹出的快捷菜单中执行“插入关键帧”命令。

（11）选择工具箱中的“任意变形”工具，按住“Shift+Alt”组合键将圆以中心等比例放大，充满整个画面，如图 5-2-10 所示。

图 5-2-10　将圆等比例放大

（12）选中“图层 3”的第 1 帧，右击，在弹出的快捷菜单中执行“创建补间形状”命令，此时时间轴上会出现一个实线箭头，表示动画创建成功，如图 5-2-11 所示。

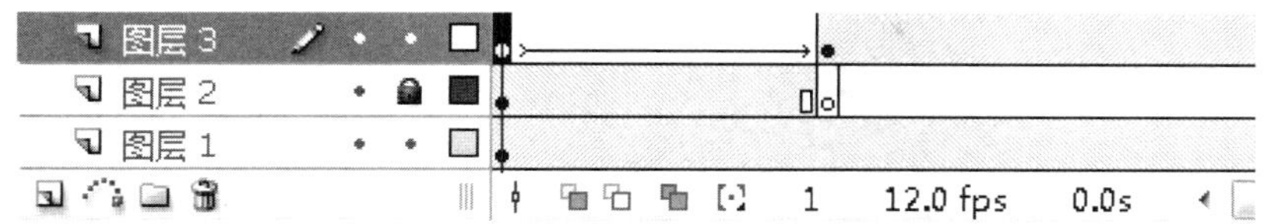

图 5-2-11　创建补间动画

（13）选中“图层 3”，右击，在弹出的快捷菜单中执行“遮罩层”命令，创建遮罩层，如图 5-2-12 所示。

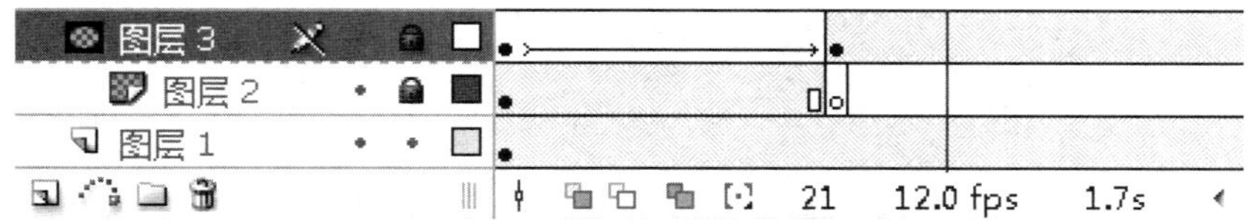

图 5-2-12　创建遮罩层

提 示

Flash 可以创建动作补间和形状补间两种类型的补间动画，在动画补间中，在关键帧中定义一个实例组或文本块的位置、大小和旋转等属性，然后在另一个关键帧中更改这些属性，也可以沿着路径应用补间动画。在形状补间动画中，在一个关键帧中绘制一个形状，然后在另一个关键帧中更改该形状或绘制另一个形状。

3. 摇曳星光制作

（1）绘制星形，执行“插入→新建元件”命令，在弹出的“创建新元件”对话框中，设置类型为“影片剪辑”，名称为“star01”，如图 5-2-13 所示。

图 5-2-13　新建元件

（2）进入元件操作模式，选择工具箱中的“多角星形工具”，在“属性”面板中单击 选项... 按钮，在弹出的“工具设置”对话框中设置参数，如图 5-2-14 所示。

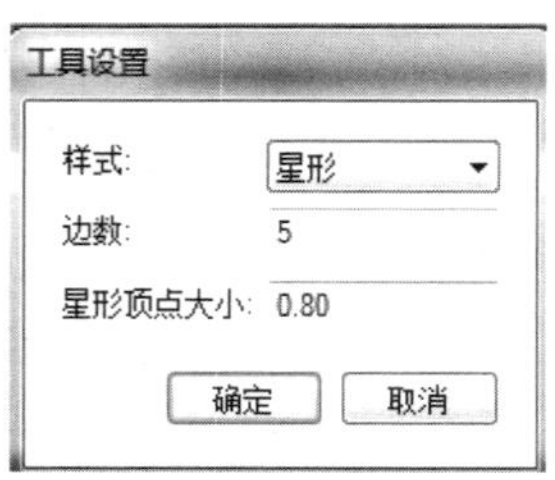

图 5-2-14　设置工具属性

（3）使用多角星形工具绘制一个五角星。选择工具箱中的“转换描点工具”，将五角星的尖角点转换为圆滑点，如图 5-2-15 所示。

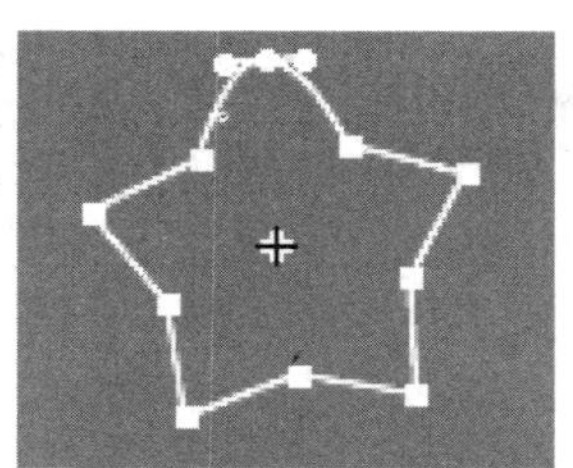

图 5-2-15　绘制五角星

（4）继续使用工具箱中的“转换描点工具”将五角星其他各点转换为圆滑点，并使用选择工具将它们移到文档中心点处，如图 5-2-16 所示。

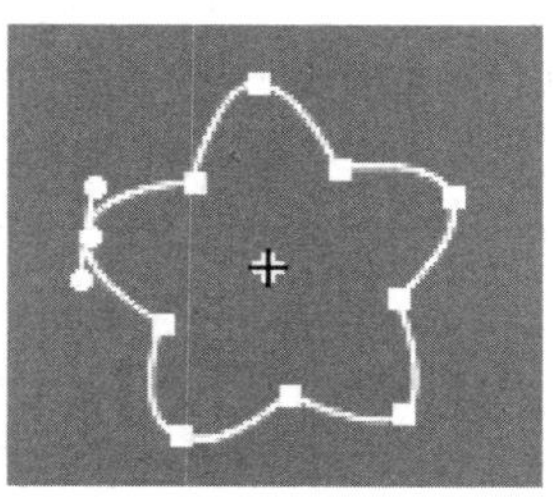

图 5-2-16　将五角星的各点转换为圆滑点

（5）执行“窗口→颜色”命令，打开“颜色”面板，给填充设置粉红色的渐变，将边线设为白色，如图 5-2-17 所示。

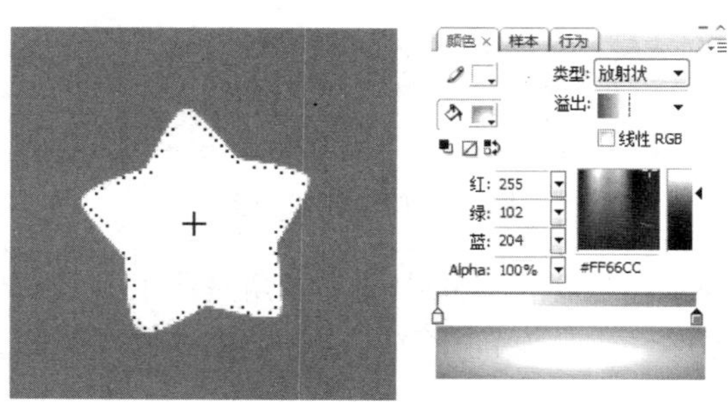

图 5-2-17　设置渐变填充色

（6）新建一个图层，使用椭圆工具，按住 Shift 键绘制一个正圆，此时 Flash 会将上次的填充和边线属性应用到新绘制的对象中，如图 5-2-18 所示。

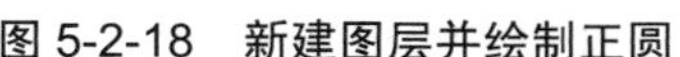

图 5-2-18　新建图层并绘制正圆

（7）打开“颜色”面板，设置放射状填充的渐变色为白色到透明色，如图 5-2-19 所示。

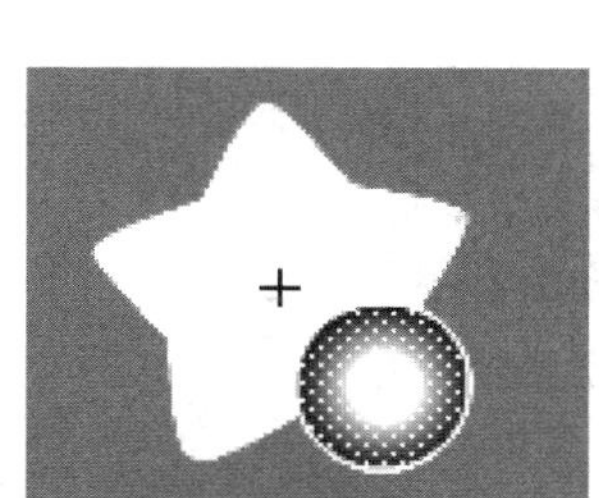

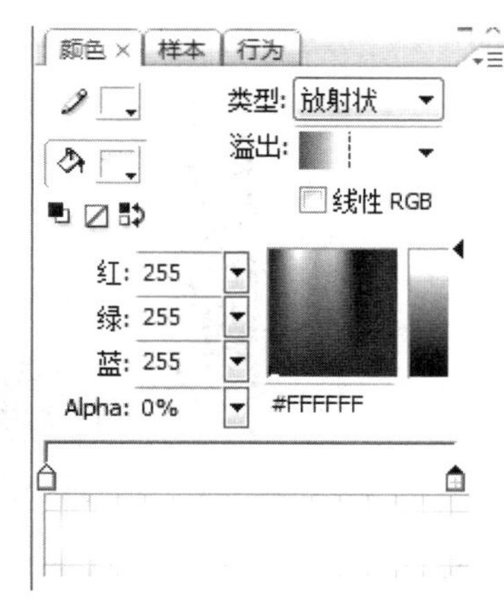

图 5-2-19　设置渐变填充色

提 示

在 Flash 中设置放射状渐变的时候，如果设置的是一种颜色到透明的渐变，最好事先将渐变的色彩设置成同一颜色，再将 7 种颜色的透明度设为 0%，这样渐变不会产生杂色，在场景中透明色是以黑色和灰色表示的。黑色表示透明，灰色表示半透明。

（8）绘制闪光。新建一个图层，使用椭圆工具绘制一个椭圆。再使用任意变形工具旋转椭圆对象，如图 5-2-20 所示。

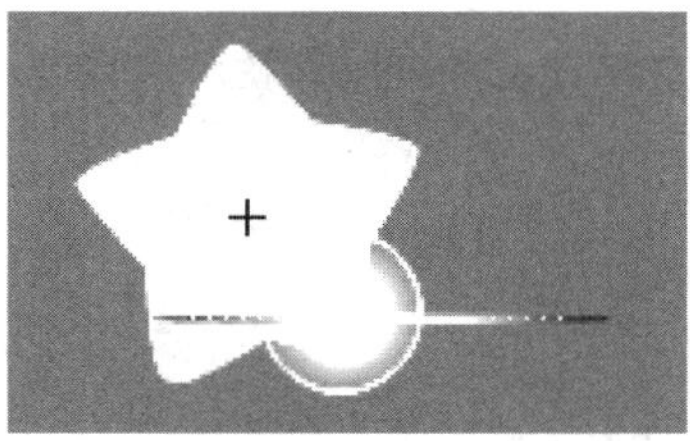

图 5-2-20　新建图层绘制椭圆

（9）新建一个图层，使用同样的方法绘制另外一个椭圆，设定旋转角度，如图 5-2-21 所示。

图 5-2-21　新建图层再绘制椭圆并设置旋转角度

（10）新建一个图层，将图层移至底层，使用椭圆工具绘制一个椭圆，作为星星的外发光，如图 5-2-22 所示。

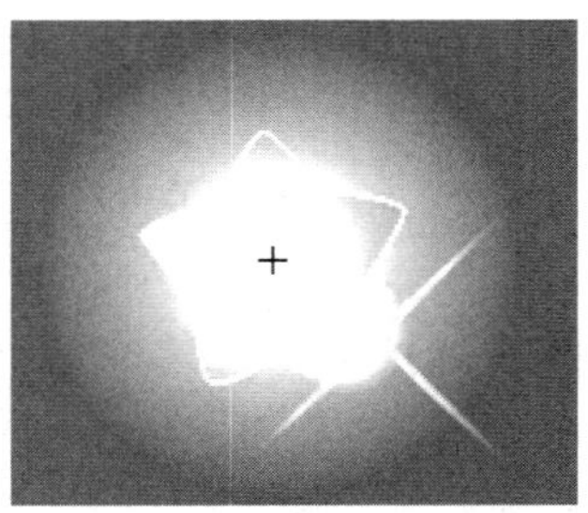

图 5-2-22　新建图层绘制椭圆

（11）新建一个图层，绘制如图 5-2-23 所示的形状。设置其填充为白色，如图 5-2-23 所示。

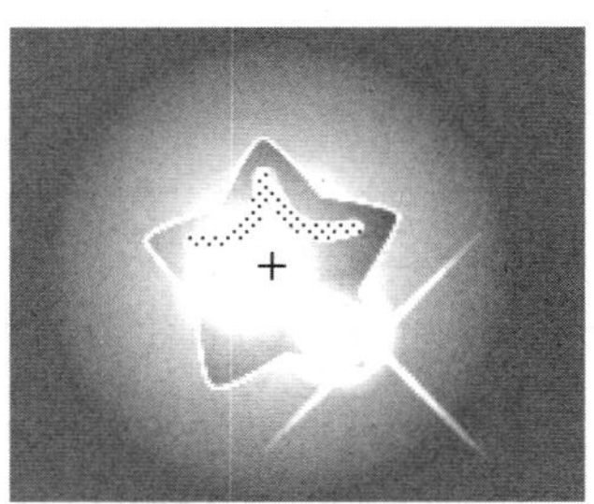

图 5-2-23　绘制形状并填充颜色

（12）选中该对象，在“颜色”面板中将透明度设为 28%，如图 5-2-24 所示。

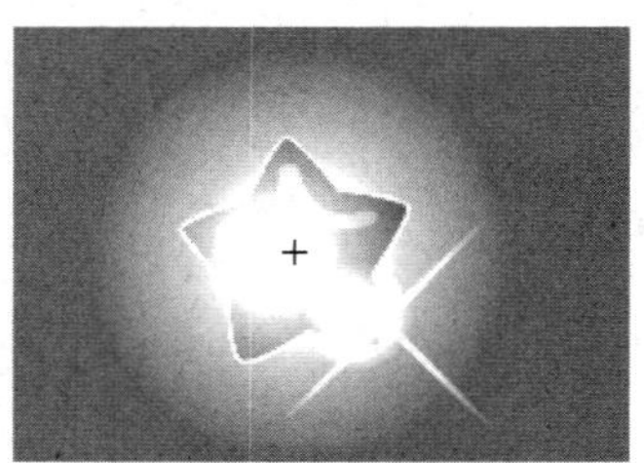

图 5-2-24　设置透明度

（13）执行“修改→形状→柔化填充边缘”命令，在弹出的对话框中设置参数，如图 5-2-25 所示。

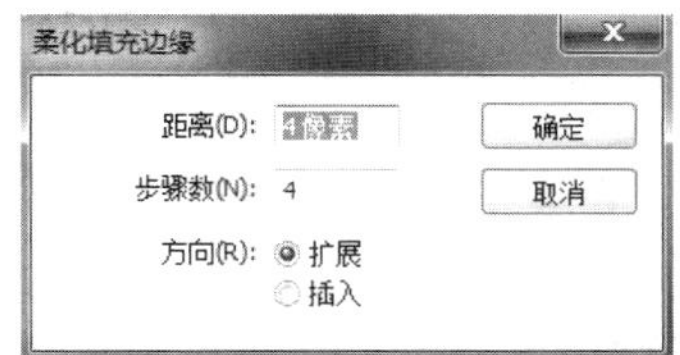

图 5-2-25　柔化填充边缘

（14）执行“插入→新建元件”命令，在弹出的“创建新元件”对话框中，设置类型为“影片剪辑”，名称为“star”，如图 5-2-26 所示。

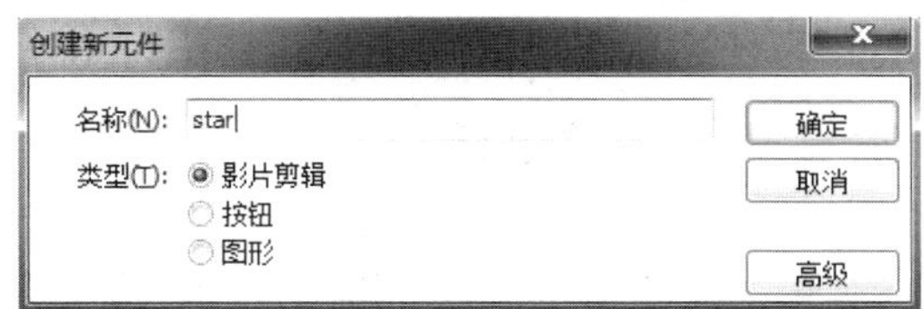

图 5-2-26　新建元件

（15）打开“库”面板，在“库”面板中将元件“star01”拖动到场景中，如图 5-2-27 所示。

图 5-2-27　将元件拖动到场景中

（16）新建一个图层，使用线条工具在场景中绘制一条白色直线，如图 5-2-28 所示。

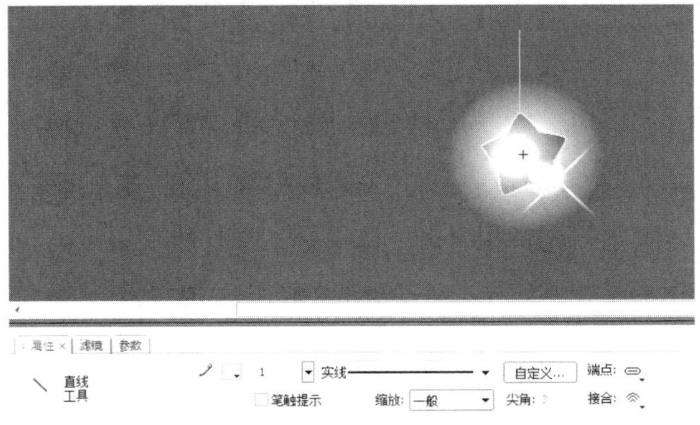

图 5-2-28　新建图层绘制白线

（17）选择直线，按 F8 键，在弹出的“转换为元件”对话框中，设置名称为“line”，“类型”为“影片剪辑”，如图 5-2-29 所示。

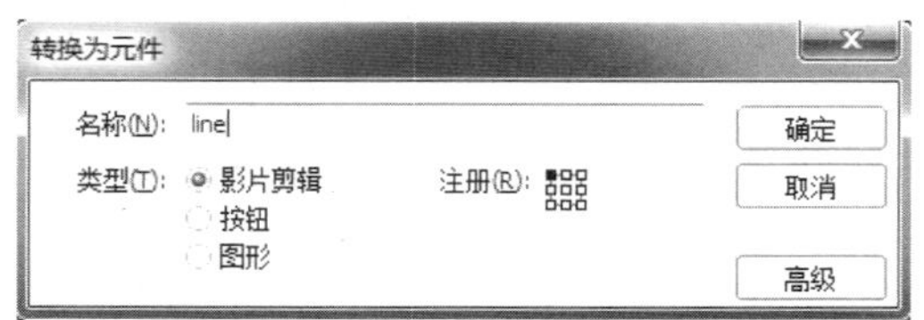

图 5-2-29　转换为元件

（18）选中该元件，选择工具箱中的“任意变形工具”，将中心点移至线段的顶端，如图 5-2-30 所示。

图 5-2-30　移动中心点

（19）分别在“图层 2”的第 15 帧、第 45 帧、第 60 帧处插入关键帧。改变第 15 帧及第 45 帧的旋转角度，如图 5-2-31 所示。

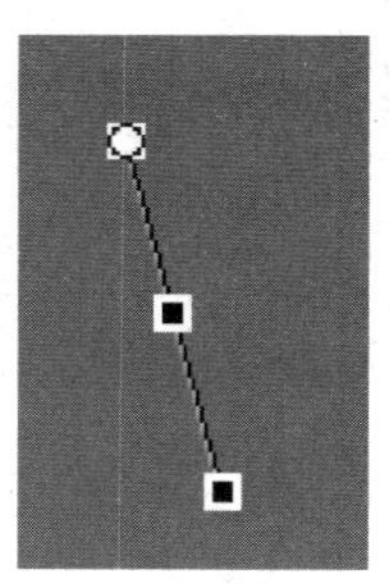

图 5-2-31　插入帧并改变旋转角度

（20）选中时间轴上的“图层 2”中的帧并右击，在弹出的快捷菜单中执行“创建补间动画”命令，创建补间动画，如图 5-2-32 所示。

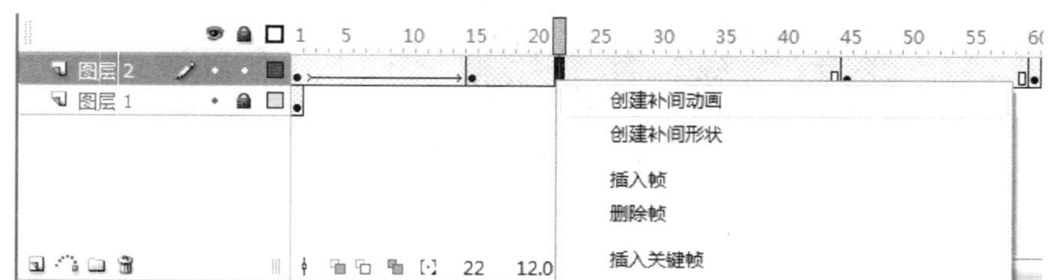

图 5-2-32　创建补间动画

（21）使用同样的方法，在“图层 1”中修改星形旋转的中心点，创建相同的关键帧后添加补间动画，如图 5-2-33 所示。

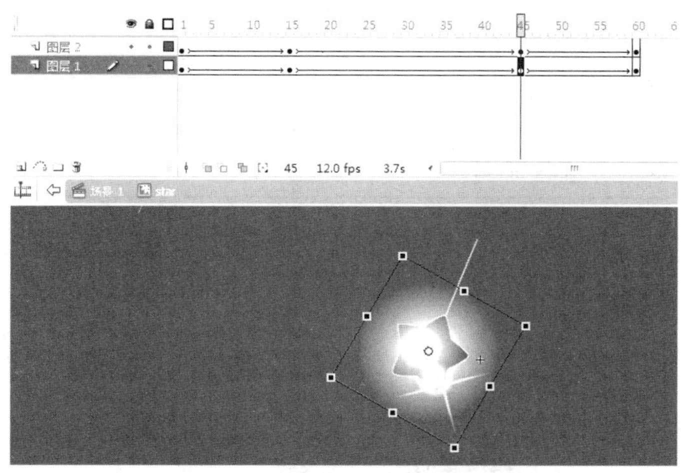

图 5-2-33　旋转中心点并创建补间动画

（22）使用同样的方法绘制其他 2 个星形，制作时需要注意颜色的变化。另外，星星摇摆的补间动画也要有变化，如图 5-2-34 所示。

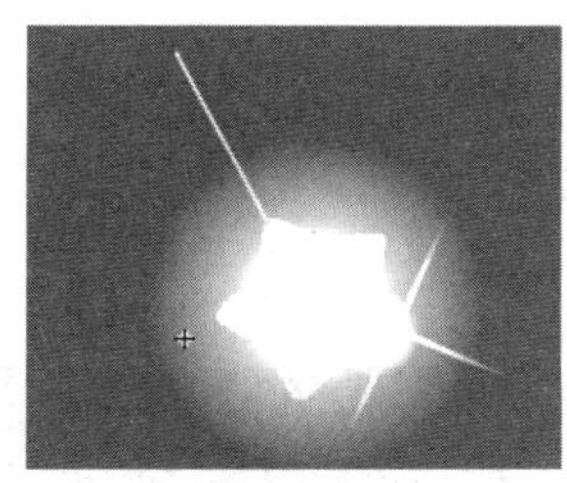

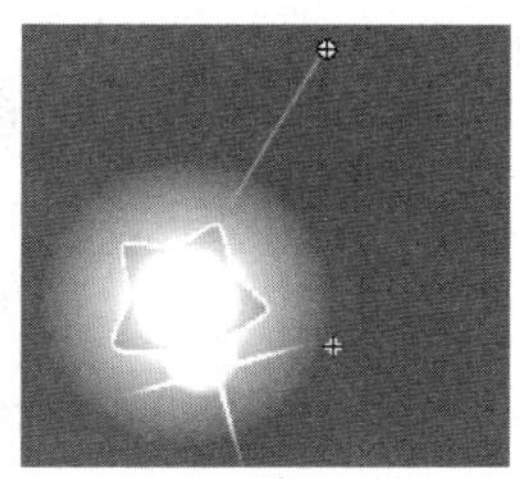

图 5-2-34　绘制其他星形

（23）回到场景中，新建一个图层，将 3 个星星拖动到场景中，排列好顺序后，全选中，按 F8 键，在弹出的“转换为元件”对话框中，设置“名称”为“star-mc”，“类型”为“影片剪辑”，如图 5-2-35 所示。

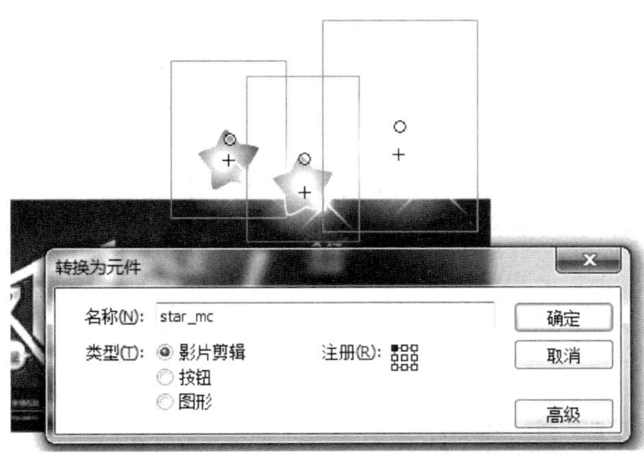

图 5-2-35　转换为元件

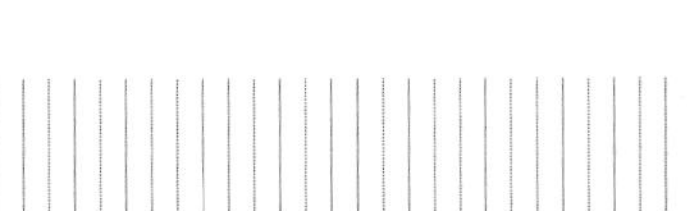

> **提 示**
>
> 我们在制作具有相同外观的对象时，可以使用重置的命令，这样对于一些相同的元素就可以不用重新绘制了。在“库”面板中选中要复制的对象，右击，在弹出的快捷菜单中执行“直接复制”命令即可。

（24）在新建的“图层 4”的第 20 帧处插入关键帧，使用选择工具将元件“star_mc”垂直向下移动，如图 5-2-36 所示。

图 5-2-36　移动元件

（25）分别在该层的第 70 帧和第 90 帧处插入关键帧，选中第 90 帧处的“star_mc”元件，在属性面板中设置 Alpha 值为 0%，如图 5-2-37 所示。

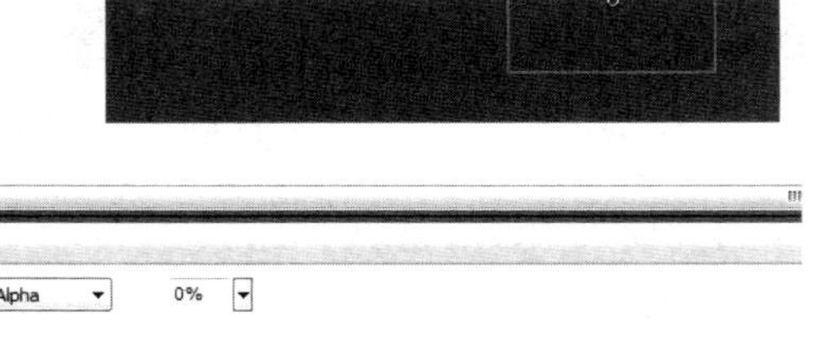

图 5-2-37　设置 Alpha 值

（26）选中时间轴上的“图层 4”的各帧并右击，在弹出的快捷菜单中执行“创建补间动画”命令，创建补间动画，如图 5-2-38 所示。

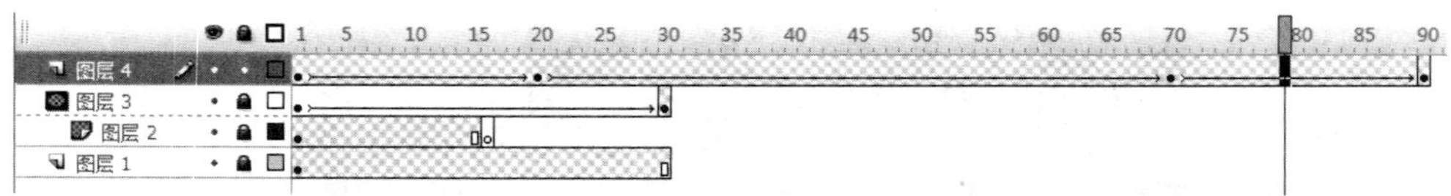

图 5-2-38　创建补间动画

4. 新品上市广告图标

（1）新建一个图层，在素材中选择图片“ddd.png”，单击“确定”按钮。

（2）移动图片至合适位置，选中置入的图片，按 F8 键，在弹出的“转换为元件”对话框中将“类型”设为“影片剪辑”，如图 5-2-39 所示。

图 5-2-39　转换为元件

（3）在“图层 5”的第 31 帧、第 32 帧、第 33 帧、第 34 帧处右击，插入关键帧，如图 5-2-40 所示。

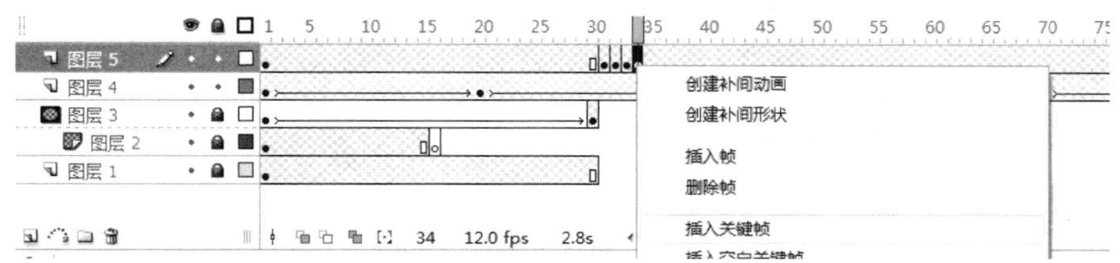

图 5-2-40　插入关键帧

（4）分别选中第 31 帧和第 33 帧，在“属性”面板中设置 Alpha 值分别为 90%和 70%，如图 5-2-41 所示。

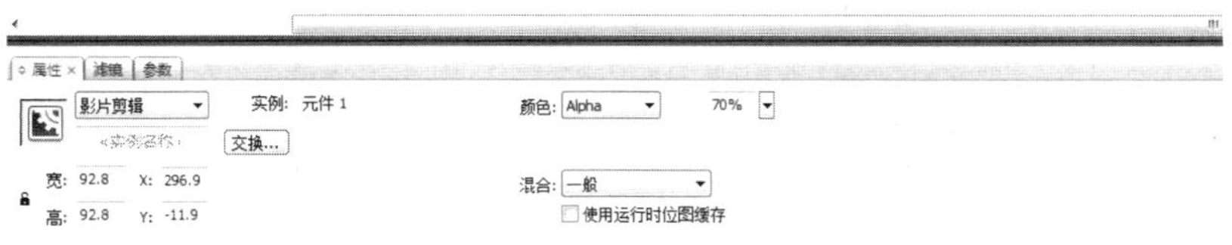

图 5-2-41　设置 Alpha 值

归纳提高

Banner 一般放置在网页顶部，有的也放在网页中部，能很有效地吸引浏览者的视线。我们在设计时要注意以下几方面。

（1）一个有水准、具有创意的 Banner 容易得到浏览者的单击，并且得到很好的客户第一印象。

（2）广告语对浏览者有用或吸引人，能很容易得到浏览者的单击。

（3）设计平庸（庸俗）的 Banner 会引起浏览者的反感，并且会直接影响客户对该网站甚至该企业的第一印象。

活动任务 3 网站首页动画——萤火虫飞舞

任务背景

使用动作代码制作萤火虫飞舞的效果。制作网站首页动画，利用行为建立网页链接，单击进入按钮可进入网站首页。

任务分析

（1）根据实际情况调整现有代码的数值。
（2）掌握简单的置入音频步骤，设置淡出淡入效果。
（3）利用行为建立网页链接。

任务实施

1. 建立文档、创建画布、“背景”

新建文件，将画布设置为宽 1024 像素、长 590 像素，帧频调至 24FPS（每秒 24 帧），背景颜色设置为黑色。新建图层，将其命名为“背景”，置入位图素材“背景.jpg”，与画布居中对齐。

2. 制作萤火虫实例

（1）新建影片剪辑元件，将其命名为“萤火虫”，如图 5-3-1 所示。进入该元件编辑状态，使用椭圆工具绘制一个圆形，填充色任意，如图 5-3-2 所示。

图 5-3-1 新建元件

图 5-3-2 绘制的圆形

提示

注意图形必须小一些，直径控制在 2 像素内，如下所示。

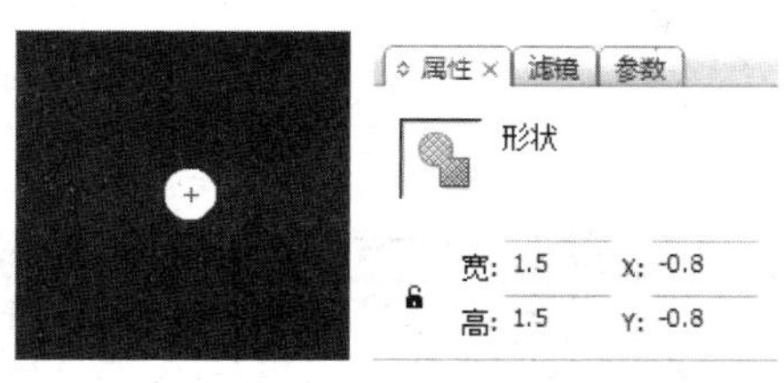

（2）选中这个圆形，执行“修改→形状→柔化填充边缘…”命令，弹出“柔化填充边缘”面板，如图 5-3-3 所示。将“距离”设为“4 像素”，“步骤数”设为“4”，“方向”设为“扩展”。单击“确定”按钮，可发现圆形外围出现了柔化的光晕，如图 5-3-4 所示。

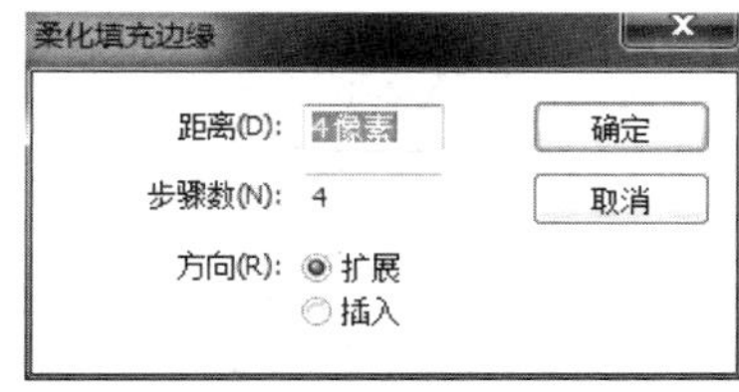

图 5-3-3 “柔化填充边缘”面板

图 5-3-4 柔化效果

提示

“柔化填充边缘”的功能是通过增加填充形状轮廓步骤数，进行透明度递减的方式来获得近似羽化模糊的效果的。该命令只适用于 Flash 点阵图形。“柔化填充边缘”的距离越近，步骤数越多，柔化效果就越好。

（3）新建影片剪辑元件，将其命名为“萤火虫实例”，如图 5-3-5 所示。进入该元件编辑状态，新建一个图层，将其命名为“普通”，在该图层拖入“萤火虫”元件，并在第 10 帧处插入帧，如图 5-3-6 所示。

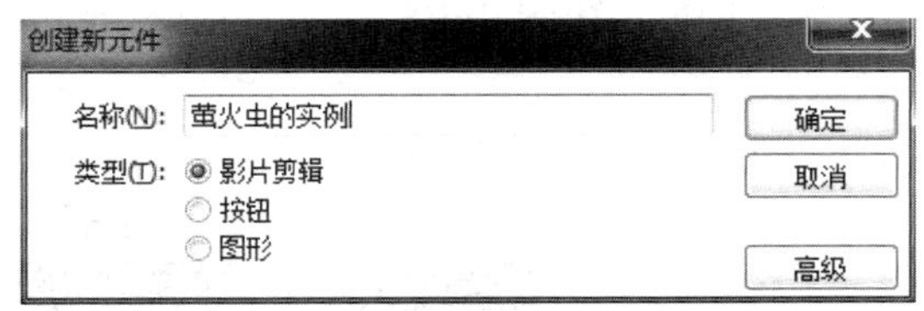

图 5-3-5 新建元件

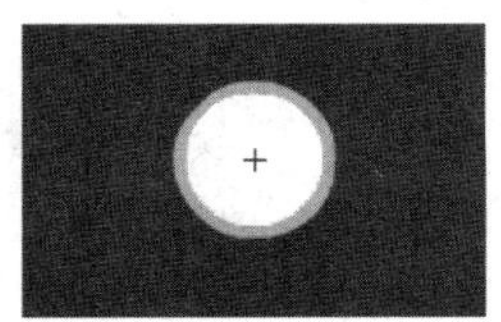

图 5-3-6 编辑元件

（4）在“普通”图层下方新建图层，将其命名为“闪光”，同样拖入“萤火虫”元件，放大该图层的“萤火虫”元件，并在第 1 帧～第 10 帧的每一帧都插入关键帧，删除第 1 帧、第 3 帧、第 5 帧、第 7 帧、第 9 帧的“萤火虫”元件。在“普通”图层上方新建图层，将其命名为“action”，在该图层第 1 帧处输入 stop 代码，如图 5-3-7 所示。

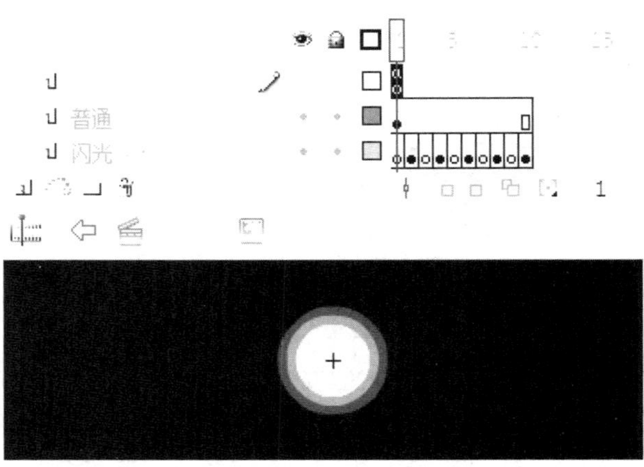

图 5-3-7　图层内容的设置

提 示

由于现实生活中萤火虫发出的光是若隐若现的，所以才在“萤火虫实例”中添加了闪光的逐帧动画，“闪光”图层的“萤火虫”元件大约放大至直径 30 像素即可，如下图所示。

3. 输入萤火虫代码

（1）返回场景编辑状态，在“背景”图层上方新建一图层，将其命名为“萤火虫”，在该图层将“萤火虫实例”元件拖入画布任意位置。选中“萤火虫实例”元件，将“属性”面板中的“颜色”设为“色调”，色值为#5EFEE2，如图 5-3-8 所示。

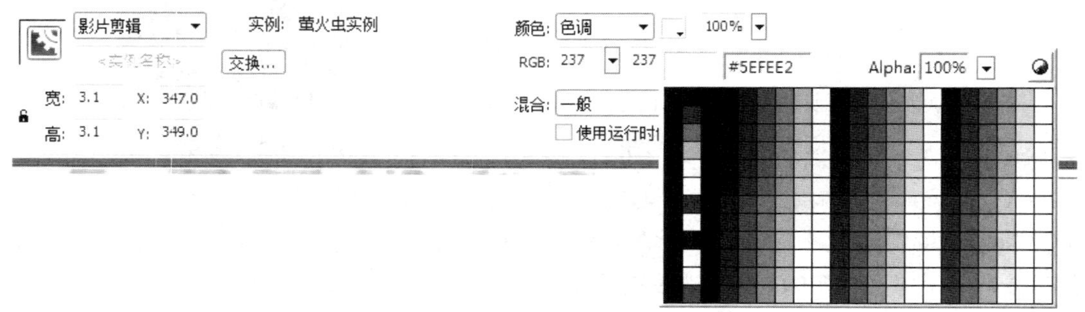

图 5-3-8　“萤火虫实例”属性设置

提 示

注意将“萤火虫”图层的“萤火虫实例”影片剪辑元件在“属性”面板中的实例名称修改为“lighting”，如下图所示。

（2）在“萤火虫”图层上方新建一图层，将其命名为“action”，如图 5-3-9 所示，在该图层时间轴第 1 帧处输入以下代码：

```
scene_width = 1024;
scene_height = 590;
scene_space = 0;
speed = 0.008;
lingtingNum = 200;
i = 0;
_root.lighting.onEnterFrame = function () {
this._visible = 0;
if(i<lingtingNum) {
  mc = this.duplicateMovieClip.("star" + i, i);
mc._x = random (scene_width)+scene_space;
mc._y = scene_height+00;
}
i++;
   };
```

```
scene_width = 1024;
scene_height = 590;
scene_space = 0;
speed = 0.008;
lingtingNum = 200;
i = 0;
_root.lighting.onEnterFrame = function () {
    this._visible = 0;
    if (i<lingtingNum) {
        mc = this.duplicateMovieClip ("star"+i, i);
        mc._x = random (scene_width)+scene_space;
        mc._y = scene_height+00;
    }
    i++;
};
```

图 5-3-9　在“action”图层第 1 帧处输入代码

提 示

此段代码中的“scenc_widith = 1024;”与“scene_hetght = 590;”语句的参数与画布尺寸对应，若画布尺寸发生变化，则代码也必须相应变化。另一个重要的参数“spccd = 0.008;”则控制萤火虫飞舞的速度，数值越大，速度则越快。

代码输入完毕后，按“Ctrl+Enter”组合键生成影片后，即可看到无数萤火虫从画布底部飞出来。

4. 置入背景音乐

（1）在“action”图层上方新建一个图层，将其命名为“背景音乐”，在该图层置入音频素材“背景音乐.mp3”。选中该图层第 1 帧，在“属性”面板中，将声音循环设置为“重复，循环次数设置为“65535”，如图 5-3-10 所示。

图 5-3-10　背景声音的循环设置

> **提 示**
>
> “声音循环”下拉列表中提供了两种选择，一种是“重复”，另一种是“循环”，若选择了“循环”，那么发布影片后该音频素材会无限循环播放。
>
> 这种方式更适合做首尾可循环音乐。而我们的音频素材并不是首尾可循环音乐，所以选择了“重复”，并将“重复次数”设为最大。“重复次数”最小值是 0，最大值是 65535。

在“属性”面板中，将声音效果设置为“淡出”。单击“效果”选项右边的“编辑…”按钮，打开“编辑封套”面板，如图 5-3-11 所示。在 0.7 秒位置处添加节点，再在 0 秒起始位置，添加一个节点，并将上下两个声道的节点都移到底部，形成两条斜线。

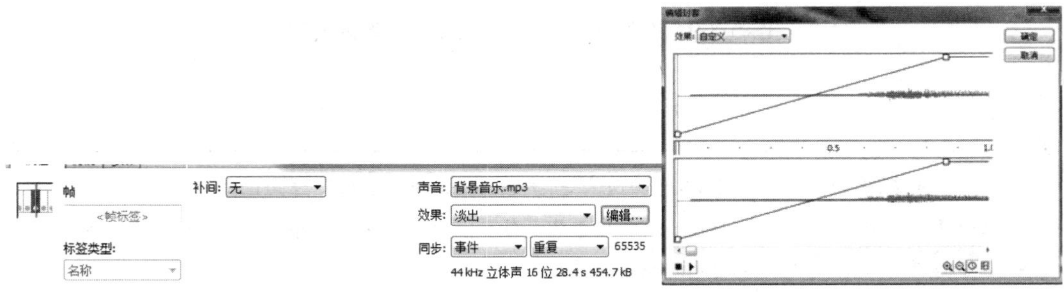

图 5-3-11　声音的设置

提 示

所谓“淡出”效果，是指音频素材在播放到尾声时，以越来越轻，直至无声来结束的效果。“淡入”效果则是指从无声至越来越响的效果。而我们希望音频同时能够拥有淡入、淡出两种效果，但声音效果中只能满足其中一种，所以在选择了“淡出”后，还需要人为进行自定义编辑。经过如图 5-3-11 所示的编辑后，该音频素材就会同时具备淡入与淡出两种效果。

5. 利用行为建立网页链接

（1）新建图层，执行“窗口→组件”命令或按“Ctrl+F7”组合键，打开“组件”面板。执行“窗口→行为”命令或按“Shift+F3”组合键，打开“行为”面板，如图 5-3-12 所示。

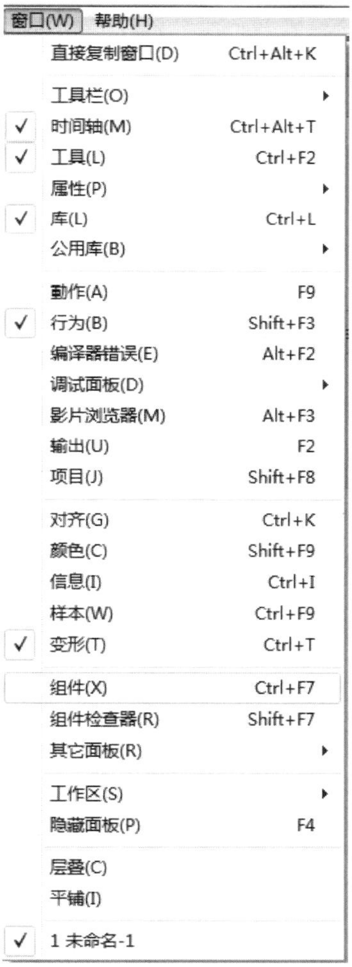

窗口(W) 帮助(H)	
直接复制窗口(D)	Ctrl+Alt+K
工具栏(O)	▸
✓ 时间轴(M)	Ctrl+Alt+T
✓ 工具(L)	Ctrl+F2
属性(P)	▸
✓ 库(L)	Ctrl+L
公用库(B)	▸
動作(A)	F9
✓ 行为(B)	Shift+F3
编译器错误(E)	Alt+F2
调试面板(D)	▸
影片浏览器(M)	Alt+F3
输出(U)	F2
项目(J)	Shift+F8
对齐(G)	Ctrl+K
颜色(C)	Shift+F9
信息(I)	Ctrl+I
样本(W)	Ctrl+F9
✓ 变形(T)	Ctrl+T
组件(X)	Ctrl+F7
组件检查器(R)	Shift+F7
其它面板(R)	▸
工作区(S)	▸
隐藏面板(P)	F4
层叠(C)	
平铺(I)	
✓ 1 未命名-1	

图 5-3-12 执行“行为”命令

（2）在图层中选中第 1 帧后，在“组件”面板的对话框中将按钮组件拖动到舞台上。在下面的“参数”面板中将标签更改为“link”，如图 5-3-13 所示。

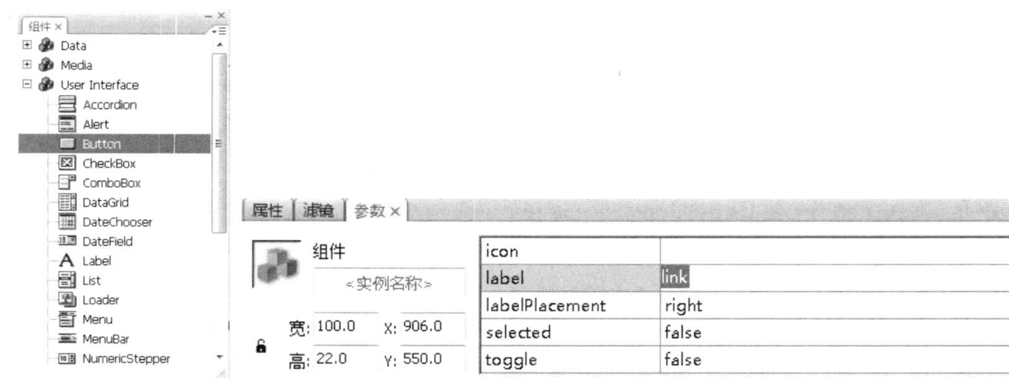

图 5-3-13　设置组件属性

（3）在选中链接按钮的状态下，单击“行为”面板中的添加按钮，在弹出的菜单中执行“Web→转到 Web 页”命令，如图 5-3-14 所示。

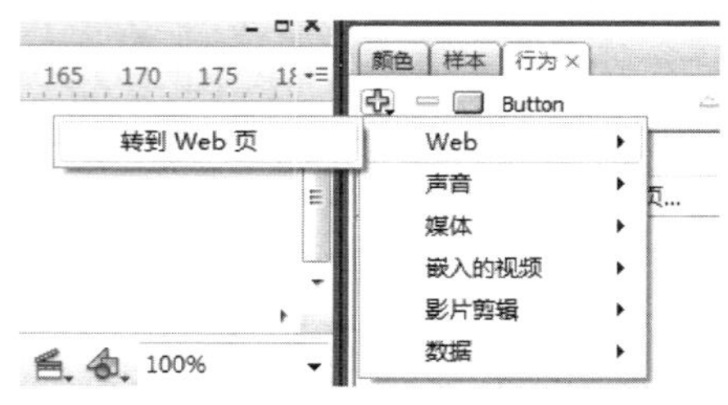

图 5-3-14　转到 Web 页

（4）弹出“转到 URL”对话框，在“URL”文本框中输入“http://www.naver.com”。将打开方式指定为_self 后，再单击“确定”按钮，如图 5-3-15 所示。

图 5-3-15　转到 URL

（5）按“Ctrl+Enter”组合键测试影片。可以确认单击链接时，会打开 http://www.naver.com 网站。

归纳提高

通过本任务，我们实现了利用动作代码控制“萤火虫实例”飞舞的效果，并掌握了简单的置入音频步骤，以及设置淡入淡出效果，并能够执行“Web→转到 Web 页”命令，将 Flash 链接到网页。也可以使用单击跳转到网页按钮将动画添加到自己的网页中。

```
on(release)                    //当单击按钮时
{
```

```
    getURL("index.html");              //跳转到网页index.html
    }
```

活动任务 4 彩色斜条动感导航菜单

任务背景

1. 导航菜单概述

导航是一个技术门类的总称，它的本意是引导飞机、船舶、车辆，以及个人安全、准确地沿着选定的路线，到达目的地的一种手段。导航的基本功能是回答以下三个问题：现在在哪里？要去哪里？如何去？

在网站设计中借用了导航的概念，网站导航是指通过一定的技术手段，为网站的访问者提供一定的途径，使其可以方便地访问到所需的内容。

导航菜单是网页元素中非常重要的部分，其主要作用就好像是网站内容的目录，通过导航菜单可以让用户在浏览网页时很容易地到达不同的页面。导航栏还提供了链接的关键字，通过导航栏可以清晰地找到要浏览的网站内容。

2. 导航菜单设计技术概述

根据不同的需要，可以使用多种技术来进行导航菜单的制作。

（1）使用 HTML 制作简单的图片和文字链接式导航菜单。

（2）使用脚本和样式表制作导航菜单。

（3）使用 Flash 制作动感菜单。

任务分析

本任务将设计一个色彩斜条动感菜单，在实现过程中将学习如何使用按钮和影片剪辑元件来设计动感导航菜单。

任务实施

1. 背景设计

（1）新建一个 Flash 文档，设置文档大小为 766 像素×250 像素，背景色为灰色。

（2）将“图层 1”更名为“背景”。使用“矩形工具”绘制一个大小为 660 像素×110 像素的白色矩形。按 F8 键，将矩形图像转换为影片剪辑元件，将其命名为“背景矩形”。选中舞台工作区中的“背景矩形”实例，打开“属性”面板，选择“滤镜”选项卡，切换到“滤镜”面板。单击“滤镜”面板中的“添加滤镜”按钮，在弹出的快捷菜单中执行“投影”命令，为“背景矩形”影片剪辑元件实例添加“投影”效果，参数为默认值，效果如图 5-4-1 所示。

图 5-4-1　绘制矩形

（3）使用矩形工具在白色矩形左方绘制一个大小为 280 像素×130 像素的矩形，设置笔触颜色为白色，笔触大小为 8，填充色为橙色。使用部分选取工具选择矩形右上角的锚点，并向右拖动成梯形，效果如图 5-4-2 所示。

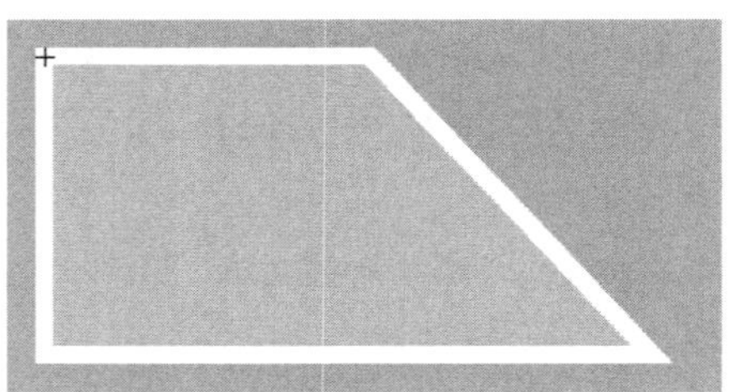

图 5-4-2　绘制矩形并修整

（4）按步骤（2）中的方法将梯形图像转换为影片剪辑元件，命名为“左侧梯形”，并为舞台中的元件实例添加“投影”效果，参数为默认值。

（5）将素材中的 Logo 元件导入库中，效果如图 5-4-3 所示。

图 5-4-3　导入素材

（6）按上面的方法制作右上角的三角形图像（其中的箭头图标从本书所附素材文件中导入），效果如图 5-4-4 所示。

图 5-4-4　效果图

2. 导航菜单设计

（1）执行“插入→新建元件”命令，创建一个名为“首页”的影片剪辑元件，并进入影片剪辑元件编辑状态。

（2）使用矩形工具绘制一个大小为 64 像素×40 像素，颜色为深蓝色（#336699）的矩形。在“时间轴”面板中，将“图层 1”更名为“阴影矩形”。在图层第 5 帧和第 10 帧处插入关键帧。在第 5 帧中，将矩形向上移动少许（8 像素）。再创建从第 1 帧～第 5 帧、第 5 帧～第 10 帧的动作补间动画，如图 5-4-5 所示。

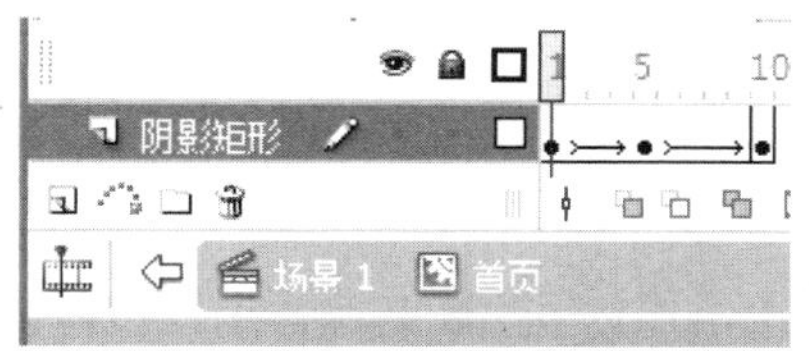

图 5-4-5　创建动作补间动画

（3）在“时间轴”面板中，插入一个新图层，将其命名为“阴影遮罩”。在该图层中，在阴影矩形的右上方绘制一个大小为 64 像素×14 像素的矩形。在“阴影遮罩”图层中，在阴影矩形的上方绘制一个大小为 64 像素×14 像素的矩形。在“阴影遮罩”图层上右击，在弹出的快捷菜单中执行“遮罩层”命令，将该图层转换为遮罩层。此时，在第 1 帧和第 5 帧的图像如图 5-4-6 所示。

图 5-4-6　阴影遮罩

（4）在“时间轴”面板中，插入一个新图层，将其命名为“菜单条”。在该图层中，绘制一个天蓝色梯形（注意，梯形的斜边与前面的有阴影矩形上边对齐），并插入文字和图标，完成后的效果如图 5-4-7 所示。选中“菜单条”图层中的所有对象，按 F8 键将其转换为影片剪辑元件。在“菜单条”图层第 5 帧和第 10 帧处插入关键帧。在第 5 帧中，使用选择工具将梯形向上移动少许（8 像素），再在“滤镜”面板中为其添加“投影”效果，参数为默认值，效果如图 5-4-8 所示。再在第 1 帧～第 5 帧、第 5 帧～第 10 帧中创建补间动画。

图 5-4-7　绘制天蓝色梯形

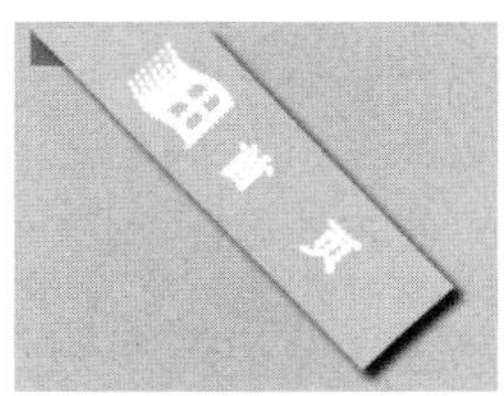

图 5-4-8　添加投影

（5）在“时间轴”面板中，插入一个新图层，将其命名为“隐形按钮”。在该图层中绘制一个与图中的梯形相同的梯形图像。使用选择工具选中“隐形按钮”图层中的梯形图像，按 F8 键，将其转换为按钮元件，命名为“隐形按钮”。

（6）双击“隐形按钮”元件实例，进入按钮编辑状态。在“单击”帧上右击，在弹出的快捷菜单中执行“插入关键帧”命令，在“单击”帧中插入关键帧。再选中“弹起”“指针经过”和“按下”帧，如图 5-4-9 所示，按 Delete 键，清除这三帧中的内容，如图 5-4-10 所示。通过这几步，即可将该按钮设计成可响应鼠标动作的隐形按钮。

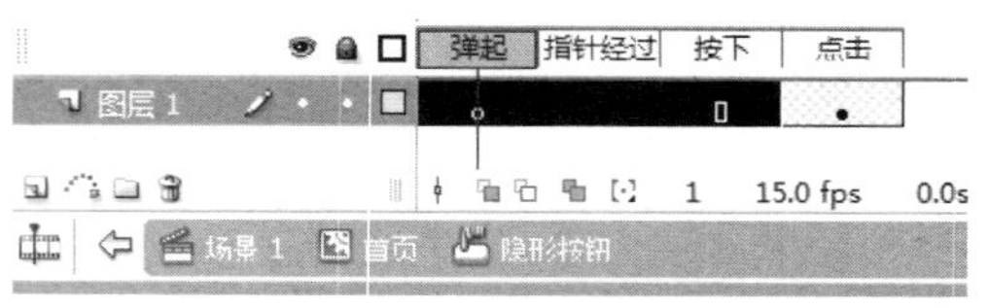

图 5-4-9 选中前三帧

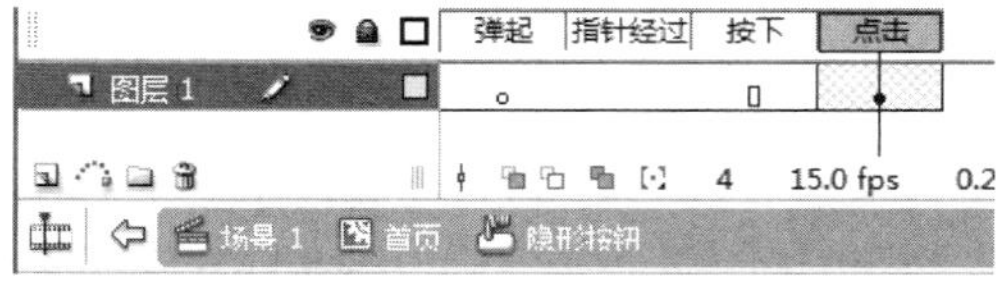

图 5-4-10 清除前三帧内容

（7）在“时间轴”面板中单击“首页”超链接，退出按钮编辑状态，回到“首页”编辑状态。使用选择工具，选中“隐形按钮”元件实例，在“动作-按钮”面板中输入以下代码。

```
on(rollOver)                    //当指针经过按钮时
{
gotoAndPlay(2);                 //转到第2帧并播放
}
on(rollout)                     //当指针移出按钮时
{
gotoAndPlay(6);                 //转到第6帧并播放
}
on(release)                     //当单击按钮时
{
getURL("index.html");           //跳转到网页index.html
}
```


（8）在“时间轴”面板中，插入一个新图层，将其命名为“script”。在该层的第 1 帧和第 6 帧中插入下面的代码：

```
Stop();
```

至此，“首页”按钮设计完成，此时的“时间轴”面板如图 5-4-11 所示。

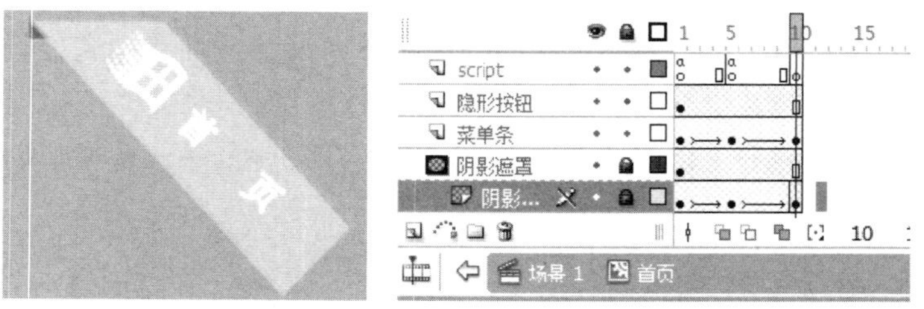

图 5-4-11 首页按钮效果图及其“时间轴”面板

（9）按上面的方法，设计出“今日商情”“整机配件”“数码世界”和“论坛”等影片剪辑元件。设计完成后，将各个导航菜单影片剪辑元件从“库”面板中拖动到舞台工作区中，效果如图 5-4-12 所示。

图 5-4-12　整体效果图

保存文档，发布并测试影片。

归纳提高

Flash 由于具有独特的多媒体交互方式，可以制作出视觉与互动效果极佳的导航菜单，这是其他方法无法做到的。Flash 在制作动感效果极佳的交互式导航菜单方面具有很大的优势，即使是传统的 HTML 静态网站，也有很多采用 Flash 来制作导航菜单部分的内容。

1. 按钮元件

在 Flash 中的按钮元件也是对象，当鼠标指针移到按钮之上或单击按钮时，即产生交互事件，按钮会改变它的外观。要使一个按钮在影片中具有交互性，需要先制作按钮元件，再由按钮元件创建按钮实例，并在制作按钮实例时为它分配对交互事件产生的动作。

按钮元件具有自己独有的事件，以方便交互设计。按钮事件的事件处理函数格式如下：

```
on（事件名称）
{
    //脚本代码
}
```

若要将事件处理函数附加到某个按钮实例，先单击舞台工作区中的该按钮实例，使它获得焦点，再在“动作-按钮”面板中输入代码。当在“动作-按钮”面板中输入“on”时，会弹出相关的事件下拉列表框。此外，在 Flash 中可以通过脚本助手来方便地实现按钮动作的代码设计（注意，同一个 on()事件函数，可以同时映射到多个事件，响应多个事件动作）。

按钮元件所支持的事件名称和含义如表 5-4-1 所示。

表 5-4-1　按钮事件及其含义

事件名称	含义
press	当鼠标指针在按钮上按下时发生
release	当鼠标指针滑到按钮上时松开鼠标时发生
releaseOutside	当鼠标指针在按钮上被按下，按住左键移到按钮外并松开时发生
rollOut	鼠标指针离开按钮时发生
rollOver	鼠标指针在按钮上滑过时发生
dragOut	当鼠标指针在按钮上被按下，并按住鼠标左键移动到按钮外时发生
dragOver	当鼠标指针在按钮上被按下，按住鼠标左键将指针移出按钮，又移回按钮上时发生
keyPress “<key>”	当按键盘上的某个键时发生，按键由 Key 值指定

2．getURL 函数

getURL 函数用于调用网页或邮件，其使用格式如下：

```
getURL(url[,window][,method])
```

其中，参数“url”是要调用的网页地址 URL；参数“method”指定发送变量的 HTTP 方法（get 或 post）；参数“window”设置浏览器浏览网页打开的方式（指定网页文档应加载到浏览器的窗口或 HTML 框架）。这个参数可以有四种设置方式，具体如下。

_self：在当前 SWF 动画所在网页的框架中，当前框架将被新的网页所替换。

_blank：打开一个新的浏览器窗口，显示网页。

_parent：如果浏览器中使用了框架，则在当前框架的上一级显示网页。

_top：在当前窗口中打开网页，即覆盖原来所有的框架内容。

调用网页的格式是在双引号中加入网址，如果需要发送邮件，则可以在双引号中加入“mailto:”，再加一个邮件地址。例如：

```
getURL("http://www.sina.com.cn");
getURL("mailto:Flash@163.com");
```

任务拓展——横条伸缩式动感导航菜单按钮

任务分析

本任务中将设计一个横条伸缩式动感导航菜单，效果如图 5-4-13 所示。在实现过程中，将学习如何使用按钮和影片剪辑元件设计动感的导航菜单。

图 5-4-13　效果图

操作步骤

1．背景设计

（1）新建一个 Flash 文档，设置文档大小为 500 像素×200 像素，背景为黑色。

（2）导入文件图片到舞台工作区中，将“图层 1”更名为“背景”。

2．导航菜单设计

（1）执行“插入→新建元件”命令，创建一个命名为“首页”的影片剪辑元件，并进入影片剪辑元件编辑状态。

（2）使用矩形工具绘制一个边角半径为 10 像素、填充色为天蓝色、笔触颜色为白色的圆角矩形，如图 5-4-14 所示。在“时间轴”面板中，将“图层 1”更名为“菜单背景”，在该图层的第 20 帧处插入帧，作为延时帧。

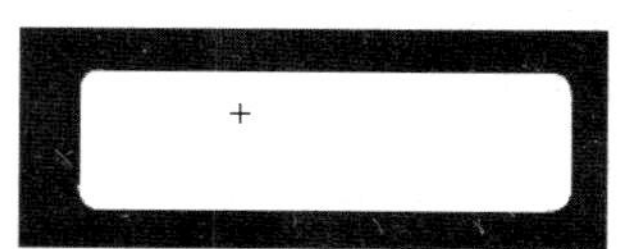

图 5-4-14　绘制圆角矩形

（3）在“时间轴”面板中，插入一个新图层，将其命名为“滑块”。在“滑块”图层中，使用矩形工具，在天蓝色圆角矩形右侧绘制一个填充色为橙色，无笔触颜色的矩形，如图 5-4-15 所示。

图 5-4-15 绘制矩形

（4）在“滑块”图层的第 10 帧和第 20 帧处分别插入关键帧。在第 10 帧中，将橙色滑块移动到左侧与天蓝色圆角矩形对齐的位置。再创建第 1 帧～第 10 帧、第 10 帧～第 20 帧中的补间动画，如图 5-4-16 所示。

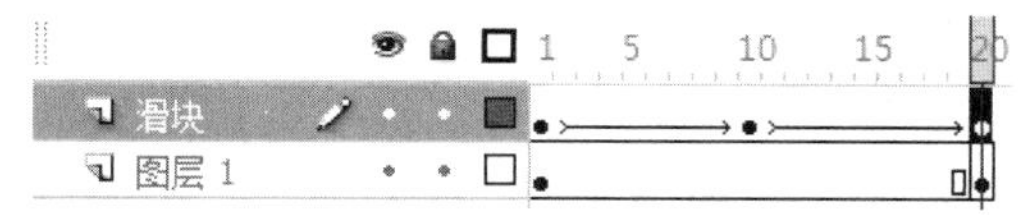

图 5-4-16 创建补间动画

（5）在“时间轴”面板中，插入一个新图层，将其命名为“滑块遮罩”。使用选择工具选择“菜单背景”图层中的天蓝色圆角矩形，按“Ctrl+C”组合键复制矩形，在“滑块遮罩”图层中按“Ctrl+V”组合键粘贴，并将粘贴的新图形与“菜单背景”中的天蓝色圆角矩形对齐。在“滑块遮罩”图层上右击，在弹出的快捷菜单中执行“遮罩层”命令，将该图层转换为遮罩层，如图 5-4-17 所示。

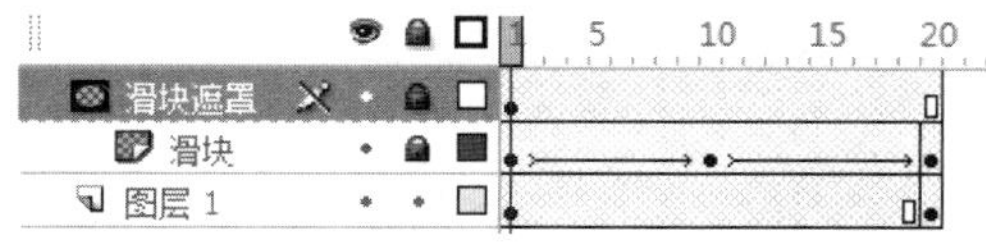

图 5-4-17 创建遮罩层

（6）在“时间轴”面板中，插入一个新图层，将其命名为“图标”。拖动“齿轮按钮 1.png”图片到舞台工作区中。

（7）在“时间轴”面板中，插入一个新图层，将其命名为“text”。使用文本工具在齿轮图标右侧输入文本“首页”，如图 5-4-18 所示。

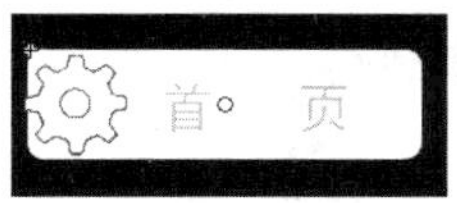

图 5-4-18 插入文本

（8）在“时间轴”面板中插入一个新图层，将其命名为“隐形按钮”。使用选择工具选择“菜单背景”图层中的天蓝色圆角矩形，按“Ctrl+C”组合键复制矩形，在“隐形按钮”图层中按“Ctrl+V”组合键粘贴，并将粘贴的新图形与“菜单背景”图层中的天蓝色圆角矩形对齐。使用选择工具选择“隐形按钮”层中的天蓝色圆角矩形，按 F8 键，将其转换为按钮元件，并命名为“隐形按钮”

（9）双击“隐形按钮”元件实例，进入按钮编辑状态。在“单击”帧上右击，在弹出的快捷菜单中执行“插入关键帧”命令，在“单击”帧中插入关键帧。再选中“弹起”“指针经过”和“按下”帧，如图 5-4-19 所示，按 Delete 键，清除这三帧中的内容，如图 5-4-20 所示。

图 5-4-19　选中“弹起”“指针经过”和“按下”帧

图 5-4-20　清除“弹起”“指针经过”和“按下”帧的内容

通过这几步，将该按钮设计成了虽然看不见，但有反应区，即可响应鼠标动作的隐形按钮。

（10）在“时间轴”面板中单击“首页”按钮，退出按钮编辑状态，回到“首页”编辑状态。选中舞台工作区中的“隐形按钮”元件实例，在“动作-按钮”面板中输入以下代码：

```
on(rollOver)                                   //当指针经过按钮时
{
gotoAndPlay(2);                                //转到第2帧并播放
}
on(rollOut)                                    //当指针移出按钮时
{
gotoAndPlay(11);                               //转到第11帧并播放
}
on(release)                                    //单击按钮时
{
getURL("index.html");                          //跳转到网页 index.html
}
```


（11）在“时间轴”面板中，插入一个新图层，将其命名为“script”。在该层的第 1 帧和第 10 帧中插入下面的代码：

```
stop();
```

至此，“首页”按钮设计完成，此时的“时间轴”面板如图 5-4-21 所示。

图 5-4-21　按钮效果及其“时间轴”面板

（12）按上面的方法，设计出其他按钮的影片剪辑元件。设计完成后，将各个导航菜单的影片剪辑元件从“库”面板中拖动到舞台工作区中。

（13）保存文档，发布并测试影片。

任务拓展——弹出的级联导航菜单

任务分析

下面将设计一个弹出的级联导航菜单。当鼠标指针在主导航菜单上经过时，可随之弹出相关联的二级菜单。

在过程中将学习如何通过按钮和影片剪辑元件来实现动态弹出的级联导航菜单的效果。

操作步骤

1．背景设计

（1）新建一个 Flash 文档，设置文档大小为 776 像素×500 像素，背景为白色。

（2）导入背景图片到舞台工作区。在“时间轴”面板中将“图层 1”更名为“背景”，如图 5-4-22 所示。

（3）在“时间轴”面板中，插入新图层，将其命名为“线条”，再使用线条工具绘制背景线条，如图 5-4-23 所示。

图 5-4-22　导入背景图片

图 5-4-23　绘制背景线条

2．导航菜单设计

（1）在“时间轴”面板中，插入一个新图层，将其命名为“一级菜单”。按前面学过的方法，创建各个菜单按钮，并将按钮实例放置在相应位置。

（2）在菜单按钮下方绘制一个红色三角形作为菜单指示标志，将其转换为影片剪辑元件，并设置当前实例名称为“move”，如图 5-4-24 所示。选中影片剪辑元件实例“move”，在其“动作-影片剪辑”面板中，输入如下代码：

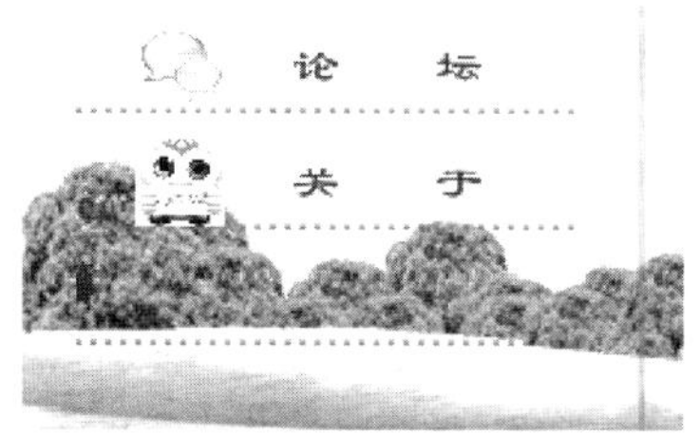

图 5-4-24　绘制红色三角形

```
onClipEvent(load)                    //当影片加载时，设置坐标初始值
{
Xpo=20;
Ypo=307;
}
onClipEvent(enterFrame)              //当播放帧时，动态移动菜单指示标志的坐标位置
{
Xdiv=this._X;
Ydiv=this._Y;
Xtra=Xpo-Xdiv;
Ytra=Ypo-Ydiv;
```

```
Xmov=Xtra/5;
Ymov=Ytra/5;
This._x=Xdiv+Xmov;
This._Y=Ydiv+Ymov;
}
```

（3）选中“首页”菜单按钮，在“动作-按钮”面板中输入如下代码：

```
on(rollOver)
{
gotoAndplay(1);
move.Xpo=20;
move.Ypo=70;
}
```

（4）选中“今日商情”菜单按钮，在“动作-按钮”面板中输入如下代码：

```
on(rollOver)
{
gotoAndplay(10);
move.Xpo=20;
move.Ypo=111;
}
```

（5）选中“整机配件”菜单按钮，在“动作-按钮”面板中输入如下代码：

```
on(rollOver)
{
gotoAndplay(20);
move.Xpo=20;
move.Ypo=151;
}
```

（6）选中“数码世界”菜单按钮，在“动作-按钮”面板中输入如下代码：

```
on(rollOver)
{
gotoAndplay(30);
move.Xpo=20;
move.Ypo=190;
}
```

（7）选中“论坛”菜单按钮，在“动作-按钮”面板中输入如下代码：

```
on(rollOver)
{
gotoAndplay(40);
move.Xpo=20;
move.Ypo=230;
}
```

（8）选中“关于”菜单按钮，在“动作-按钮”面板中输入如下代码：

```
on(rollOver)
{
gotoAndplay(50);
move.Xpo=20;
move.Ypo=270;
```

```
}
```

（9）在“时间轴”面板中的“一级菜单”图层下插入一个图层，将其命名为“面板”，在该图层的第 10 帧插入关键帧，在网格的右侧绘制一个导航面板，并将其转换为影片剪辑元件。对舞台工作区中的导航面板实例应用“投影”滤镜，效果如图 5-4-25 所示。

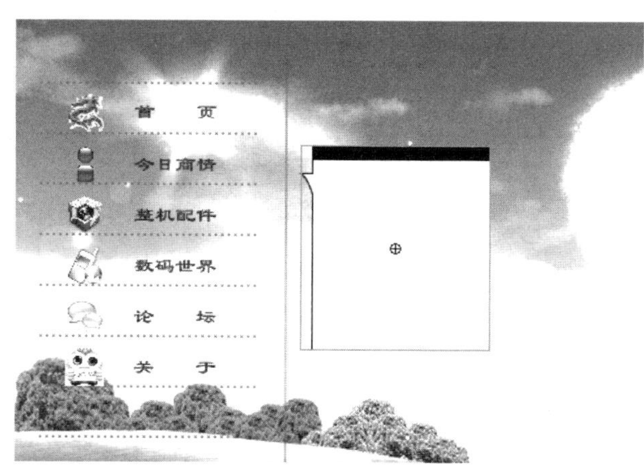

图 5-4-25　绘制导航面板

（10）在“面板”图层第 12 帧处插入关键帧，创建第 10 帧～第 12 帧中的导航面板实例从下到上轻微移动的动作补间动画，如图 5-4-26 所示。

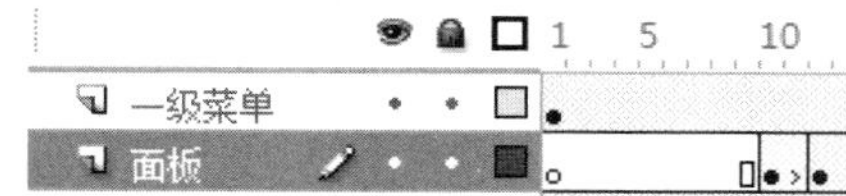

图 5-4-26　创建动作补间动画

（11）在“一级”图层上方插入一个新图层，将其命名为“二级菜单”，在该图层的第 9 帧处插入关键帧，打开其“动作-帧”面板，输入如下代码：

```
stop;
```

（12）在第 10 帧处插入关键帧，插入如图 5-4-27 所示的导航按钮，将这三个导航按钮转换为影片剪辑元件。再在第 15 帧处插入关键帧，修改第 10 帧中的导航按钮实例的透明度为 0%，并向上轻微移动，创建第 10 帧、第 15 帧的逐渐显示渐变移动动作补间动画，如图 5-4-27 所示。

图 5-4-27　创建逐渐显示渐变移动补间动画

（13）参考步骤（10）～步骤（12）中的方法，制作其他菜单按钮的导航按钮动画效果，完成设计后的时间轴如图 5-4-28 所示。

图 5-4-28　其他菜单按钮效果

（14）如果想让菜单指示标志也指示级联导航菜单，可进入“今日商情”影片剪辑元件编辑状态，单击“业内动态”按钮实例，打开其“动作-按钮”面板，输入如下程序。注意这里的位置为主场景中的位置。

```
on(rollover)
{
_root.move.Xpo=240;
_root.move.Ypo=125;
}
```

3．其他级联导航菜单按钮

按同样的方法，设置其他的级联导航菜单中按钮的代码。

至此，整个导航菜单制作完毕。保存文档，发布并测试影片。

活动任务 5　黄岛职业教育中心网站

任务背景

综合前期学习内容，为黄岛区职业教育中心制作一个简易的网站首页。

要求：导航和按钮都有动态效果。

任务分析

本任务主要是使用 Flash 中的按钮来实现，整个画面分为四个部分，每个部分都以按钮为主。

本任务主要运用了文本工具和矩形工具等，还结合了组件、素材和 ActionScript 动作脚本，使页面更具交互性。制作网页时，首先制作网页的片头，然后分四个部分制作其他按钮，最后合成动画，完成网页的制作。

网站效果图如图 5-5-1 所示。

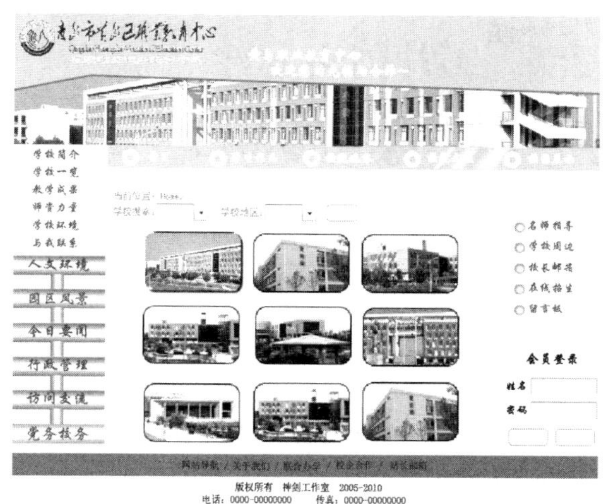

图 5-5-1 网站效果图

任务实施

1. 新建文档

（1）执行“文件→新建”命令，新建一个空白的 Flash 文档。

（2）按“Ctrl+K”组合键，弹出“文档属性”对话框。在该对话框中设置“宽”为 750px，“高”为 650px，背景颜色为白色，其他参数为默认值。

（3）按“Ctrl+S”组合键，弹出“另存为”对话框，在“文件名”下拉列表中输入“黄岛职业教育中心网站”，单击“保存”按钮，保存文档。

（4）执行“文件→打开”命令，打开素材文件夹中的“素材”文件，然后将其“库”面板中的所有对象复制并粘贴到新文档的“库”面板中，如图 5-5-2 所示。

（5）单击图层编辑区的“插入图层”按钮，插入 6 个图层，然后将这些图层从上至下依次重命名为“顶部”“左部”“右部”“底部”“位置”“预览”及“站点导航”，如图 5-5-3 所示。

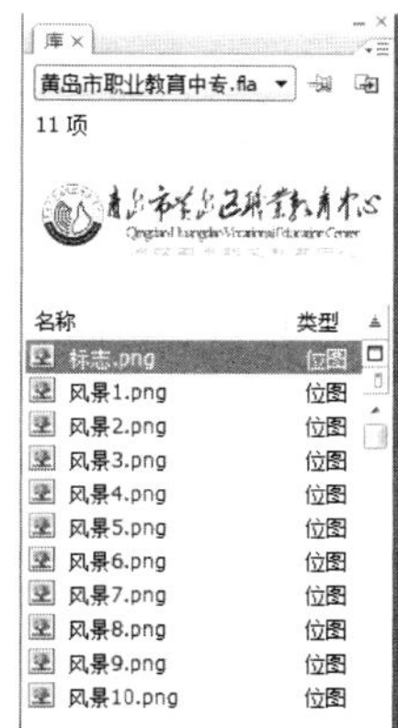

图 5-5-2 导入素材库中的文件

图 5-5-3 图层内容

2. 制作“顶部”影片剪辑元件

（1）创建一个名称为“顶部”，类型为“影片剪辑”的元件，并进入元件的编辑区。

（2）在“图层 1”中拖入学校主图“风景 3.png”图片素材，进行裁剪，如图 5-5-4 所示。

图 5-5-4 拖入学校主图

（3）新建“图层 2”，使用矩形工具在舞台中绘制一个无边框矩形，并设置其填充颜色为深蓝色（#0099CC）。

（4）选取工具箱中的钢笔工具，为矩形的轮廓添加节点；然后使用部分选取工具，调整矩形的形状，如图 5-5-5 所示。

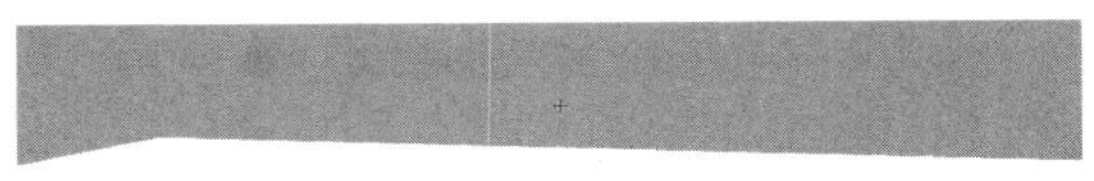

图 5-5-5 绘制图形

（5）确认图形处于被选中状态，然后将其与图像顶部的中心位置对齐，如图 5-5-6 所示。

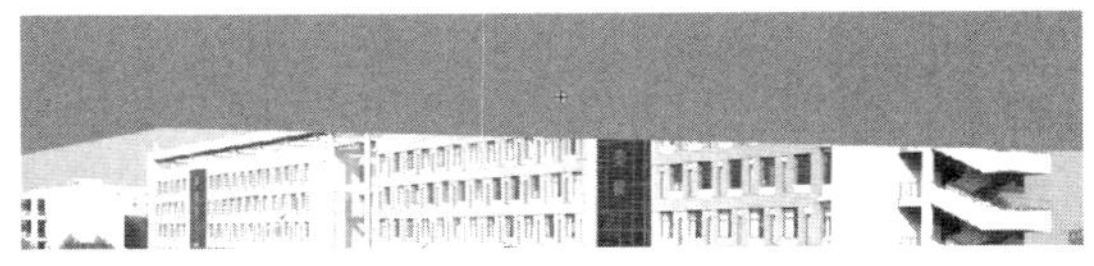

图 5-5-6 将图形与学校主图对齐

（6）新建“图层 3”，将“图层 2”中的图形复制并粘贴到“图层 3”中，选择“图层 2”中的对象，并修改其填充颜色为淡蓝色（#66CCFF），并将图层对象向上移动一些，如图 5-5-7 所示。

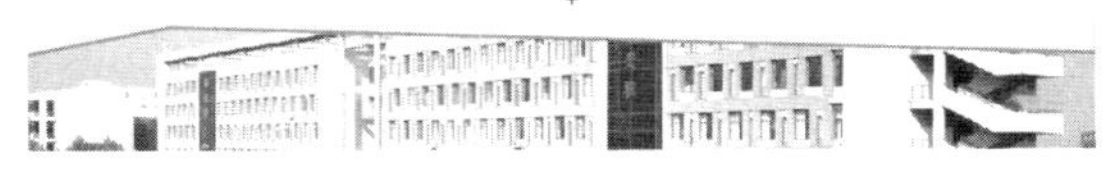

图 5-5-7 复制图形并改变颜色

（7）新建“图层 4”，将“标志”图形元件拖曳到舞台中，创建一个实例，然后将其放置在图像的左上角，如图 5-5-8 所示。

图 5-5-8 放置标志

（8）新建“图层 5”，建立“竖条”图形元件，进入编辑状态，绘制粗细不等的白色竖条。为了方便绘制和观察，可以先将背景设为黑色。

（9）回到“图层 5”，将“竖条”元件移动到画面左侧，并将该元件对象颜色的 Alpha 值修改为“30%”。在第 40 帧和第 70 帧处插入关键帧，并创建第 1 帧～第 70 帧中的运动补间动画，将第 40 帧处的竖条移动到画面右端。这样就有了竖条左右运动的动画效果，如图 5-5-9 所示。

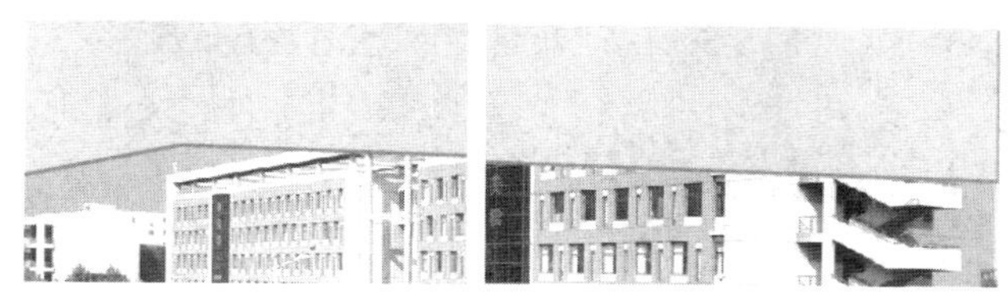

图 5-5-9　竖条的运动

（10）新建“图层 6”，将“图层 5”的第 40 帧复制到“图层 6”的第 20 帧和 70 帧处，复制“图层 5”的第 10 帧到“图层 6”的第 55 帧处。创建第 20 帧～第 70 帧的运动补间动画。这样就有了与“图层 5”反方向的左右运动的动画效果。调整图层的顺序，如图 5-5-10 所示。

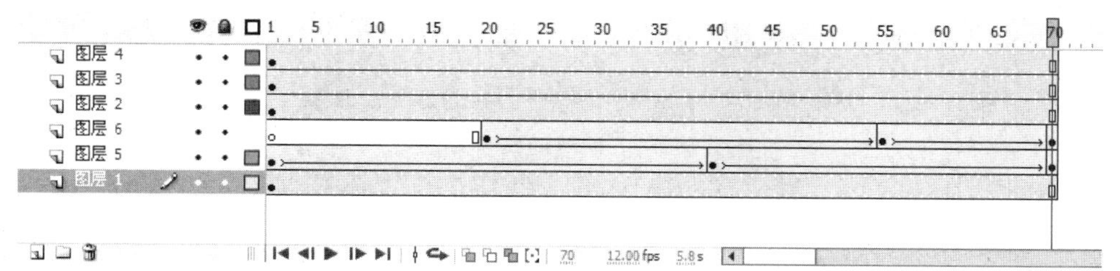

图 5-5-10　调整图层顺序

（11）新建“欢迎文字”影片剪辑元件，进入编辑状态，使用文本工具在舞台中输入文本“黄岛区职业教育中心”，确认文本处于被选中状态，颜色为白色。新建“图层 2”，输入文本“欢迎您的光临～”，创建文字的运动补间动画，如图 5-5-11 所示。

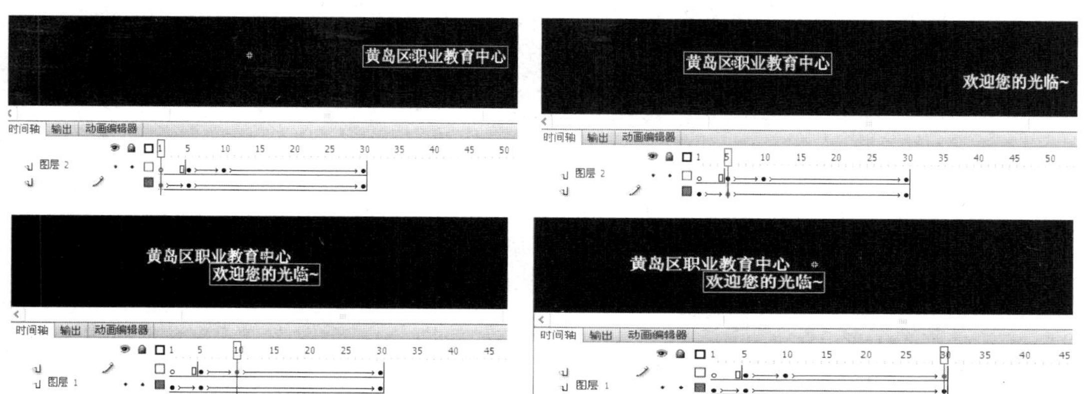

图 5-5-11　文字的运动补间动画

（12）回到“顶部”元件编辑状态，新建“图层 7”。将“欢迎文字”影片剪辑元件拖动到如图 5-5-12 所示的位置。

图 5-5-12 “欢迎文字”元件放置位置

3. 制作网页左部分的内容

（1）新建一个名称为“Left1”、类型为“按钮”的元件，并进入元件的编辑区。

（2）选中“弹起”帧，使用文本工具在舞台中输入文本“学校简介”，确认文本处于被选中状态，在“属性”面板中设置文本的字体大小为 15、文本填充颜色为深蓝色（#0066CC），如图 5-5-13 所示。

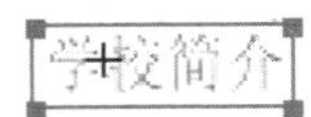

图 5-5-13 弹起时状态

图 5-5-14 经过时状态

（3）在“指针经过”帧处插入关键帧，修改文本的颜色为红色（#FF0000），如图 5-5-14 所示。

（4）参照步骤（5）～步骤（7）的操作，创建“Left2”“Left3”“Left4”“Left5”和“Left6”5 个按钮元件。

（5）新建一个“名称”为“左部按钮”、“类型”为“图形”的元件，并进入元件的编辑区。

（6）使用矩形工具在舞台中绘制一个“宽”和“高”分别为 120 像素和 25 像素的矩形图形。

（7）确认矩形处于被选中状态，在其“混色器”面板的“类型”下拉列表中选择“线性”选项，设置第一个颜色块为深蓝色（#0099CC），在调色器上单击，添加一个颜色块，设置该颜色块为白色，设置最后一个颜色块为深蓝色（#0099CC）。使用填充变形工具调整填充颜色，如图 5-5-15 所示。

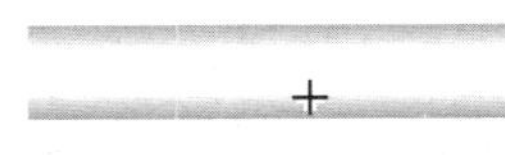

图 5-5-15 填充变形

（8）新建“图层 2”，使用矩形工具绘制一个宽和高分别为 17 像素和 20 像素的无边框矩形，并放置在如图 5-5-16 所示的位置。

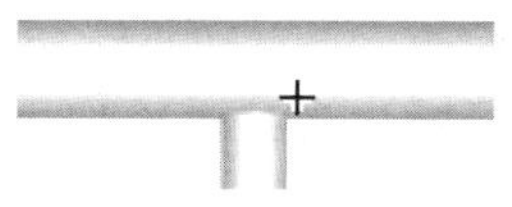

图 5-5-16 图形

（9）新建一个名称为“校园文化”、类型为“按钮”的元件，并进入元件的编辑区。选中“弹起”帧，将“左部按钮”图形元件拖曳到舞台的中心位置，选中“按下”帧，按 F5 键插入普通帧。

（10）单击图层编辑区的“插入图层”按钮，新建“图层 2”。

（11）使用文本工具在“左部按钮”实例上输入文本“校园文化”，确认文本处于被选中状态，在其“属性”面板中设置文本的字体大小为 20、文本填充颜色为蓝色（#0066FF），效果如图 5-5-17 所示。

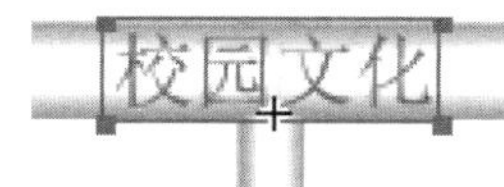

图 5-5-17 弹起时状态

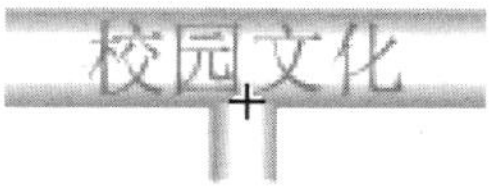

图 5-5-18 经过时状态

（12）在“图层 2”的“指针经过”帧处插入关键帧，修改文本的颜色为灰色（#666666），如图 5-5-18 所示。

（13）参照步骤（13）～步骤（17）的操作，依次创建其他按钮元件。

（14）单击“库”面板中的“新建文件夹”按钮，创建一个文件夹，然后将其重命名为“左部”，将左部分的各按钮元件拖曳到该文件夹中，以便于管理。

4. 制作主导航按钮

（1）新建一个名称为“首页”、类型为“按钮”的新元件，并进入元件的编辑区。

（2）选中“弹起”帧，将“圆环”图形元件拖曳到舞台中，创建一个实例，在“按下”帧处插入普通帧。

（3）新建“图层 2”，选中“弹起”帧，使用文本工具在舞台中输入文本“首页”，确认文本处于被选中状态，在“属性”面板中设置文本字体大小为 15、文本填充颜色为淡蓝色（#CCFFFF），如图 5-5-19 所示。

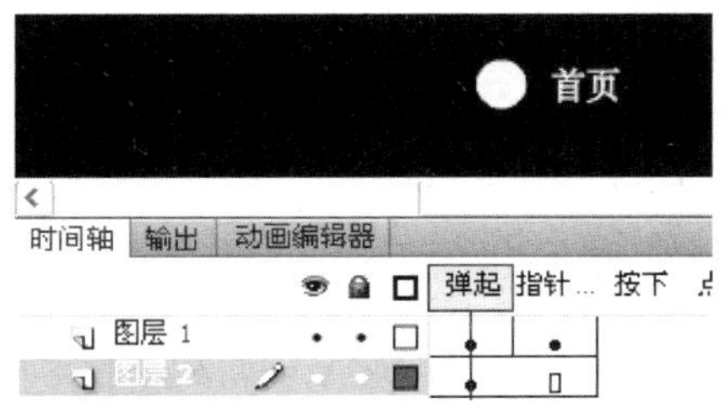

图 5-5-19 “首页”按钮设置

（4）在“图层 2”的“指针经过”帧和“按下”帧处插入关键帧，选中“指针经过”帧中的文本，修改其字体大小为 20。

（5）参照步骤（1）～步骤（4）的操作，依次创建其他按钮元件。

（6）单击“库”面板中的“新建文件夹”按钮，创建一个文件夹，然后将其重命名为“导航按钮”，将创建的各导航元件拖曳到该文件夹中，以便于管理。

5. 制作网页右部分的内容

（1）新建一个名称为“名师指导”，类型为“按钮”的元件，并进入元件的编辑区。

（2）选中“弹起”帧，拖入“图标”素材，使用文本工具在舞台中的适当位置输入文本“名师指导”，确认文本处于被选中状态，在“属性”面板中设置文本的“字体”为“宋体”、字体大小为 12、文本填充颜色为蓝色（#0033FF）。

（3）在“指针经过”帧处插入关键帧，修改文本的颜色为白色，如图 5-5-20 所示。

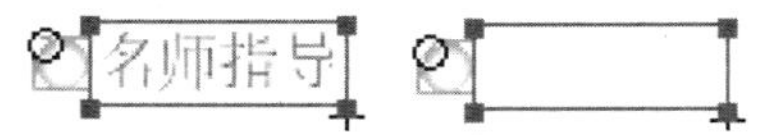

图 5-5-20　“弹起”及“经过”时的状态

（4）参照步骤（1）～步骤（3）的操作，依次创建其他 5 个按钮元件，如图 5-5-21 所示。

图 5-5-21　右侧按钮

（5）单击“库”面板中的“新建文件夹”按钮，创建一个文件夹，然后将其重命名为“右部”，将右部分的各按钮拖曳到该文件夹中，以便于管理。

6. 创建“站点导航”影片剪辑元件

（1）新建一个名称为“站点导航”、类型为“影片剪辑”的元件，进入元件的编辑区。

（2）使用矩形工具在舞台中绘制一个“宽”和“高”分别为 620 像素和 30 像素的无边框矩形，设置其填充颜色为浅蓝色（#0099CC），如图 5-5-22 所示。

图 5-5-22　导航颜色

（3）选中“图层 1”的第 10 帧，按 F5 键插入普通帧。

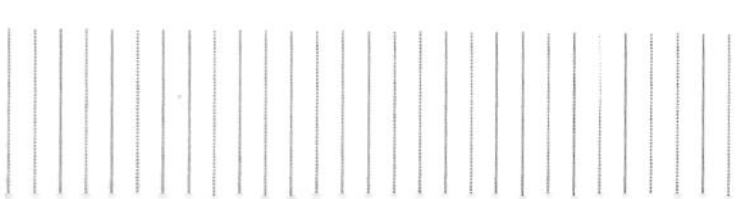

（4）新建一个图层，选择“图层 1”中的对象，按“Ctrl+C”组合键复制该图形；然后选择“图层 2”，按“Ctrl+Shift+V”组合键将对象粘贴到当前位置。

（5）选中“图层 2”，使用矩形工具在舞台中创建一个“宽”和“高”分别为 8 像素和 90 像素的矩形图形；并将其填充颜色设置为“线性渐变”，白色，透明度值分别为 0%、100%、0%，如图 5-5-23 所示。

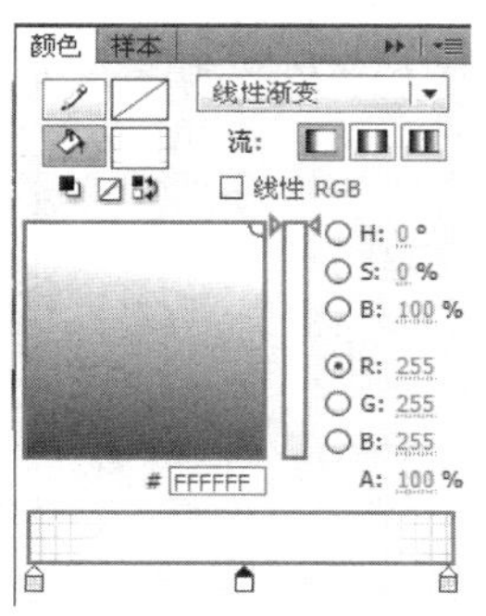

图 5-5-23　矩形颜色

（6）确认矩形处于被选中状态，然后在“变形”面板中设置其“旋转”为 30 度，并复制两个，改变其粗细，如图 5-5-24 所示。

（7）在“图层 2”的第 10 帧处插入关键帧，修改该帧中对象的位置，然后创建第 1 帧～第 10 帧中的运动补间动画，如图 5-5-25 所示。

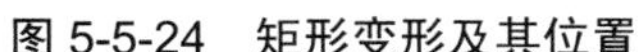

图 5-5-24　矩形变形及其位置

图 5-5-25　第 10 帧位置

（8）在“图层 3”上右击，在弹出的快捷菜单中执行“遮罩层”命令。

7. 合成并测试动画

（1）按“Ctrl+E”组合键，返回主场景。

（2）选中“顶部”图层，将“顶部”影片剪辑元件拖曳到舞台中，创建一个实例，然后将该实例与舞台顶部的中心位置对齐，如图 5-5-26 所示。

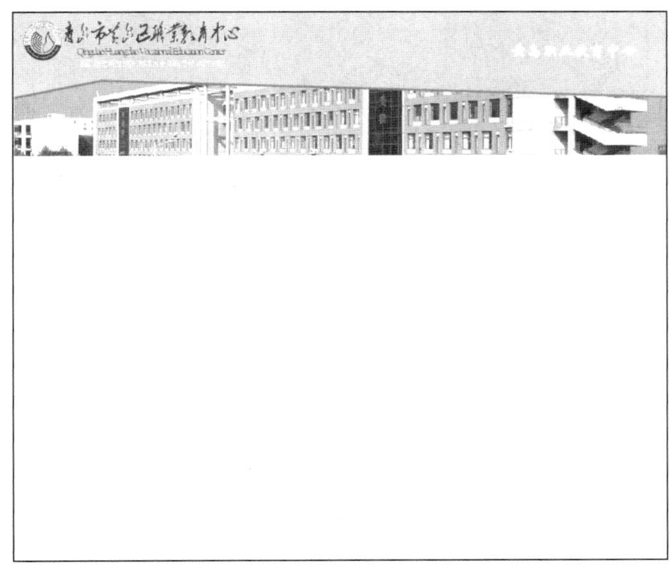

图 5-5-26　“顶部”影片剪辑元件的位置

（3）选中“左部”图层，使用矩形工具在舞台中绘制一个无边框的矩形，然后更改其填充颜色为银灰色（#F3F3F3），如图 5-5-27 所示。

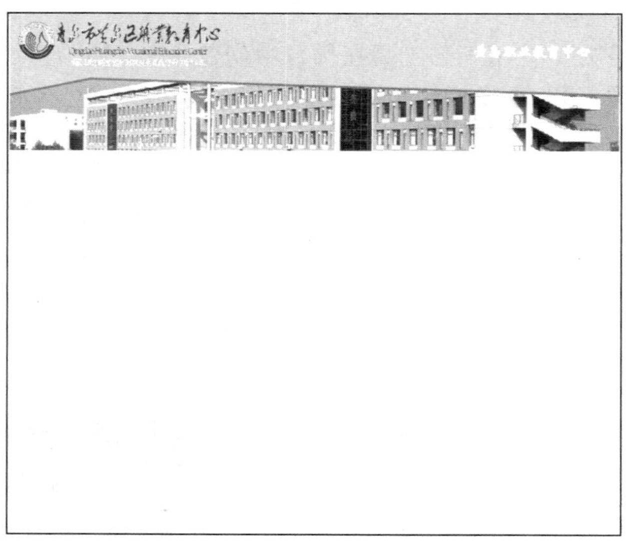

图 5-5-27　左侧矩形

（4）将“框架 1”图形元件拖曳到矩形的顶部位置，创建一个实例，然后将“库”面板中“左部”文件夹中的按钮元件拖曳到矩形中，如图 5-5-28 所示。

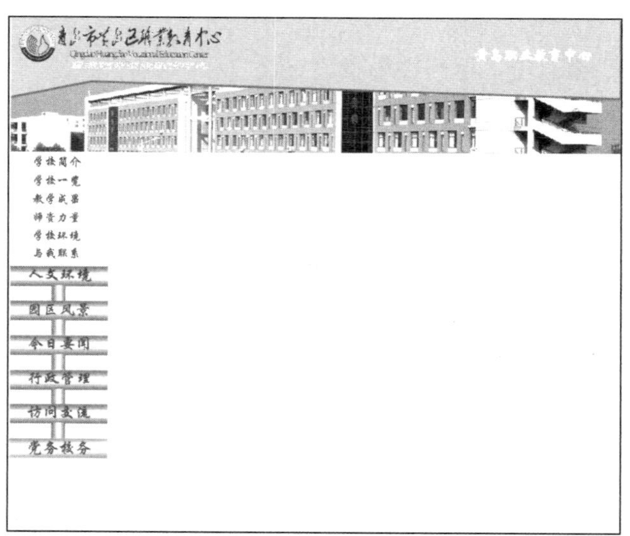

图 5-5-28　拖入左部按钮元件

（5）选中“右部”图层，绘制两个矩形，将“右部”文件夹中的按钮元件拖曳到舞台中，如图 5-5-29 所示。

（6）按“Ctrl+F7”组合键，打开“组件”面板，将其中的“Button”和“Textinput”两个组件拖曳到舞台中，各创建一个实例。

（7）选中“Button”实例，在“参数”面板的“Label”文本框中输入文本“登录”。将

该实例复制一个，在其“参数”面板中的“Label”文本框中输入“注册”。

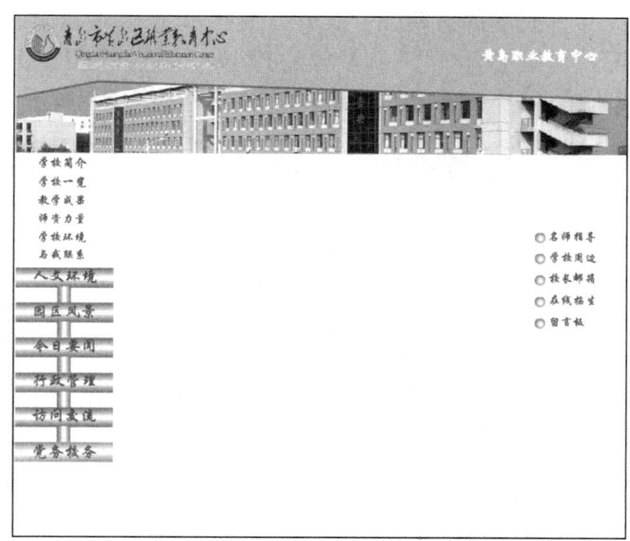

图 5-5-29 拖入右部按钮元件

（8）选中“Textinput”实例，在“属性”面板中修改其“宽”和“高”分别为 70 像素和 22 像素，然后将该实例复制一个，在“参数”面板的“password”下拉列表中选择“true”选项。

（9）在舞台中调整实例的位置。

（10）使用文本工具在下面的“框架 1”实例中输入文本“会员登录”、“账号:”以及“密码”，其中“会员登录”文本的字体为“华文行楷”、字体大小为 18、文本（填充）颜色为深蓝色（#0066CC），另外两个文本的字体大小为 15，如图 5-5-30 所示。

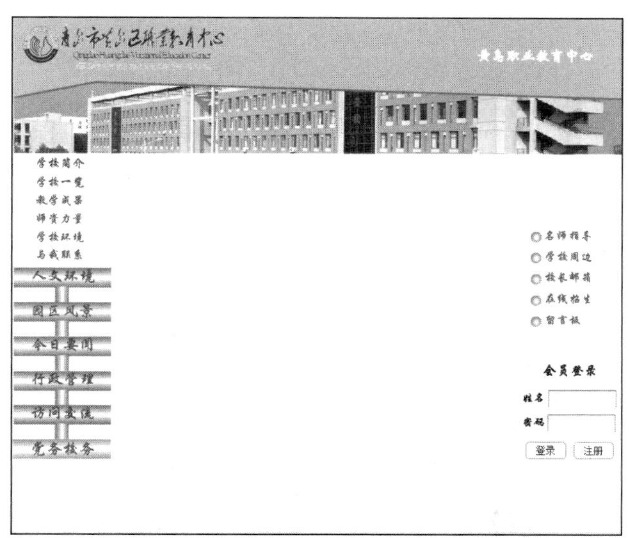

图 5-5-30 会员登录

（11）选中“底部”图层，使用矩形工具在舞台中创建一个“宽”和“高”分别为 750

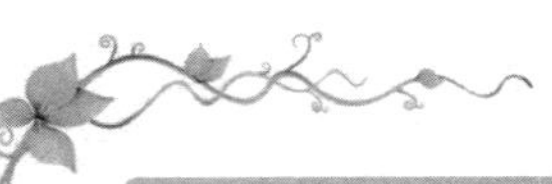

像素和 604 像素的无边框矩形，然后在“属性”面板中修改填充颜色为浅蓝色（#0099CC）。

（12）将“底部”文件夹中的按钮元件素材拖曳到舞台的底部，创建实例。

（13）使用矩形工具创建一个“宽”和“高”分别为 750 像素和 604 像素的无边框矩形，然后将填充颜色更改为银白色（#CCCCCC）。其效果如图 5-5-31 所示。

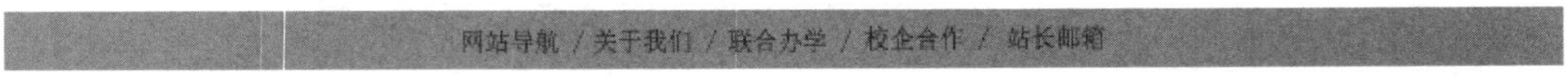

网站导航 / 关于我们 / 联合办学 / 校企合作 / 站长邮箱

图 5-5-31　底部效果图

（14）选择文本工具，在“属性”面板中设置其字体为“宋体”、字体大小为 12、文本填充颜色为深蓝色（#0066CC），然后单击“切换粗体”按钮和“居中对齐”按钮，在舞台的底部输入如下文本，如图 5-5-32 所示。

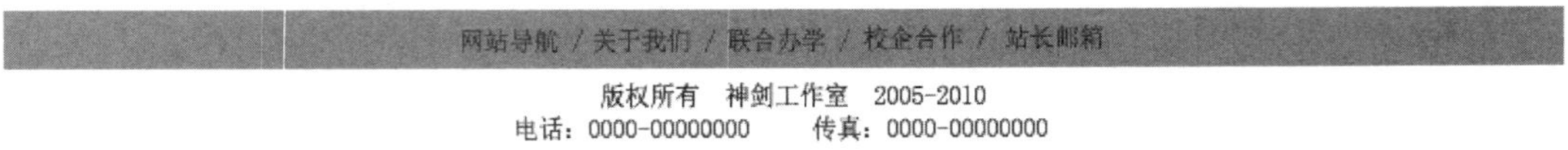

网站导航 / 关于我们 / 联合办学 / 校企合作 / 站长邮箱
版权所有　神剑工作室　2005-2010
电话：0000-00000000　传真：0000-00000000

图 5-5-32　底部文字

（15）选中“站点导航”图层，将“站点导航”影片剪辑元件拖曳到舞台中，创建一实例，将“导航按钮”文件夹中的各按钮拖曳到该实例上，如图 5-5-33 所示。

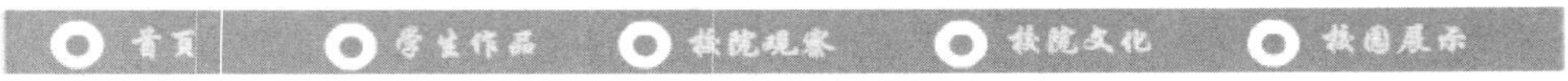

首页
学生作品
技院观察
技院文化
校园展示

图 5-5-33　导航效果图

（16）选中“预览”图层，然后将“风景预览”文件夹中的图形元件拖曳到舞台的中心位置，如图 5-5-34 所示。

学校简介
人文环境
园区风景
今日要闻
行政管理
访问交流
党务校务
会员登录
登录
注册
网站导航 / 关于我们 / 联合办学 / 校企合作 / 站长邮箱
版权所有　神剑工作室　2005-2010
电话：0000-00000000　传真：0000-00000000

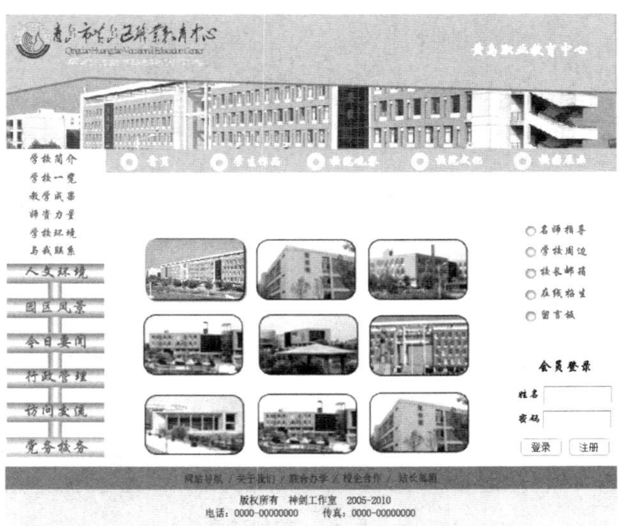

图 5-5-34　风景预览

（17）选中“位置”图层，使用矩形工具在站点导航正下方绘制一个“宽”和“高”分别为 620 像素和 18 像素的无边框矩形，将其填充颜色设置为淡蓝色（#CCFFFF）。

（18）使用文本工具在舞台中的适当位置输入文本“当前位置：Home”，确认文本处于选中状态，设置其字体为“宋体”、字体大小为 14、文本填充颜色为深蓝色，如图 5-5-35 所示。

图 5-5-35　当前位置

（19）使用文本工具创建文本“学校搜索：”。

（20）按“Ctrl+F7”组合键，打开“组件”面板。将“ComoBox”组件拖曳到舞台中并创建一个实例。

（21）确认“ComoBox”实例处于被选中状态，在其“参数”面板的“editable”下拉列表中选择“true”选项，在“labels”文本框中单击，在弹出的“值”对话框中单击“添加”按钮，创建如图 5-5-36 所示的值。

（22）复制一个“ComoBox”实例，然后在“参数”面板的“labels”文本框中单击，在弹出的“值”对话框中创建如图 5-5-37 所示的值。

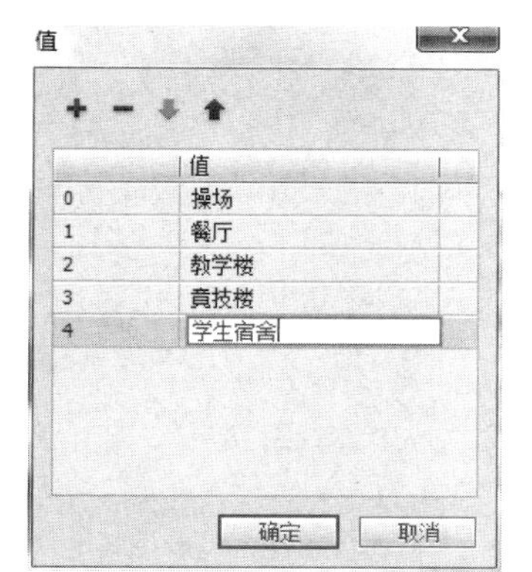

图 5-5-36　第一个 ComoBox 实例的值

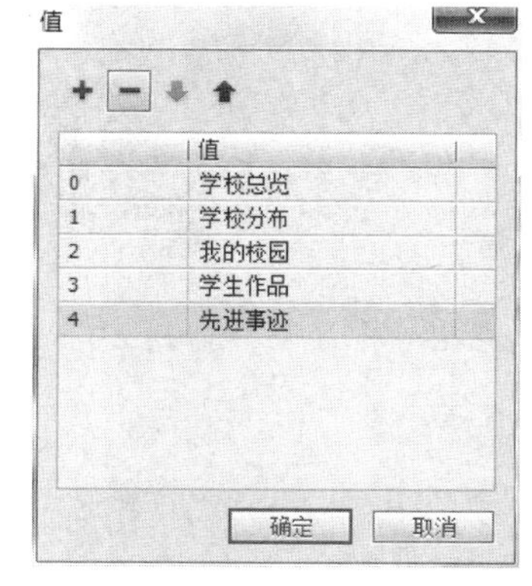

图 5-5-37　第二个 ComoBox 实例的值

（23）创建一个 Button 实例，在其“参数”面板的“lable”文本框中输入“GO”，在“属性”面板中修改其“宽”和“高”分别为 30 像素和 22 像素，并设置其 X 坐标和 Y 坐标分别为 514 和 262。

（24）使用文本工具在舞台中创建文本，如图 5-5-38 所示（“学校地区”文本的属性和“学校搜索”文本的属性相同）。

图 5-5-38　创建文本

（25）按“Ctrl+S”组合键保存文档，然后按“Ctrl+Enter”组合键测试影片，其效果如

图 5-5-39 所示。至此，黄岛职业教育中心网站制作完成。

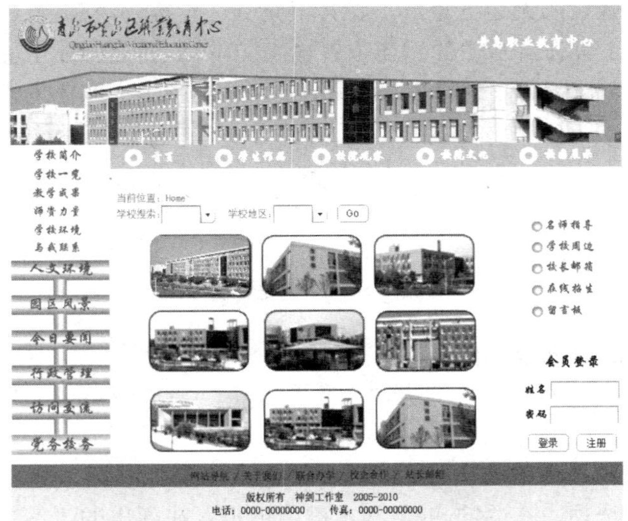

图 5-5-39　测试影片

微视频制作

情境背景描述

从这里开始，进入到了使用 Flash 创作电视播放级影片的学习阶段。随着 Flash 功能的增强，它再也不是只局限于制作简单动画和网页程序开发的工具了。如今，Flash 普及率高、开发成本低并且支持各种媒体格式，所以被广泛运用于制作电视播放级别的视频广告、企业宣传片和动画片等大型的专业动画视频。

本情境选取了一个介绍餐厨具产品的视频广告，从构思创意→绘制台本→产品采样→绘制动画→录制音效→视频合成全程解析这个视频广告的创作过程，如图 6-0-1 所示，着重于分析创意思路，解剖制作流程和分享专业经验，提供一个比较完整的大型动画视频作品的可复制、可沿用的解决方案。

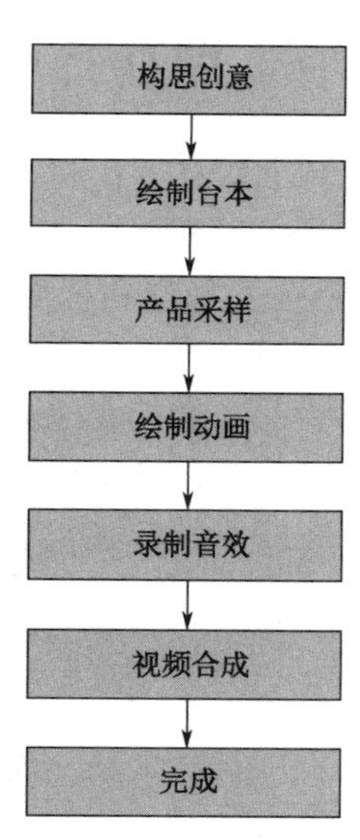

图 6-0-1　视频广告制作流程

学习影片剧情台本的创作绘制，分镜头切换设定，播放时间点限制以及镜头感把握。

1. 了解诉求、收集资料

诉求是一个广告的核心，只有明确客户诉求，围绕客户诉求进行创意构思，才能创作出好的广告作品。明确核心诉求点后，开始拍摄产品图片，收集与之相关的材料、资料。在拍摄的照片中选择适宜的素材，使用 Photoshop 处理色彩，抠出包装轮廓并保持透明背景，如图 6-0-2 所示。

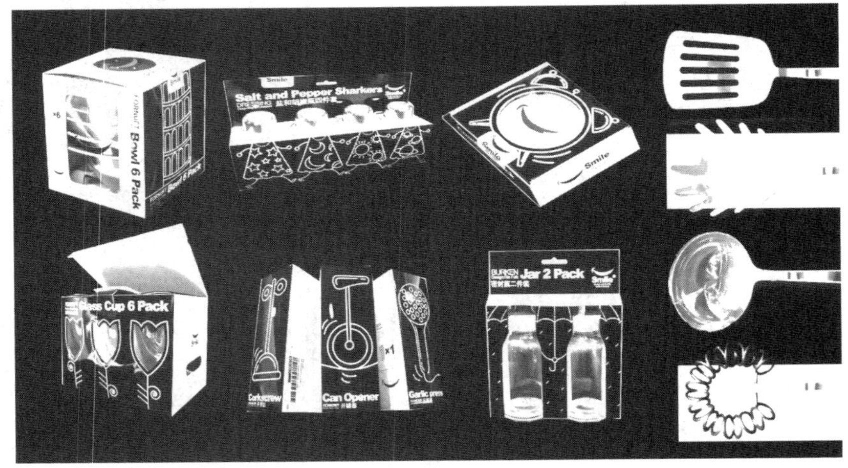

图 6-0-2　广告招牌

2. 创作构思

那么如何才能构思一个风格独特、一眼难忘，既突出品牌，又展示产品的好广告呢？在设计上可利用产品造型与包装结构，巧妙地运用拟物、拟人的手法；在风格上简洁、诙谐，有生活情趣和视觉冲击力。扣紧个性化一词，也符合高收入人群的审美品位，如图 6-0-3 所示。既然产品本身的设计已经十分具有特点，那么为何不使用产品来自我介绍呢？与其冥思苦想一个创意来做产品，不如就利用产品本身的造型与包装形象做文章，做一个发生在包装上的故事……

图 6-0-3　广告创意

注意

有时为了构思一个创意，会忽略了为何而创意。广告创意目的是发现产品的特点并进行放大利用，而不是故弄玄虚，智力测验。如果是为了创意而创意，那么结果会比没有创意更糟糕。也就是说，无论在何种情况下，都要立足于发掘品牌，产品永远是创意的源泉。

3. 绘制剧情台本

搜集完所有的素材后，就进入广告剧情构思的阶段。为了节省成本与时间，用最快速、最简单、最能说明问题的绘画方式，按照镜头分割，将剧本以静帧的方式一格一格如同连环画般地画出来，并注明时间切点、画面说明、对话内容、文字旁白、任务分工等，以便与客户进行具象沟通、明确多人合作时的职责分工，有助于把握影片的大局观……这就是所谓的剧情台本。图 6-0-4 所示是本情境任务 1 的台本。

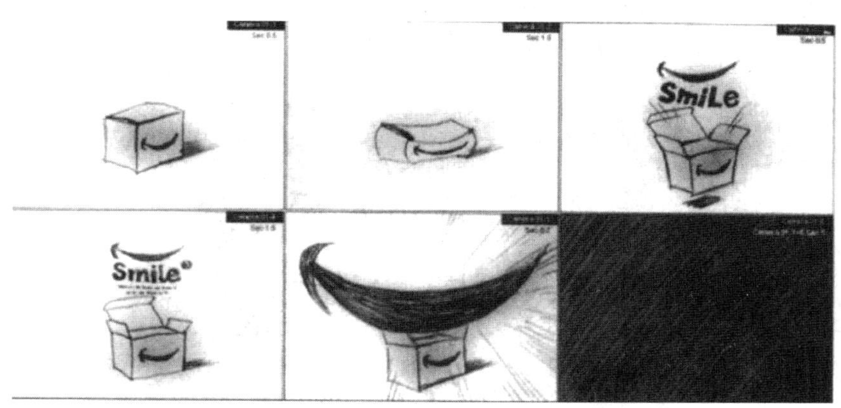

图 6-0-4　任务 1 台本

活动任务 1　餐具 Logo

任务背景

该餐厨具产品的 Logo 图像是一张微笑的嘴。此 Logo 的含义就是让人在做饭时也能心情愉快，让每个使用该品牌餐厨具的人都成为烹饪专家，如图 6-1-1 所示。

图 6-1-1　餐厨具产品的 Logo

任务分析

有了分镜头台本，就可以进入影片具体制作阶段。具体如下：

- 盒子弹跳的逐帧动画。
- Smile 每个字母和部件分开制作飞出的补间动画。

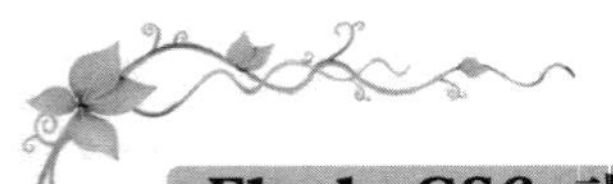

任务实施

1. 盒子弹跳动画

一个带有微笑的嘴的盒子弹跳起来，从盒子里面蹦出“Smile”Logo，黑色的 Logo 拉近放大，直到覆盖整个画面，盒子弹跳是一段纯粹的逐帧动画，图 6-1-2 所示为盒子弹跳时每一帧的截图。可以发现盒子弹跳的运动规程是先压扁，再拉长弹起，返回地面后恢复为原来的大小，这样夸张的盒子带有拟人化的动态效果，更加幽默诙谐。

图 6-1-2　盒子弹跳时的截图

2. Logo 飞出动画

（1）制作 Logo 从盒子里飞出来的动画时，可将每个字母和部件分开制作飞出的补间动画，每个动画在时间轴上呈阶梯式的摆放顺序，它们的时间总长度为 1.2s。这样，Logo 的每个组成部件会一个个飞出盒子，并将其设置为从透明到可见，这样纵深感就更强了，如图 6-1-3 和图 6-1-4 所示。

图 6-1-3　透明

图 6-1-4　可见

（2）Logo 各个部件飞出盒子的动画制作完毕后，它们一起组成标准的 Logo，停顿约 0.5s，让观众能看清 Logo，然后制作一段放大 Logo 中微笑的嘴部件的动画，时间长度约 0.5s，直至其被放大到遮盖整个画面。至此，本情境任务 1 就全部制作完成了，此时画面成黑色，如图 6-1-5 和图 6-1-6 所示。

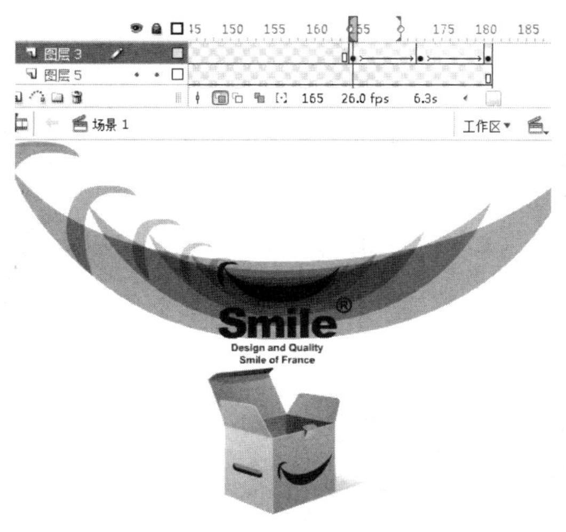

图 6-1-5　嘴放大动画

图 6-1-6　“部件”遮盖整个画面

注 意

制作盒子弹跳的逐帧动画时注意所有关键帧的盒子底部投影都必须对齐，如果没有对齐，那么会使人感觉盒子忽上忽下。

鉴于 Logo 微笑的嘴的部件比较扁，要遮盖住整个画面需要放到非常大。所以我们采取将其适当变形拉高的方法，这样比较容易遮盖住全画面，如下图所示。

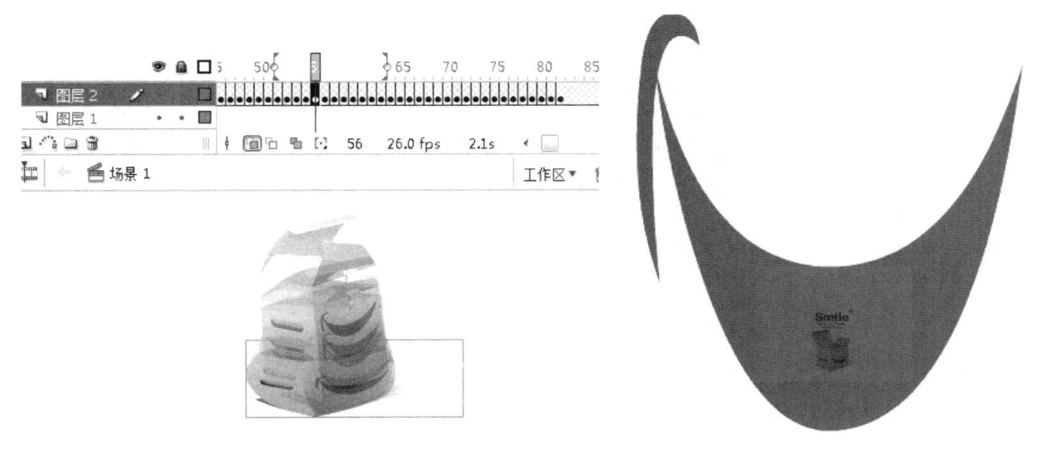

活动任务 2 闹钟

任务背景

接着本情境任务 1，画面转为黑色，此时要出现广告中的第 1 个产品——“杯垫六件套”，它的包装形象是一个与其形状相似的闹钟。本任务一开始映入眼帘的就是这个闹钟，镜头拉近闹钟转动的指针，随着越来越近，出现闹钟指针的特写。当闹钟的时针和分针都指向 12 点时，闹钟一边晃动一边响了起来，这时在画面闹钟的位置淡出淡入“杯垫六件套”产品，背景转为橙黄色，穿插产品名称。产品在画面中停留 1s 后，画面又转为黑色，如图 6-2-1 所示。

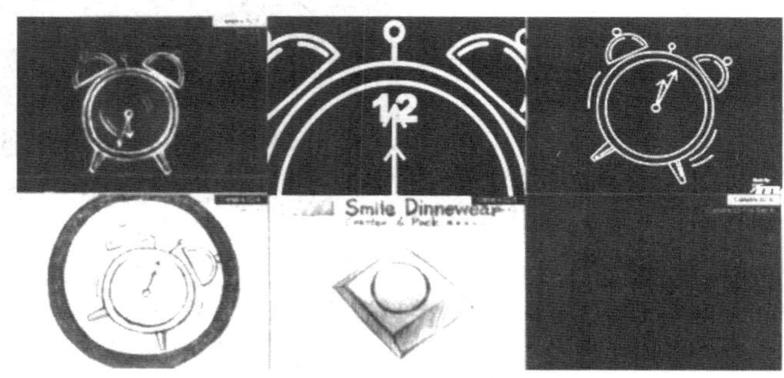

图 6-2-1　淡入淡出产品

任务分析

在这个镜头中想要表达的是闹钟在一边拉近距离，一边指针在转动，而如果完全采用直接拉近，则占用时间太长。但跳过远距离闹钟镜头，直接给其近镜头，观众会感到情节不连贯，所以采用了跳跃式拉近的方法。整个过程合计 2s，既节省时间，又不影响情节。

任务实施

1. 闹钟动画

1）闹钟元件

制作闹钟从画面中央淡出淡入的动画效果，让闹钟上的指针旋转，最简单的方法就是将指针元件的注册点移动到指针的轴心，然后制作旋转动画，时间约为 1.5s，这样指针就绕着轴心旋转了，整个过程合计 2s，如图 6-2-2 所示。1.5s 后，近距离特写的闹钟淡入画面，远距离的闹钟淡出画面，如图 6-2-3 所示。这种镜头跳跃拉近的方法，可以节省很多

时间，观众也不会感觉情节不连贯。

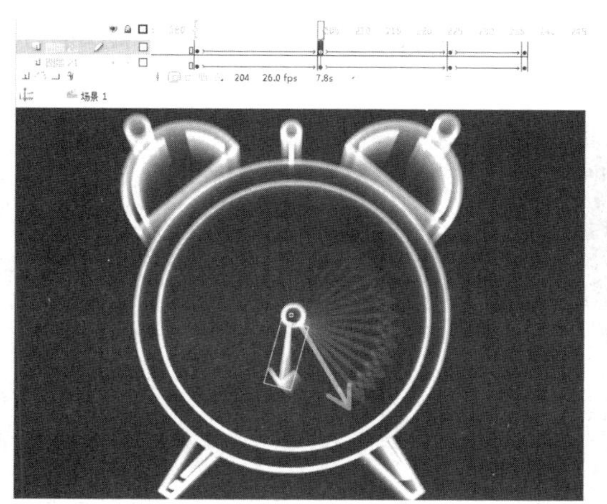

图 6-2-2 指针旋转

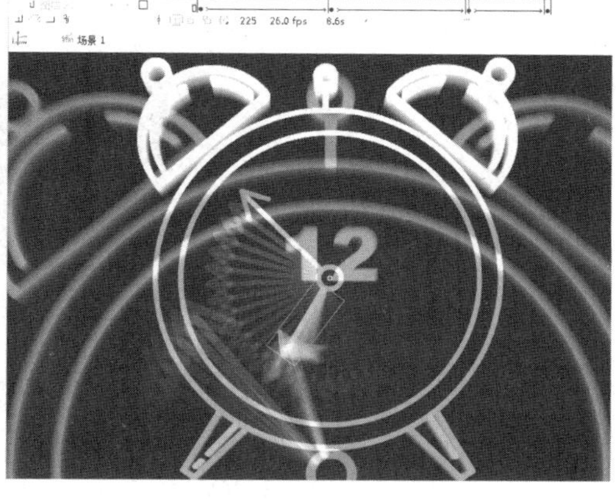

图 6-2-3 闹钟淡入淡出

注意

视频广告中除了产品是位图，其余部分都是矢量的图形，根据个人习惯，可使用 Adobe Illustrator 来制作，也可用 Flash 直接绘制，如下图所示。

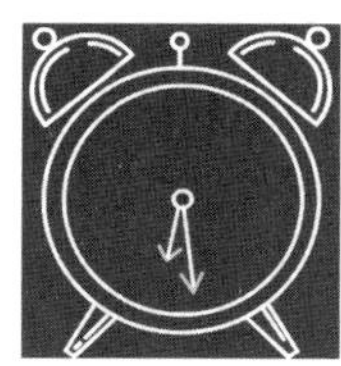

2）闹钟晃动

特写闹钟完全淡入后，此时闹转动上的时针与分针都转向 12 点，注意，由于分针的转动速度比时针快，所以分针的转动范围要更大，才能保证它们同时到达 12 点的位置，时间约为 0.8s，如图 6-2-4 所示。当指针到达 12 点时，闹钟开始剧烈抖动，镜头又一次拉远，给出闹钟晃动的全景，时间为 1s，如图 6-2-5 所示。

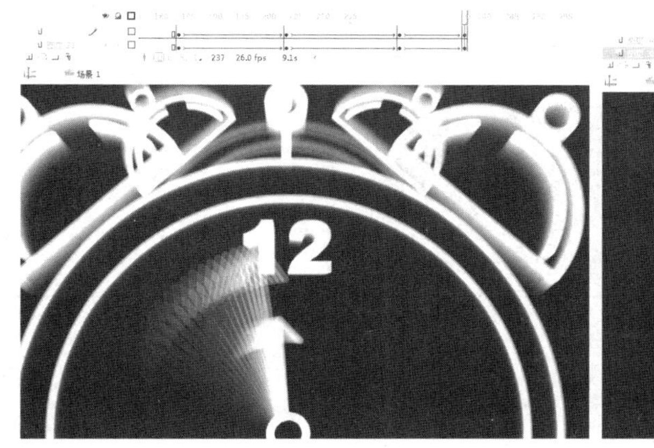

图 6-2-4 转到 12 点

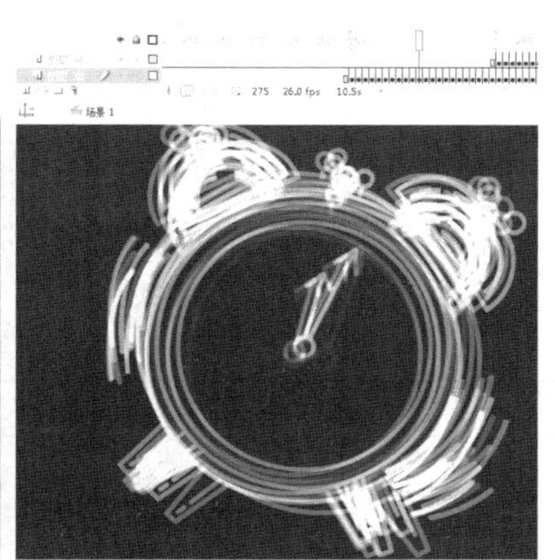

图 6-2-5 闹钟晃动

注 意

闹钟的剧烈晃动，是以逐帧动画方式制作的，每个关键帧的闹钟位置都以不同方向适当移动，连续起来就有了剧烈的晃动感。敲击铃铛的鼓棒逢奇数帧向左，逢偶数帧向右，如下图所示。

2. 产品文字动画

1s 后，闹钟伴随着晃动淡出画面，为背景制作由黑色变为橙黄色的形状补间动画。而先前在闹钟的位置，则淡入“杯垫六件套”的产品图片，并制作产品文字从画面左、右飞入中央的补间动画，动画时间约为 1.2s，产品与文字在画面的停留时间为 1s，如图 6-2-6 和图 6-2-7 所示。停顿 1s 后产品与文字消失，画面又转为黑色，本任务制作结束。

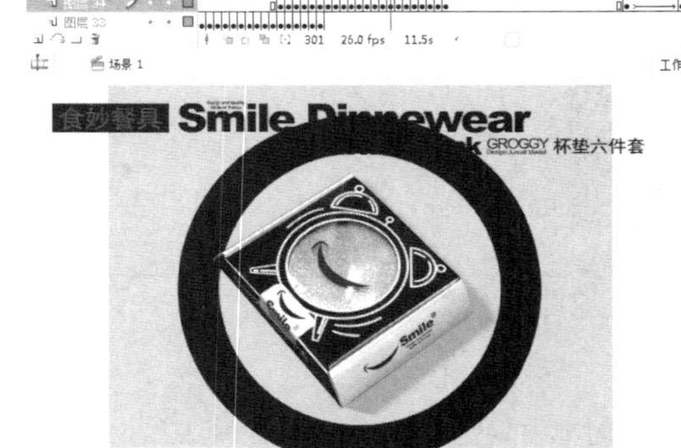

图 6-2-6 补间动画

图 6-2-7 产品与文字停留效果图

注 意

当闹钟淡出，印有相同闹钟的“杯垫六件套”的产品图片出现时，相信观众就明白了之前的动画与产品之间的内在关联了，如下图所示。

活动任务 3　小娃娃

任务背景

接着本情境任务 2，画面转为黑色，此时要出现广告中的第 2 个产品——“盐和胡椒瓶四件套”，它的包装形象地利用了胡椒瓶盖的设计作为遮阳帽，其瓶身被设计为 4 个穿连衣裙的娃娃。本任务一开始出现的是 4 个娃娃中的一个在悠然自得地散步，4s 钟后，镜头转而变为 4 个娃娃手牵手一起散步。最后，在画面中 4 个娃娃的位置淡入“盐和胡椒瓶四件套”产品，背景转为橙黄色，穿插产品名称。产品在画面中停留 1s 后，画面又转为黑色，如图 6-3-1 所示。

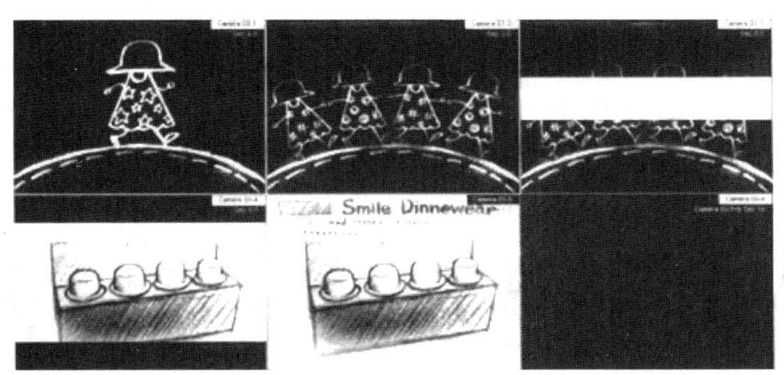

图 6-3-1　小娃娃广告

任务分析

在这个镜头中，娃娃的走路动画是一段逐帧动画，人的走路动作是非常复杂的动画，要做好这段动画需要反复地观察人走路的动作，找到其中的规律。

图 6-3-2 所示即为人走路动作循环的 4 个单元帧，左脚迈出；左脚着地，右脚前移；右脚迈出；右脚着地，左脚前移。

图 6-3-2　走路动作单元帧

任务实施

1. 人物走路动画

1）绘制人物动态

在这个分镜头制作开始前，先要将头戴遮阳帽，身穿连衣裙的娃娃在散步时的动画每一帧都绘制出来，很显然，这是在本书中所遇到的最困难的动画——人或动物的动态。我们先要将其走路的动作分为 4 个单元，左脚迈出；左脚着地，右脚前移；右脚迈出；右脚着地，左脚前移；即人走路时的动作。

2）单个人物动画

根据这 4 个单元一一绘制它们之间的帧，娃娃的每一步由 3 个单元组成，由于两步之间共用一个单元，所以每两步由 5 个单元组成，每个单元间有 7 帧，每一个循环为两步，总共 32 帧。图 6-3-3 所示为娃娃走一步时所有的帧，可以发现所有的娃娃身高呈两边低中间高的状态，因为人在迈出步子的时候腿倾斜，身高略低，站直后腿与地面垂直了身高才正常，所以人走路的趋势为波浪状，迈出步子时身高矮，换脚时身高正常。

图 6-3-3　走一步时所有的帧

注意

绘制每两个单元之间的帧，可以将两个单元重叠在一起，以两个单元之间的差距进行平分中割，绘出中间帧。再由中间帧与其中一个单元为参照，继续绘出中间帧，以此类推，如下图所示。

将制作好的娃娃散步阵列逐帧导入到 Flash 中，重复 3 个循环（即 6 步），时长约 4s，如图 6-3-4 所示，在娃娃底部制作圆形地面向后旋转的动画。

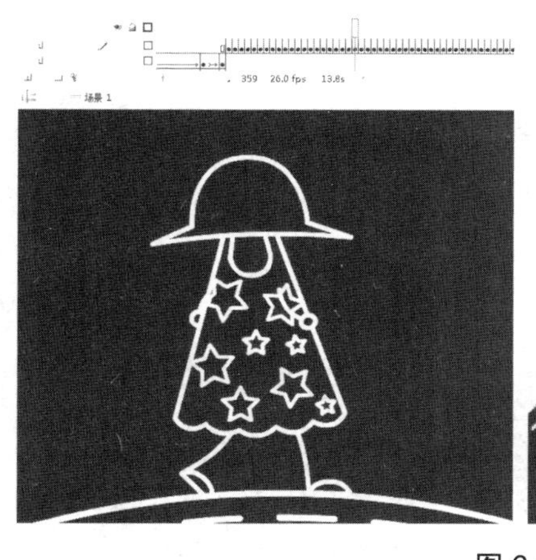
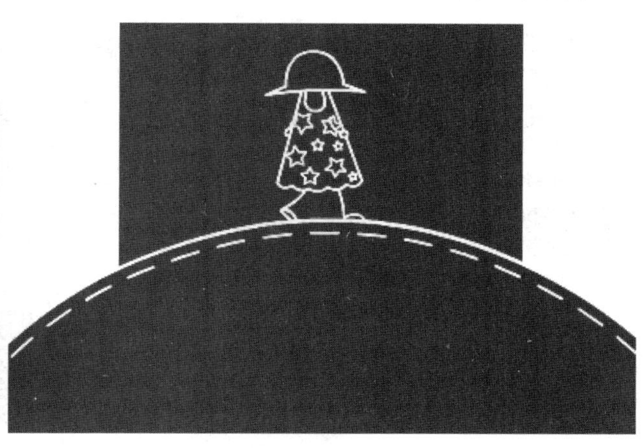

图 6-3-4 地面向后旋转动画

3）四个人物动画

4s 后，娃娃淡出画面，同时制作 4 个娃娃牵手散步的淡入画面，重复 3 个循环（即 6 步），时长也是 4s，如图 6-3-5 所示。

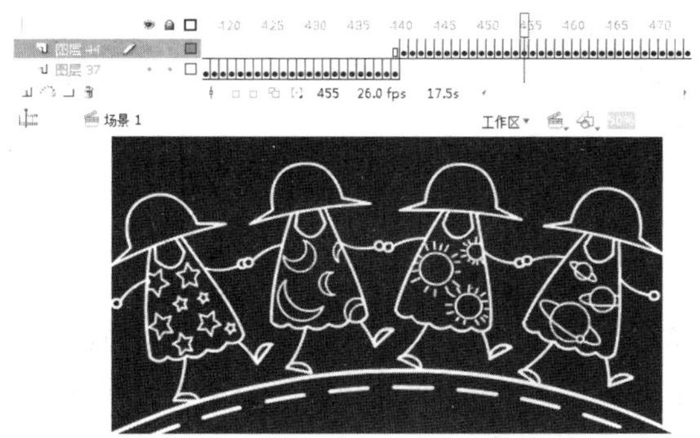

图 6-3-5 娃娃牵手淡入画面

注 意

一个娃娃散步时，手自然摆动，4 个娃娃并排散步时，就需要去掉手摆动的动作，换成挽在一起的动作，如下图所示。

2. 产品文字动画

4s 后，4 个牵手娃娃淡出画面，背景又由黑色变为橙黄色。而先前 4 个娃娃的位置处，从画面右边淡入“盐和胡椒瓶四件套”的产品图片，并制作产品文字从画面左边飞入中央的补间动画，动画时间约为 1.2s，产品与文字在画面上的停留时间为 1s，如图 6-3-6 和图 6-3-7

所示。停顿 1s 后产品与文字消失，画面又转为黑色，本任务制作结束。

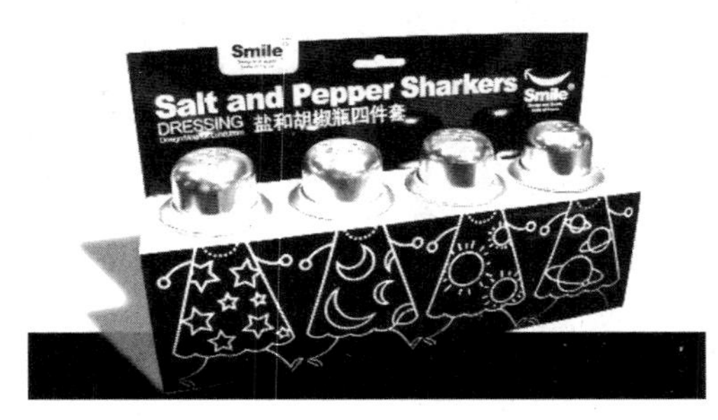

图 6-3-6　淡入产品图片

图 6-3-7　文字补间动画

活动任务 4　郁金香

任务背景

本任务的制作并没有特别难的部分，但是要将这段动画做好、做流畅也并非易事。干枯垂下的郁金香重新焕发生机，遮阳伞一边旋转一边落下，都模仿了自然动态，需要考虑到植物自然生长的规律和物理重力等因素。

任务分析

接着本情境任务 3，画面转为黑色，此时出现广告中的第 3 个产品——“玻璃杯六件套”，它的包装形象是 6 朵与玻璃杯形状相似的郁金香。一开始进入画面的是一排干枯的郁金香，镜头自左向右平移，此时天空下起雨来，郁金香被雨水滋润后，又充满了生机和活力。这时在画面左侧淡入“玻璃杯六件套”产品，背景转为橙黄色，穿插产品名称。产品在画面中停留 2.5s 后，画面又转为黑色，此时出现广告的第 4 个产品——“密封瓶二件装”，它的包装形象是一对情侣共撑一把遮阳伞。一开始遮阳伞从画面上方旋转落下，落到画面中央时遮阳伞正好垂直。随后遮阳伞缩小淡出画面，同时在画面中央淡入“密封瓶二件装”产品，背景转为橙黄色，穿插产品名称，如图 6-4-1 所示。

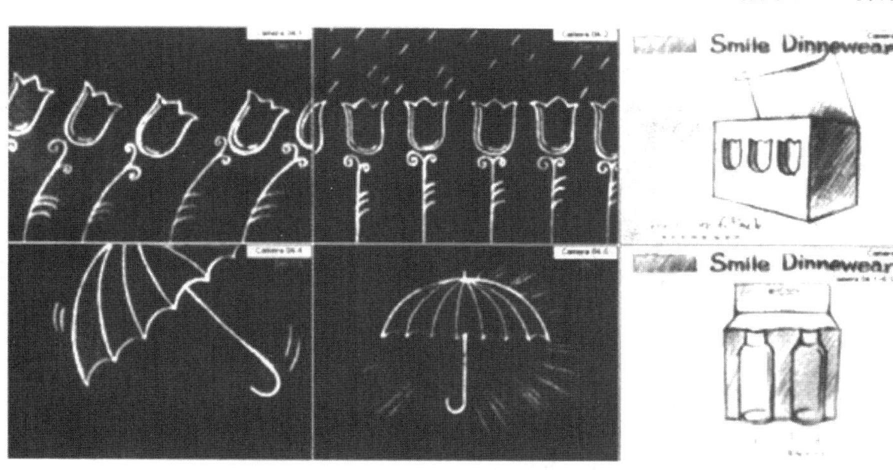

图 6-4-1　广告台本

任务实施

1. 郁金香

1）郁金香动画

水平复制若干预先制作好的郁金香，并保持其间距相同。制作镜头向右平移的动画（由于镜头位置是固定不变的，那么镜头向右即为郁金香向左移动的动画），如图 6-4-2 所示。

2）雨点

1s 后，制作雨点下落与郁金香从弯曲变竖起的动画，如图 6-4-3 所示，动画长 4s。制作郁金香从弯曲变竖起时，也需要注意所有郁金香不要同时竖起，有先有后，这样动画会更加生动，更有层次感。建议将花枝和花朵分开制作，花枝部分是一段形状补间动画，花朵则是动画补间动画。

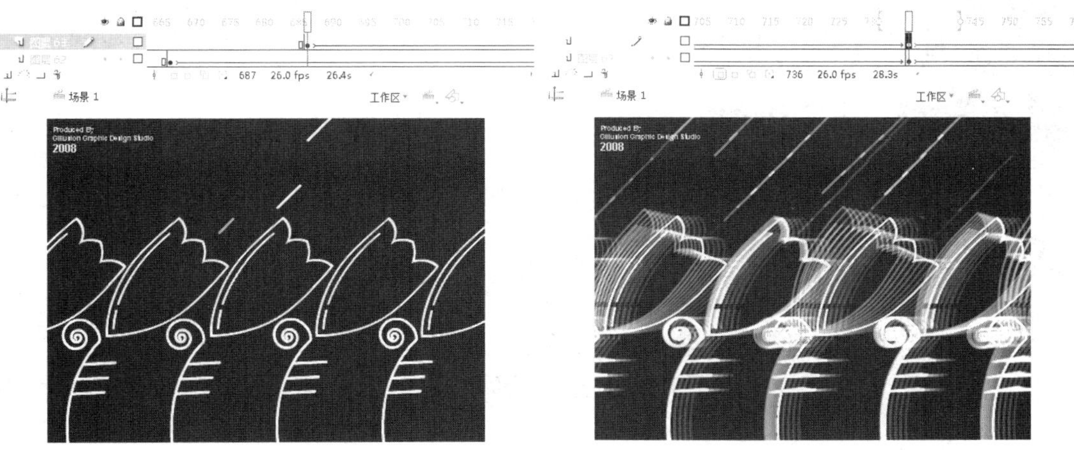

图 6-4-2　镜头平移动画　　图 6-4-3　雨点下落与郁金香竖起动画

注意

制作郁金香向左移动的动画时，可将复制的所有郁金香转换为一个图形元件，只要移动一个图形元件，所有的郁金香就都同步了，如下图所示，制作下雨时要注意，雨总是由小变大的，所以雨点下落的频率也应该遵循这个规律。

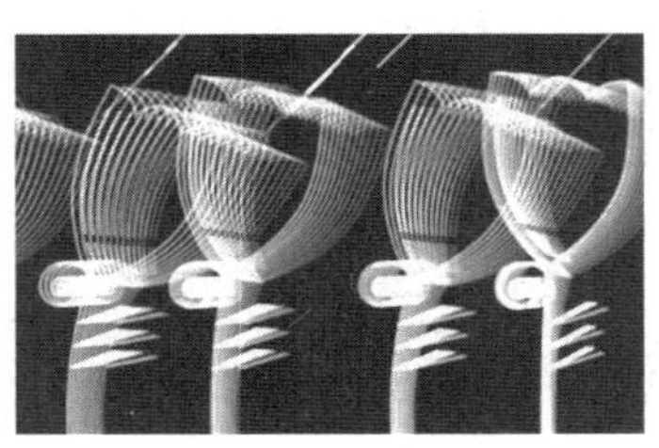

2. 产品文字动画

当郁金香全部竖起后，“玻璃杯六件套”包装从画面右侧移入画面，同时背景色变为橙黄色，并制作产品文字从画面左、右飞入中央的补间动画，动画时间为 1s。产品与文字在画面停留时间为 1s，之后从画面下方淡出，背景色转为黑色，如图 6-4-4 和图 6-4-5 所示。

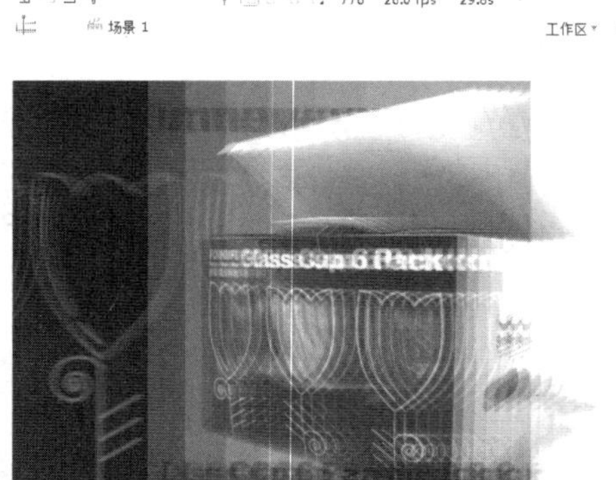

图 6-4-4　产品与文字进入画面

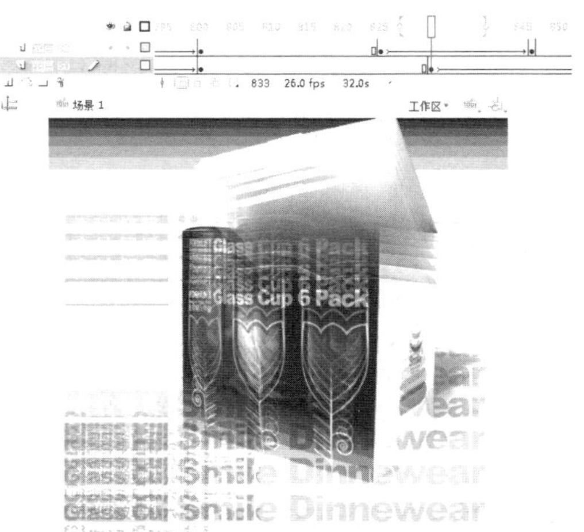

图 6-4-5　产品与文字淡出动画

3. 遮阳伞动画

“玻璃杯四件套”落下，遮阳伞也同时从画面上方落下，落下时伴随着顺时针旋转约 380°，再回转 20°左右，保持遮阳伞垂直于画面，如图 6-4-6 所示。随后不间断地制作遮阳伞画面中心缩小并淡出，如图 6-4-7 所示。

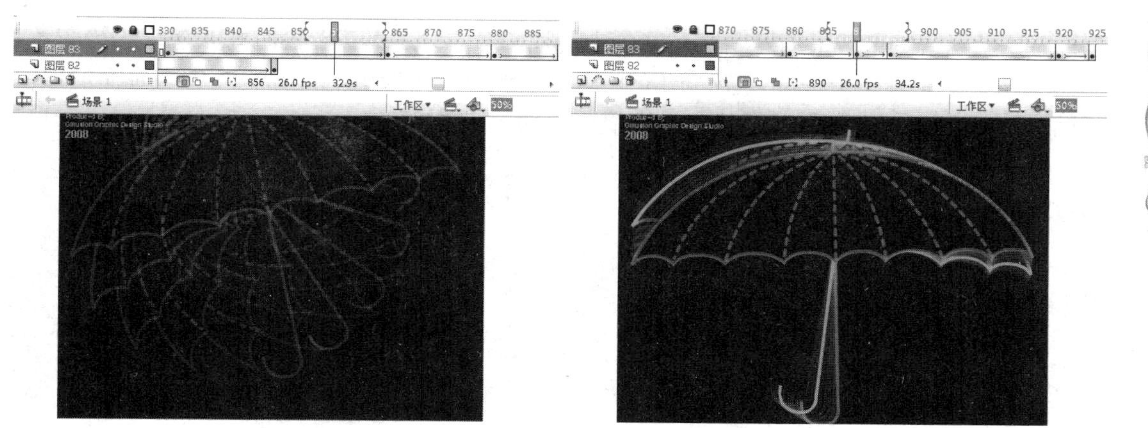

图 6-4-6　遮阳伞从上方落下

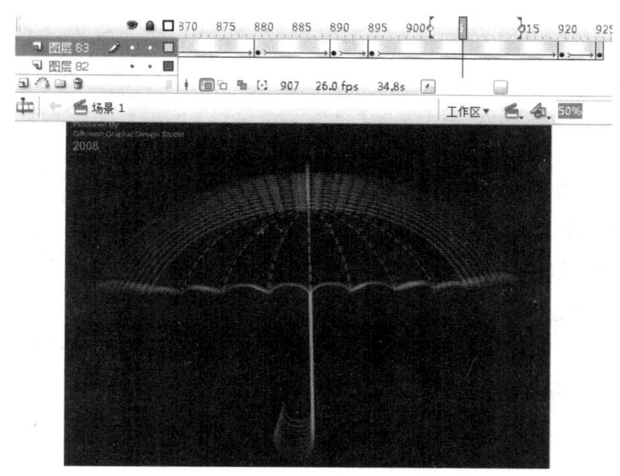

图 6-4-7　遮阳伞缩小并淡出

注意

下面为遮阳伞落下的全过程轨迹，但这不是单纯的旋转下落动画，需要合理调节缓动，才会让人感觉到伞轻盈飘落的感觉。

4. 产品文字动画

随着遮阳伞向画面中心缩小并淡出，制作“密封瓶二件装”产品画面中心放大并淡入画面，如此，产生包装上的遮阳伞与动画中的遮阳伞重合的效果。同时背景色变为橙黄色，制作产品文字从画面中央放大淡入的补间动画，动画时间为 1s。产品与文字在画面的停留时间为 1s，放大淡出画面，背景色转为黑色，如图 6-4-8 和图 6-4-9 所示。

图 6-4-8　文字放大淡入补间动画

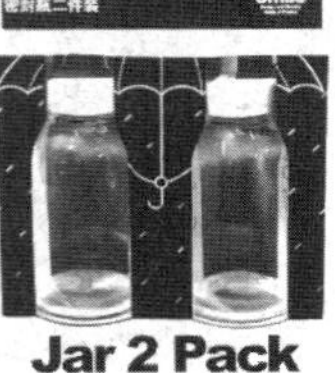

图 6-4-9　文字放大淡入补间动画

5. 配音和成

这里为此视频广告准备了 4 段短音效和 1 段长背景音乐。4 段短音效用来配合本情境任务 1 中盒子弹起，蹦出 Logo 效果。长背景音乐用于本情境任务 2 之后的整个影片。所以配音时，可以分两个图层，一个图层用于添加音效，另一图层用于添加背景音乐。“音效 01.wav”添加在 60 帧处，“音效 02.wav”添加在 74 帧处，“音效 03.wav”添加在 107 帧处，“音效 04.wav”添加在 120 帧处，“背景音乐.wav”添加在 150 帧处，至影片结尾结束，如图 6-4-10 和图 6-4-11 所示。

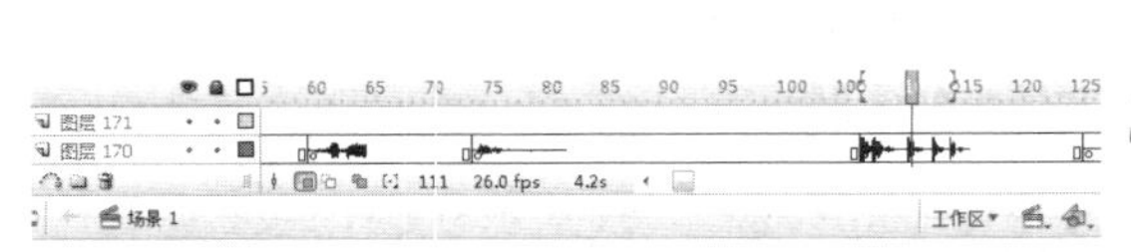

图 6-4-10　添加音效

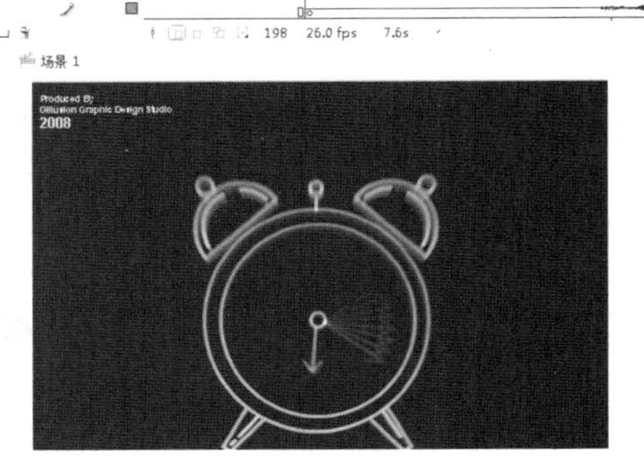

图 6-4-11　添加背景音乐

注意

由于是制作电视播放级影片，所以音频全部采用质量完全无损的 WAV 格式录制。双击库中的所有声音文件，在“声音”属性中选择压缩方式为“原始”，确保声音无损输出。

6. 导出视频文件

执行“文件→导出→导出 AVI 设置影片”命令，在弹出的“导出影片”对话框中，选择文件类型为 AVI。确定之后，在弹出的“导出 Windows AVI 设置”对话框中将“尺寸”设为宽“720”像素，高“576”像素，并勾选“保持高宽比”复选框，选择“视频格式”为“24 位彩色”，勾选“平滑”复选框，选择“声音格式”为“4kHz 16 位立体声”。最后单击“确定”按钮，等待导出即可。导出时间根据计算机配置高低变化会很大，可能耗时很久，如图 6-4-12 所示。

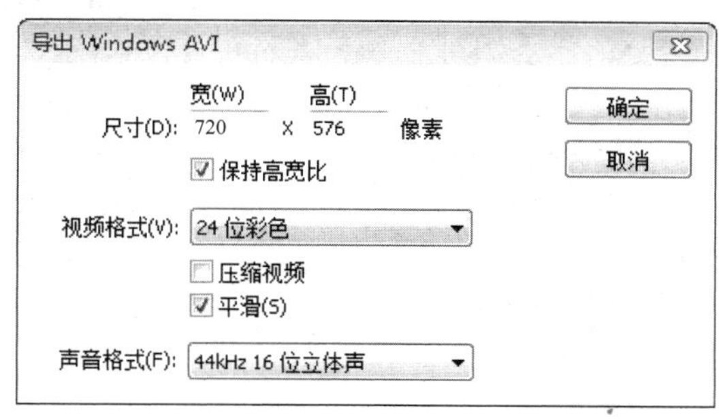

图 6-4-12 “导出 Windows AVI 设置”对话框

注意

无压缩状态下导出的视频文件非常大，如果需要使视频变小，可勾选“压缩视频”复选框，此时会弹出一个“视频压缩”对话框，可根据本机拥有的编码器格式选择压缩程序，如下图所示。

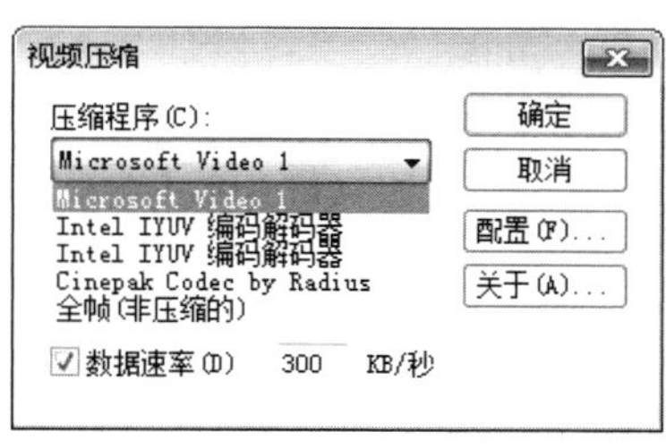

归纳提高

本书提供的上述影片导出方法并非正规的电视播放级影片的导出方法，仅供欣赏之用。正规的做法是将导出 SWF 文件转换为无损位图阵列，再由视频软件合成位图阵列，正规的配音也是在合成位图阵列之后进行的，为了使读者直观地感受 Flash 制作视频广告的过程，这里特别在 Flash 中做了配音。将 SWF 文件转换为位图阵列的工具有很多，如“Adobe Premiere”“SWF to Video”等，这里就不一一介绍了。常用的转换无 Alpha 通道的位图格式一般有 BMP、JPG、TIFF 等，有 Alpha 通道的位图格式有 PNG、TGA、TIFF 等，位图阵列的数量与 Flash 影片的帧数量相同，至此，这则视频广告所有的工作就结束了。

通过本情境，我们学习了使用 Flash 创作综合视频广告的步骤和方法。希望广大读者通过这类大型案例的训练，融会贯通之前情境所学知识点。更希望读者在练习 Flash 软件

技术的同时，打开创意之门，真正理解一切技术最终的目的是服务于创意，有了创意，技术才有用武之地。

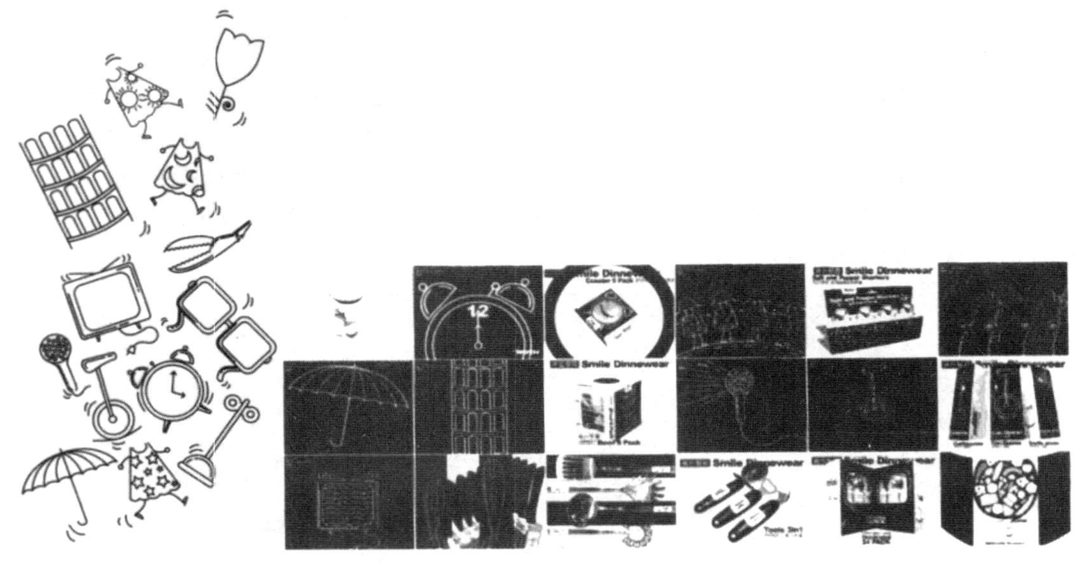